# 作战空域管制理论与方法

朱永文 敬东 蒲钒 著

国防工业出版社

·北京·

## 内 容 简 介

本书以联合空域管制基础理论与方法为研究对象，结合国际国内近年来的应用实践与理论研究情况，系统阐述了空域管制的基本原则、业务方法、组织流程、工作程序及系统技术和有关模型算法等，为构建战场联合空域管制理论体系，掌握伴随信息技术发展而逐步形成的战区空域管制系统建设、技术应用、效能评估等为核心的作战空域管理体系提供研究参考。

本书可作为高等院校空域管理专业研究生教材使用，也可供专业从事联合作战、空中交通管制、空域管理的研究人员参考使用。

#### 图书在版编目(CIP)数据

作战空域管制理论与方法/朱永文，敬东，蒲钒著．—北京：国防工业出版社，2023.4
ISBN 978-7-118-12837-6

Ⅰ.①作… Ⅱ.①朱… ②敬… ③蒲… Ⅲ.①联合作战—空军战术学—研究 Ⅳ.①E844

中国国家版本馆 CIP 数据核字(2023)第 076530 号

※

国防工业出版社出版发行
（北京市海淀区紫竹院南路23号　邮政编码100048）
三河市腾飞印务有限公司印刷
新华书店经售

*

开本 710×1000　1/16　插页2　印张21　字数376千字
2023年4月第1版第1次印刷　印数1—2000册　定价128.00元

（本书如有印装错误，我社负责调换）

国防书店：(010)88540777　　书店传真：(010)88540776
发行业务：(010)88540717　　发行传真：(010)88540762

# 前　言

　　百年人类航空发展历程中,飞机军事应用自始至终独领风骚。飞机平时运输应用催生空中交通管制系统技术快速发展,战时作战应用带来战场空中交通勤务、空域指挥与控制、协调措施及有关系统建设等问题。随着军事变革对未来飞机空天一体、攻防兼备的高性能要求,军用飞机朝着网络化、智能化、隐身化发展更加明显,系统功能一体化、作战综合化、保障体系化等程度更加显著,传统空战模式面临被重塑和被升级的境地。新一代信息技术军事应用加速推进,推动空战形态由信息化向智能化转变,并将深刻改变作战人员对空战场态势的认知广度和深度,加速作战决策与进程执行速度,重构人与空战装备的关系,催生形成全新管理使用空战场空域的理论与方法需求。因为现代广袤开阔的空战场上,敌我双方越来越多的飞机进入空域,各类弹药、导弹及航空器等,使空战场空域规划与使用面临极大的风险和挑战,空域不仅是现代战场环境的重要组成部分,同时也是联合作战指挥与控制的重要对象。如何科学合理地为受控类飞机、不受控类弹药等划分空域及高效动态管理使用空域,将是各级各类指挥员和参谋人员在联合作战中必须回答的问题。这是一个普遍性的问题和一直存在的问题,当多个用空单位的存在,就有使用安全与效率问题,而效率的高低将直接关系到作战进程速度和效能的发挥。对此世界主要国家军队都在发展空域指挥与控制的相关理论体系,用来促进安全、高效和灵活地使用战场空域,协同诸军兵种开展联合行动与火力的作战用空管制。本书研究立足联合作战,总结梳理目前空战场联合空域管制有关作战案例及经验做法,分析空域管制的基本原理,研究建立空域管制的模式方法,确立空域管制的阶段内容与工作流程,并重点介绍世界主要国家军队现有的空域管制系统装备特点及主要功能性能;围绕联合作战空域空间位置标识与协同需求,研究基于地理参考网格系统的空战场空域规划"网格空域单元"、空地火力协同"杀伤盒"概念和空域规划的基本原则方法等,建立有关的空域管制计算模型并进行测试验证,形成一套作战空域管制的基础理论与计算方法,为推动我国空域管理战时业务体系建立与完善提供参考和帮助。

实际上大规模联合作战必定牵涉多军兵种空域使用协同问题，为最大限度减少火力打击的空域使用限制、维护空中任务秩序、加快作战进程等，必须对空战场联合空域管制理论与方法进行深入研究。同时，随着高技术武器系统应用及作战样式变迁发展，空域管制成为所有军事行动中达成指挥员目标的作战效能的关键，考虑到飞机的速度和物理特性，空域协调措施已被归到作战行动中，成为化解空域使用冲突、减少误击误伤己方部队的重要方法，其内容虽同平时的空中交通的空域管理有一定的联系，但平时的空域管理理论与方法肯定不适用于战时。对此美欧国家基于军民航空中交通的空域管理组织实施情况，提出了融于平时运行的军航空中交通管制力量体系建设组织模式，战时向战区提供各类空域管制能力要素，并开发出系列运行概念和有针对性的关键技术系统。我国空域存在军民航二元化管理与航空多元化使用的国情特点，如何适应战时空域管理需求、构建军民航快速平战转换、军民航协同管理的空域管理技术体系，发展兼容平时民航空中交通管制、国家层面、寓军于民和集成统一的战时空域管理理论与方法及装备系统技术等，则成为我国该领域的科研重点，尤其在联合作战加快发展的背景下需求更为迫切。本书的相关课题得到了国防科技卓越青年科学基金资助(2018 – JCJQ – ZQ – 007)，以此进行相关基础理论与方法研究。针对这些想法，我们展开了战时空域管理基础性理论与方法的研究攻关，通过在实验室搭建重大活动空域运行管理仿真与评估系统进行技术应用试点，通过"边研究、边试验、边总结"的方式，我们逐步建立起空域管制的基本原理与技术框架，编辑成为本书的主体研究内容，其中还包含大量美欧国家此领域研究形成的一些重要技术方法。本书是在前期出版的《空域管理理论与方法》《空域管理概论》《空域数值计算与优化方法》系列著作基础上，针对战时空域管理的原理、方法、流程及技术模型等进行总结，对战时空域管理要求和工作内容等进行梳理形成的一部著作，在撰写过程中得到了周春怡、方奇勇、黄春国，国家空域技术重点实验室王长春博士、唐治理博士、董相均博士、柴保华研究员，空军工程大学吴明功教授、姚登凯教授、戴江斌主任，国营第783厂王彦成研究员等专家学者的大力支持和帮助，他们为本书成稿提供了大量的意见建议，此外还参考了国际国内大量的文献资料、书籍和期刊文章，对外军作战条令进行了详细解读，在此对给予本书撰写提供资助、帮助、建议和参考的人们表示衷心的感谢！全书共分6章，由朱永文统稿，撰写分工如下：朱永文负责第1章、第2章、第5章、第6章，敬东负责第3章，蒲钒负责第4章。

此外，撰写本书时考虑到加快完善我国战时空域管理理论体系的需要和客观要求,对空域管制的理论框架确立,着重从平时向战时快速转换、战时空域协调、战后从战争状态向平时稳定过渡等角度进行设计与分析,反映了作者在该领域方向的见解,以供同行参考。本书的完成得益于多年来与国内同行的广泛学术交流和探讨,由于作者的个人能力、理论水平、管制经验不足和掌握资料有限等,要想实现对战时空域管理的基础理论与方法准确构建和全方位的论述,还有较大差距,加上撰写时间仓促,书中难免出现疏漏和不妥。衷心希望同行和广大读者不吝批评指正与交流切磋,以使该理论体系不断发展完善,为建设强大的中国空管做贡献!

作 者

2022 年 11 月于安宁庄路 11 号院

# 目　　录

## 第 1 章　概　述 ··································································· 1

### 1.1　空域管制概念 ······························································ 1
#### 1.1.1　概念辨析 ··························································· 1
#### 1.1.2　基本内涵 ··························································· 8
### 1.2　空域管制原理 ····························································· 10
#### 1.2.1　活动模型 ·························································· 11
#### 1.2.2　任务特点 ·························································· 14
### 1.3　外军空域管制 ····························································· 17
#### 1.3.1　美军情况 ·························································· 17
#### 1.3.2　北约情况 ·························································· 27
### 1.4　本书主要内容 ····························································· 30
#### 1.4.1　探讨内容 ·························································· 30
#### 1.4.2　章节安排 ·························································· 37
### 参考文献 ········································································ 38

## 第 2 章　空中作战行动样式 ·················································· 39

### 2.1　空战兵力构成 ····························································· 39
#### 2.1.1　代表性武器 ······················································· 40
#### 2.1.2　空战电子战 ······················································· 48
### 2.2　主要行动样式 ····························································· 64
#### 2.2.1　任务编队分析 ···················································· 64
#### 2.2.2　典型行动样式 ···················································· 76
### 2.3　典型作战空域 ····························································· 79
#### 2.3.1　制空作战空域 ···················································· 79
#### 2.3.2　作战任务航线 ···················································· 84
#### 2.3.3　直升机的空域 ···················································· 87
#### 2.3.4　炮兵射击空域 ···················································· 90
### 参考文献 ········································································ 91

# 第3章 空中作战用空管制 … 93

## 3.1 空战任务周期 … 93
### 3.1.1 作战任务筹划 … 93
### 3.1.2 作战任务进程 … 102

## 3.2 用空管制原理 … 112
### 3.2.1 空域管制方法 … 113
### 3.2.2 空域管制原则 … 116
### 3.2.3 空域优先等级 … 117
### 3.2.4 管制协同决策 … 119

## 3.3 管制阶段内容 … 120
### 3.3.1 空域管制筹划 … 120
### 3.3.2 管制计划指令 … 122
### 3.3.3 空域结构规划 … 124
### 3.3.4 作战管制实施 … 128

## 3.4 空域协调措施 … 133
### 3.4.1 交通协调 … 133
### 3.4.2 作战协调 … 139
### 3.4.3 火力协调 … 147
### 3.4.4 特殊协调 … 153

参考文献 … 156

# 第4章 空地联合用空协同 … 158

## 4.1 作战场景视图 … 158
### 4.1.1 空地作战场景 … 158
### 4.1.2 近距空中支援 … 163

## 4.2 空地作战关系 … 165
### 4.2.1 协同观念 … 165
### 4.2.2 空地系统 … 167

## 4.3 空域协同决策 … 176
### 4.3.1 空域协同流程 … 176
### 4.3.2 火力召唤实施 … 177

## 4.4 典型系统装备 … 181
### 4.4.1 全军通用系统 … 181

  4.4.2 空军管制系统 ·················· 184
  4.4.3 陆军管制系统 ·················· 189
 4.5 杀伤盒及应用 ························ 192
  4.5.1 位置标识需求 ·················· 193
  4.5.2 基本概念定义 ·················· 194
  4.5.3 参考位置基准 ·················· 201
  4.5.4 设立考虑因素 ·················· 202
  4.5.5 使用程序方法 ·················· 205
  4.5.6 典型作战应用 ·················· 210
 参考文献 ···························· 215

## 第5章 防空导弹作战空域 ···················· 217

 5.1 杀伤区域空域描述 ······················ 217
  5.1.1 杀伤区空间范围 ················· 219
  5.1.2 杀伤区几何模型 ················· 228
 5.2 部署效能网格计算 ······················ 231
  5.2.1 效能影响因素 ·················· 231
  5.2.2 部署评估模型 ·················· 234
  5.2.3 模型求解方法 ·················· 237
 5.3 目标火力分配应用 ······················ 239
  5.3.1 问题数学描述 ·················· 240
  5.3.2 分配问题求解 ·················· 246
 参考文献 ···························· 253

## 第6章 空域建模优化方法 ······················ 254

 6.1 区域参考系统 ························ 254
  6.1.1 地理位置参考系统 ················ 254
  6.1.2 网格空域单元概念 ················ 258
  6.1.3 网格空域单元应用 ················ 259
 6.2 空域空间标识 ························ 260
  6.2.1 网格建模思路 ·················· 261
  6.2.2 空间网格模型 ·················· 265
  6.2.3 空间网格应用 ·················· 280
 6.3 冲突检测算法 ························ 282

6.3.1　航迹冲突概率 ················································ 284
　　6.3.2　航迹侵入概率 ················································ 292
　　6.3.3　网格探测方法 ················································ 297
6.4　空域配置优化 ·························································· 301
　　6.4.1　作战空域优化 ················································ 301
　　6.4.2　使用时间配置 ················································ 310
参考文献 ········································································· 318
**缩略语表** ······································································ 320
**后记** ············································································ 325

# 第1章 概　　述

　　空中作战力量主导的战场即为空战场或空中战场,它是指交战双方以航空器、导弹为主要武器装备,以航空、地面防空、空降兵等为主要作战力量,以侦察、通信、监视、预警及制空、空袭、空运、空降、突袭、反突袭等为主要手段,以夺取制空权并实施对地、对海支援作战等为主要目的进行作战的航空空间战场。空战场上接太空、下连地表,是联合作战中间枢纽战场。该战场空间内虽以航空装备为主实施作战,但还存在其他多种用空武器装备系统,如空空、空地、地空和地地火力系统,各型武器作战样式和作战目的不同,任务优先级不同、与敌交战规则(Rules of Engagement,ROE)也不同,火力打击途径空间及打击时间交叠,各种通信导航监视及其他电磁信号充斥空战场,敌我空中作战兵力分布不规则、目标混杂,形成了极为复杂多变的作战态势,由此应运而生了空战场管制问题[1-2],其也成为当前联合作战指挥与控制的重要组成内容,且其中的空域管制问题最为复杂。

## 1.1　空域管制概念

　　空域管制这一名词,来自对英文"Airspace Control"的翻译。相比平时空中交通管制来说,空域管制是指战时或联合作战条件下,对空域的配置与使用的一种指挥与控制活动,其同日常国家对空中交通管制、空域管理的定义,二者既紧密相连又有所区分和侧重,形成两类概念体系。

### 1.1.1　概念辨析

　　实际上同空域管制概念有关的名词还很多,国内尚未建立统一的概念内涵。这些名词称谓主要来自两个渠道:一是将平时航空管制概念拓展至战时建立;二是翻译美军有关术语(Airspace Command and Control,Airspace Management,Airspace Control)形成。其主要有"空域指挥与控制""空域管理""空域控制""空域管制""作战用空管制""航空管制"等,分析它们的核心要义,都是指对空战场空域、空中交通、联合火力协调等进行管理与控制。目前,我国《军语》及相关百科全书中还未给出空域管制明确的概念和定义。我军联合作战纲要,定义了空战场管制为作战用空管制(常称"空域管制")和航空管制(也称"空中交通管制")。作战用空管制实施于联合作战主要作战区,主要对航空器、对空火力用空活动,实施统一调配和管制,保证用空作战行动安全有序,内容包括划设作战空域、规划用空活动、实施动态管控;航空管制实施于主要作战区外围,主要对军事行动涉及空域内的民用航空活动进行强制性管控,提供机场、终端区、航线交通管制的作战勤务服务,内容包括划设管制区、维护空中秩序和查处违规飞行活动等。总体上看,国内对空域管制的概念内涵、边界范围、职责任务、组织方法等认识较为模糊。外军尤其是美军《联合作战空域管制条令》《联合空中交通管制程序方法》等有关规定中[3-4],明确建立了"空域管制"(Airspace Control, AC)和"空中交通管制"(Air Traffic Control, ATC)两个概念体系,其中空域管制通过促进高效灵活的作战空域使用和管制,以最大程度降低用空部队行动限制,提高作战行动的自由度和灵活性,其核心是围绕"效能"目标,在战役和战术层面实施空中交通运行、空中部队兵力空域规划、联合火力作战空域协调,防止误击误伤;空中交通管制是一种机场终端区、航路飞行的平时空域管理和战时管制战斗勤务,提供空中交通管制服务,其核心是围绕"安全"目标,防止航空器空中或地面相撞。本书统一以"空域管制"这一名词开展对主要作战区的作战用空管制概念原理介绍,建立战时空域管理的概念体系,图1.1所示为空域管制所处阶段内容。

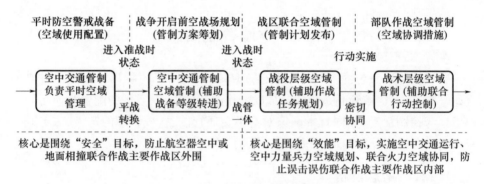

图 1.1 空域管制所处阶段内容

空战场管制由作战指挥与控制和军民航空中交通管制系统联合实施,服务平时、准战时和战时空中行动,在战争不同阶段实施不同强度的管控措施,支撑联合作战分域联动和跨域协同。其中:

(1)平时状态的空战场管制(主要由空中交通管制系统实施),主要负责规划配置国家空域使用,设计空中交通的航路航线和训练飞行空域,维护领空飞行秩序并实施寓军于民的空战场空域布局建设等,并参与到平时的防空警戒战备,实施合作目标识别,为不明空情查证和突发事态的空中处置提供支持。由于世界各个国家空中交通管制体制不太一样,平时空战场管制职责分工及归属的领导部门也不太一样。但总体看,都是由国家统一进行空域管理,由军方居于主导管制地位,民用航空部门参与和配合,实施军民航联合的工作模式。平时空战场管制中,还需同有关国际组织和有关国家、有关缔结协议国家等做好沟通协调,一方面为日常航空运输和空中交通管制协调空域使用和运行,另一方面拓展空中交通管制协议、数据信息共享内容与系统设备的互联等,为可能的地区冲突和紧急事态下的军事介入提供准备。这部分内容在前期出版的《空域管理概论》著作中已有详细讨论,本书不作过多介绍。平时状态下,需要对国家的空中交通管制建立平战转换机制与程序,从而实现一旦紧急事态出现或根据国家需要,能够快速进入准战时和战时状态。

(2) 准战时状态的空战场管制(由空中交通管制和作战指挥与控制系统联合实施),是介于平时和战时之间的一种过渡状态,它是筹划战争和战争开启之前的一段准备时期适用的管制。该时期需围绕空战场的开辟与规划,加强空中秩序监控和戒备并进行详细空域运筹分析,对原先战略方向空中交通管制、联合作战空域管制的筹划方案进行细化完善和根据当前实际情况进行任务分解,确定转入战时的时机和要求,明确对外发布航行通告和制定国际空中交通管制协调协议等内容。对外发布航行通告时机把握十分关键,过早可能会暴露作战企图,过晚则会贻误战机。在"内紧外松"的总体原则下,按照战争节奏和统一部署,加强空域管制和飞行管制,并根据上级命令开始进行战区民航航路航线调整、限流控制及对民航机场的征用、管制系统的联通与部署等,向民航派出空军管制联络员,或直接开始对民航空中交通管制系统的接管,对战区主要区域净空。军民航的空中交通管制系统在战区联合作战指挥与控制机构的统一领导下,开始演练筹划,为战时状态下空中交通管制做好准备。军航的空中交通管制则是空军作战基地和军用机场的一类战斗勤务,进入临战状态。最后战区联合作战指挥与控制机构制定出空域管制方案,明确各军兵种的管制职责分工,联通相关管制系统,构建战区联合空域管制体系。这部分内容本书也不作过多讨论,待后续随着研究深入,对其有关内容再进行补充完善。

(3) 战时状态下的空战场管制(主要由作战指挥与控制系统实施),其由联合部队指挥员授权空中指挥员具体负责,由空中作战中心承担战役层级的空域管制。建立战区各参战军兵种指挥机构及部队的空域管制协调关系,制订空域管制计划并对作战空域进行规划和配置,实现对联合作战主要作战区内的用空统一管理与控制。空域管制不对具体航线和火力打击空域进行设计。单个作战空域和航线由参战部队火力单元或其上级作战指控节点,围绕作战任务规划进行兵力出动筹划与空域航线设计,空域管制主要是汇总作战空域使用数据,进行冲突消解和整体性的空域管理与控制。当进入作战行动实施过程中,空域管制就是战术行动指挥与控制的一部分,其通过各参战部队即时的空域使用协调,发布空域协调措施,为联合火力实施提供空域支持,防止误击误伤和相互串扰,提高联合作战进程控制效能。这部分内容是本书研究讨论的重点。

**1. 空中交通管制**

军事航空日常训练、战备和作战都需建立与民航运输航空兼容的空中交通管制体系,实现为机场及终端区、航路航线等飞行空域提供战斗勤务,防止航空器与航空器之间、航空器与障碍物之间相撞,在确保飞行安全前提下,加快机场及周边空域的交通流量,提供空中交通管制战术服务,包括机场管制、进离场管制、空中交通咨询和紧急告警在内的服务。军民航空中交通管制系统共同构成国家的空域系统,提供空中交通管制服务,维护领空飞行秩序,如图1.2所示。

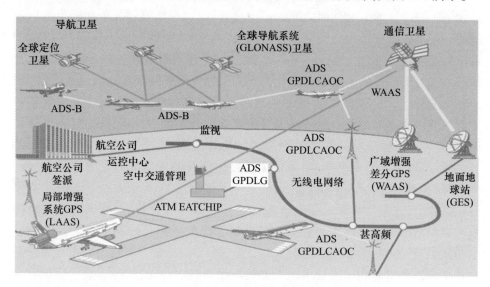

图1.2 空中交通管制场景

空中交通管制体系建设,在国际民航组织《空中交通管理中的军民航合作》[5]中有明确的指导规范,指出依任务性质区分,当今世界空域用户主要有两大类:第一类是军事航空用户,包括从事战备、运输、训练与国防任务等的航空用户;第二类是民用航空用户,主要包括私人、商用、通用航空和从事货物旅客运输的运输航空用户。两类航空用户在国家空域内飞行,实现两者保障设施共建、飞行运行共管及空域资源共用、管理资源共享、数据信息统一等十分必要,且对维护领空安全、公共安全、飞行秩序,降低能耗与保护环境等具有十分重要的意义。

由此军民航空中交通管制兼容与融合发展建设是常态,且世界各个国家在该方面具有不同的做法。国际民航组织提出,加强军民航平时通信、导航、监视与空中交通管制系统互操作与信息共享,实现一致标准的空中交通管制服务,应是今后各国在构建国家空域系统时应重点努力的方向。

据此世界各国在空中交通管制方面,逐渐建立统一管制、联合管制和协调管制三种模式[6]。

(1) 统一管制模式,由单一机构统一领导全国空中交通管制工作,向本国管辖飞行情报区内的航空器统一提供空中交通管制服务。按照管理主导方,统一管制模式又可分为政府统管、军方统管和企业代管三种形式。政府统管是指由中央政府部门代表国家负责统一领导并组织实施全国的空管工作,典型代表国家是美国。依照美国行政管理体制的基本框架,1958年设立联邦航空局(Federal Aviation Administration,FAA),对其空中交通实施统一管制,平时隶属交通运输部,战时划归国防部,是典型独立管制机构。军民航空中交通管制部门和飞行人员,执行统一的空中交通管制规则、标准、程序及使用统一的航空通话用语。联邦航空局和军航各级部门建立协调制度,双方各级互派联络员在一个管制中心工作。在联邦航空局、国防部派有陆海空联络军官进行协调,在地区办公室派有军方代表,在航路管制中心设有军事专家和联络军官。军民航发生矛盾及时协调、及时解决。系统建设充分考虑军民航需求,遵循"统一规划、统一标准、分别建设、共同使用"的原则,军民航建设了统一的雷达信息交换网和数据通信网,双方共享信息。军方统管是指国家授权空军负责领导并管理全国空管工作,典型代表国家是巴西。巴西空军下属空域管制局负责统一管理全国空域资源,组织实施全国空中交通管制,制定颁发全国空管法规标准,制定空管系统建设统一规划,组织实施空管设施设备建设和运行。目前,巴西民航空中交通管制由军方的防空和空中交通联合管理中心负责,管制员全部为空军现役军人,由空军统一负责培养和考核,空管与防空基础设施与系统设备高度一体化,由空军进行统一管理与建设,同时为空管和防空提供服务保障。企业代管是指国家指定企业负责运行全国的空管工作,典型代表国家是德国。德国联邦交通运输部负责空管法规、标准、程序制定与监管。1991年德国联邦交通运输部和国防部达成部际协议,决定将军事空中交通服务整合到民航,成立由政府完全控股、非盈利的空中交通管制股份有限公司,负责组织实施全国空管工作。该公司的运营由联邦交通运输部、国防部和部际联合指导委员会共同管理,负责和平时期德国空域内的民航和军航空中交通管制,但不包括军用机场的本场军事飞行活动管制和民航使用的军用机场飞行活动管理;在重要岗位上安排军方人员任职,负责包括军事战术科目在内的全部管制人员培训;在监管层安排国防部人员任职,承担军事管制设施的飞行校验等。

(2) 联合管制模式，军民航在同一个机构内以合署办公的方式联合实施空中交通管制，典型代表国家是英国。英国由国防部军航局和运输部民航局联合组织实施全国空管工作，通过国家空中交通服务公司，为英国管辖空域内的军民航飞行活动提供统一空中交通管制服务。空域管理方面，国防部和运输部共同组成空域政策理事会，负责领导全国空域管理工作，其办事机构设在民航局空域政策管理处，人员由军民航双方代表组成，具体负责全国空域规划、审批和运行监控等工作。运行指挥方面，国家空中交通服务公司负责航路和终端区、机场、越洋和北海地区飞行管制指挥，军航管制中心负责航路以外空域内的空中交通管制，遇有军用航空器穿越航路时，军民航管制员在民航管制中心内实施联合指挥。其他地方性的空中交通服务组织，还提供民航小机场和通用航空交通服务。

(3) 协调管制模式，由军民航分别建立体系，组织实施本系统空管工作，按职责分工提供相应空中交通管制服务，国家层面建立相应协调法规制度，解决军民航重大矛盾和问题，典型代表国家是法国。法国平时空中交通管制由民航局和空军共同组织实施，战时全国空管工作由空军负责。法国有民航局和空军两套空中交通管制系统：民航局负责民用航空交通服务，主要对运输航空、通用航空进行交通管制；空军主要负责军事航空的空中交通管制。法国设立国家空域管理指导委员会，负责国家层面的空域战略规划和军民航协调，下设地区委员会，进行日常空域分配协调。民用航空器在航路内飞行，军用航空器在航路外飞行，军用航空器穿越航路必须协调民航空中交通管制部门同意，军用运输机在航路航线上飞行接受民航管制指挥，民用航空器在航路航线外飞行需协调军航同意。军民航双方在空管运行上实行相互协调管理，包括各地军民航管制中心互派联络员或者在一个管制中心工作，飞行矛盾尽可能在管制中心解决，不能取得一致意见时，由空军和民航局协调解决，解决不了时提交国防部和交通部协调解决，直至提交政府总理解决。

**2. 空域管制**

针对联合作战分域联动、跨域协同涉及的空域高效使用问题，所进行空域管理与控制，统称为空域管制，其核心是围绕战区联合作战行动，开展以空域配置、动态管控和使用协调为重点的作战指挥与控制。因为战区存在军兵种对空域使用的竞争性，由此需建立一种适应联合作战所需的空域管制概念体系，建立不同于平时空中交通管制的一种业务模式，并贯穿联合作战全过程，随着空中任务周期的调整，实现滚动迭代推进。典型空战场联合空域管制场景如图1.3所示。

# 第1章 概　述

图 1.3　典型空战场联合空域管制场景

空域管制属联合作战行动的指挥与控制，不只是空中部队作战指挥与控制中存在空域管制，陆上部队及陆军指挥与控制、海上部队及海军指挥与控制中也需要空域管制的功能与组织体系，只要联合作战行动多元化实施，就需建立空域管制体系进行精细协调、合理配置作战空域、防止误击误伤。自20世纪90年代以来，系列高技术战争一再表明，联合作战条件下空域使用同参战各军兵种都有关，战场用空武器平台日益增多，空域使用空间和时间交叠，逐渐形成极为复杂多变的空域使用问题，由此需单独细分发展一类指挥与控制活动，即空域管制，它在作战地域内(联合作战主要作战区)提供一种旨在最大限度发挥作战效能的空域协调指挥与控制，目的是促进高效和灵活的作战空域使用与联合火力空域协调[7-8]，它与作战基地进近雷达管制和军用机场塔台管制这类交通勤务不同，它是联合作战行动层面的协同业务并为联合作战行动与火力应用提供服务。

空域管制和空战指挥与控制，并不是一种简单的包含与被包含的关系，或谁大谁小、谁主导的关系。空域管制是空中作战指挥与控制的细分领域，其归根结底仍然是空战指挥与控制的一类业务内容，但其指挥与控制的范围不再局限于空中部队，它以战场空域配置与使用协同为核心，围绕空域有序高效使用，将联合作战用空行动和火力应用进行统一整合，指挥与控制对象超出传统意义的空中部队范畴，拓展至陆军、海军、常规导弹等其他军兵种用空力量，但不具备对武器系统开火权的决策、指挥与控制，它主要围绕空域使用协同提供决策建议，支撑联合作战的分域联动和跨域协同。联合作战行动可能还包括其他协同，如电磁频谱协同等，但不属于空域管制范畴。

实际上,由于空域是一种资源,它既是平时航空事业发展的国家重要战略资源,也是联合作战的空间环境资源,其资源使用的竞争性与社会组织管理的技术属性等决定了优化配置、协同控制的重要性,由此需针对战时与联合作战建立一种新型管制概念和理论与方法,该理论与方法不同于平时的空中交通管制[9]。因为平时主要以航空运输、军事训练和通用航空飞行为主,建立以飞行安全和空中秩序管理为主的管制概念及业务体系。由于空域平时是准战场,战时是空战场,决定了平时空中交通管制与战时空域管制应平战高度一体,平时结合空中交通管制组织体系,实施空战场空域战备规划,依据国家军事战略、空中部队使命任务以及可能作战样式,按照联合作战特点要求,为空战场配置和预留作战空域使用;准战时实现空中交通管制系统快速平战转换,进入战时体制,并与作战指挥与控制系统一起集成为战区统一的空域管制系统体系,在确保打赢的前提下,统筹各类作战用空行动,实现联合作战效能最优。本书重点讨论的是战时,尤其联合作战条件下的空域管制概念及业务体系、理论框架等问题。

### 1.1.2 基本内涵

当前新军事革命推进了空中战略投送、远程奔袭、精确打击、防空反导等作战样式发展,空战场前沿后方逐渐模糊,联合空域管制不再局限于主要作战区,空战场"空域""频域""能域"三域耦合交织、相互牵制,作战行动进程控制十分复杂。联合作战中不同建制、不同作战样式、不同作战任务军兵种部队同时展开,航空火力突击、军事运输等飞行活动与对空射击、常规导弹打击、远程火力作战行动的空域使用需求相互重叠,空中作战攻防行动交织,紧急用空与临机调控十分频繁。立足现代战争特点及需求,空域管制作为一种分域联动、跨域协同的重要指挥与控制业务,围绕实现联合作战战役目的和作战企图,通过将平时空中交通管制转入战时体制并融入联合作战指挥与控制中,通过高效灵活一体的空域配置计划与协同管制,协调诸军兵种作战用空,使军事力量在联合作战行动中充分发挥效能。从特定背景下看,空战场联合空域管制概念更为宽泛和复杂,其围绕战区空域联合使用需求,使其业务及要求涵盖了大部分空中交通管制内容,并容易在日常工作中造成混淆,使不同专业领域的人认为空域管制是空中交通管制的战时模式,或空域管制是作战指挥与控制,而不是空中交通管制等。实际上空域管制和空中交通管制是紧密联系和统一的两种业务概念,空域管制概念适用于联合作战,是在军事行动指挥员决定采取作战行动后,根据任务行动需求,提供灵活变化的空域使用调配服务,如图1.4所示,并主要对联合作战主要作战区实施空域集中统一管制。对应的战时空中交通管制(航空管制)是对联合作战主要作战区外围及战略策应区等实施空域集中统一管制。军航空中交通管制平时重点保障军事训练、战备飞行并参与防空警戒值班,对国家领空内一切飞行活动进行强制性统一监督管理和控制,维护飞行秩序,保障飞行安全;紧急事态下转入战时体制,根据战区批复的空域管制计划,重点保障主要作战区外围的空中交通安全高效飞行,担负作战基地和机场的空中交通管制战斗勤务,实现对空中作战关联机场、航路航线、飞行空域等空中交通的统一管理和控制,准确识别合作目标,提供空中交通管制服务。由此来看空域管制,其要素分布于诸军兵种作战指挥与控制系统中,组织实施和管制活动融入联合作战任务规划、指挥决策和行动控制之中,并在逻辑上构成完整组织体系,同时它也是联合作战火力协同的一种重要控制措施方法,通过启用空域协调措施,实现对主要作战区内参与联合作战的航空器、对空射击、常规导弹打击等用空行动协调,依托作战通信网络和指挥与控制信息系统,实施用空计划统一调配,消除相互之间的空域矛盾,保证各类用空作战行动高效顺利实施。如此,我们也常常把战时空中交通管制和联合作战的空域管制,统称为空战场管制。

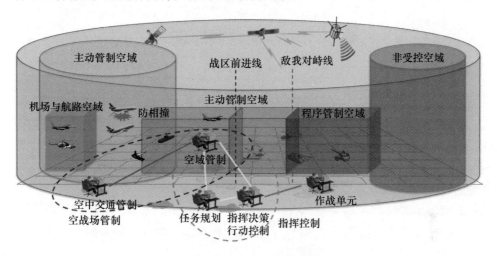

图 1.4 战区联合空域管制场景

空域管制的目的,是在满足可接受的行动安全风险等级下,最大可能提升战时的空域使用效率、灵活性,最大限度地减少对空域用户的限制,提升作战效能。其作用体现在以下几个方面:一是高效的空域管制能够减少对己方、友军、民航飞机及中立方飞机的误击误伤风险,加快作战进程和维护空中秩序,提高联合作战灵活性;二是空域管制活动先于作战行动开始,在作战行动之后及结束后可继续进行,并可在军事和民用航空当局间进行不同程度的权力过渡;三是联合部队空域管制有权依照联合部队指挥员的指示和目标要求,批准、修改或否决指定作战区域内的空域请求,但无权批准、反对或拒绝作战行动;四是空域管制对达成

9

联合部队指挥员的军事行动目标至关重要,是管控空战场的重要依托。

空域管制的意义是实现联合作战部队共享使用空域、加快作战进程速度并达成:满足联合作战参战部队使用各种飞机和武器系统的用空需求,包括高速或低速的旋翼、倾转旋翼、固定翼、有人/无人驾驶航空器,以及陆基/海基常规导弹力量、远程火力等;满足参战部队在联合部队指挥员可接受的行动安全风险程度内,最大限度自由使用空域的需求;空域管制与防空作战保持一致,实现整合与同步地面防空火力和作战飞机,满足联合防空作战效能最大化需求;满足快速高效识别己方、友军、中立方与敌方空中和导弹目标与航空器等,为防空系统应对空中威胁、防止误击误伤等提供支撑;空域管制支援复杂空中作战,以满足联合部队空中指挥员的需求,满足密切协调并整合地面部队作战、近距空中支援(Close Air Support,CAS)作战、空中突击作战及特种作战需求;完成联合作战多国空域管制需求,整合空中打击跨越多个国家与地区的空中交通管制和协调,确保各级指挥员最大自由地使用临时空域、国际空域等。

## 1.2 空域管制原理

联合作战中不同类型航空器从不同地点起飞,以不同速度飞往不同目的地,执行各自的作战任务,不同批次间的航线极易交叉。为保持最佳作战和飞行状态,很容易出现同一时刻多批次飞机占用同一高度层的情况。为躲避敌袭击或隐蔽自身行动,航空器可能随时大幅度调整高度、速度和航向,由此会产生许多不确定性的飞行冲突。据报道,在伊拉克战争中美英联军发生 374 起危险空中接近、43 起危险接近障碍物事故征候[10]。在这种快节奏作战的动态、复杂系统中,如何防备和调配飞行冲突,成为空中部队必须解决的基本问题。空域管制通过空域划设、分配、协调、监视和评估等活动,把空战场整体风险分解为单个空域风险的有机组合,实现己方作战兵力之间空中风险可控并约束敌方空中威胁肆意扩散。无论海湾战争、科索沃战争、伊拉克战争、阿富汗战争等均是在联合作战思想指导下进行的,这种以空战场为主体、多军兵种力量共同参与的联合作战,要求空域管制必须制订出有效的方案计划,减少对空域使用限制,提高空中、陆上、海上和其他特种作战部队等军事力量的作战进程控制效率,实现联合部队指挥员的作战企图。"沙漠风暴"行动中[11],共需监视和管制的区域、航线和空域数量极大,包括 160 个限制作战空域、122 个空中加油空域、32 个战斗空中巡逻区、10 条空中运输转运航线、36 个训练飞行空域、76 条突击航线、60 个"爱国者"防空导弹作战区、312 个战术地对地导弹作战区、11 个高密度空域管制区、195 条标准陆军航空器航线、14 条空中走廊、46 条风险最小航线、60 个火力限制区域、17个空军基地防御区及多个海军"宙斯盾"系统的作战区。空域管制在联合作战中,将维护一张复杂的战区空域态势图,管理多国、多军兵种的空中交通与作战空域,由此必须建立规范的空域管制理论体系。

### 1.2.1 活动模型

空域管制是联合作战指挥与控制的细分领域,是一个处于不断发展中的概念体系,并伴随指挥与控制(Command and Control,$C^2$)在战争实践中得到丰富完善。通常,我们将指挥与控制定义为[12]:在完成使命任务中,适当地赋予给指挥员对指派兵力的权威及权力行使,通过指挥员在计划、协调和兵力控制中,对各类人员、设备、通信、资源和过程的配置,来实现指挥与控制的功能。我军《军语》将其解释为:指挥员及其指挥机关对部队作战或其他行动进行掌握和制约的活动。典型的指挥与控制基本概念,如图1.5所示。

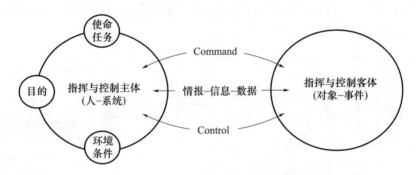

图 1.5 典型的指挥与控制基本概念

工业时代指挥与控制主体是人,即各级指挥员、参谋机构,客体是参战部队及行动等,其更多是人的战争艺术性指挥与控制活动。信息时代指挥与控制主体是信息,指挥与控制演变成为决策者为完成使命任务,依据既定的目的,通过对相关各种要素的情报信息收集与评估做出决策,进而实现资源、任务和责任的分配并根据需要进行相关调整的活动。随着信息网络空间的构建,人与人之间、人与组织、组织与组织之间,越来越多地通过网络进行不受时空限制的资源信息交换、共享与互动,此时指挥与控制实际是使各个个体在时间、空间和相关的组织使命任务要求中,以并行和协同的形式,实现资源的有效会合与对焦,并在集中式组织中以中心统一的指令实施行动,在边缘组织中以个体自组织、自治形式联合作战,通过对焦环境背景和定义的努力目标方向,而将各个个体整合起来,从而形成一种引导和大系统管理的指挥与控制活动。

**1. 空域管制事件活动**

空域管制事件活动是联合作战指挥与控制的重要组成部分,其任务使命是为确保参战部队行动与火力打击的空域配置合理高效,而需因地制宜地进行规划、计划和对空域进行指派,达到由谁在哪里进行什么活动形成了多个事件,这些事件中要明确配置什么结构的空域,其具体的使用时间、高度、范围和限定,其他部队进入的限制、作战使用限制和规则,联系协调途径和方式等有哪些,并在行动实施中对抗各种干扰和破坏、纠正偏差直至达成目的。空域管制活动需依照联合作战的观察－判断－决策－行动(Obseration, Orientation, Decision, Action, OODA)模型进行组织,通过不断深化和高效获取与利用战场情报数据信息,适应不断变化的作战空域态势,围绕联合作战的决策－行动需求,提供统一的作战空域协调、动态空域配置和数据信息服务,并向各级各类指挥员告警提醒空域使用矛盾冲突,为消解矛盾冲突进行协调和信息交换,具体事件活动如图1.6所示。空域管制事件活动是对该项指挥与控制概念的总体描述,它是对指挥与控制网络中的信息流、决策流与作战空域的分配过程进行概要构建。空域管制主体是参战部队和联合作战指挥与控制机构,人员是赋予职责的各级指挥员及指挥机构组成人员(编配的空域管制部门和管制员)。

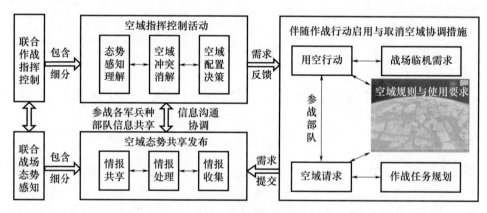

图1.6 空域管制事件活动

空域管制活动,是基于联合战场态势感知来建立对作战空间的空域使用全景视图,形成对战场空域态势的全面掌握和认知。在此基础上,建立各参战部队空域使用约束条件,即参战部队不是在空白的空域条件下规划作战和实施作战指挥与控制。通过收集各参战部队的空域使用需求,建立战区统一的空域态势图,实时动态更新空域态势图,可为各参战部队配置空域使用提供基础信息支撑。通过联合作战指挥与控制命令通道,对参战部队的作战空域建立规则与使用要求后,伴随作战行动启用与取消各类空域协调措施。对应指挥与控制活动样式,空域管制可分为两种类型:一是以集中式方式,实现对战区空域的联合管制,通过作战任务规划,进行预先计划的空域使用,包括预先划分空域、预先建立规则和协调机制、预先明确各级管制责任主体和空域请求与使用审批途径方法等,通常这类集中式空域管制由战区空中作战中心统一负责;二是在空域预先计划规划的基础上,在作战地带的空域协调基础上,根据具体联合火力单元的实际战场情况,临机形成需求,开展作战地带相关参战部队和分队之间沟通协调,并将协调结论信息共享发布到战区空中作战中心,进行统一告知和提醒,实现对局部自治式联合作战的空域管制。这样在空域管制中,依据协同的时效性和协同对象关系,将空域协同分为按计划协同、战场临机协同和末端自主协同三种方法。计划协同,在行动实施前制定的管制方案或指令中,确定参加单位、空域协同关系、协同方式、协同步骤及协同时间等要点,作战行动时严格按指令协同行动。战场临机协同,当战场出现超出计划协同范围或计划协同失调时,管制机构通过临时启用指令,对作战空域进行动态协同控制,达成一致的用空。末端自主协同,是指两个以上部队围绕同一作战任务,基于末端组网建立自主空域协同关系,按双方约定的规则协商实施用空同步。空域管制过程中,其活动的客体是空战场的空间区域及伴随作战行动建立的各类空域协调措施,如图1.7所示。联合空域管制对象种类杂、数量多,从参战部队来看,涉及陆、海、空军和常规导弹等各种作战力量的飞机、远火和导弹。从航空器属性来看,既有军用航空器也有民用航空器,既有己方的还有友军第三方的;从航空器控制方式来看,既有有人驾驶,也有无人驾驶;从管制对象的物理属性来看,包括战场空域资源及参战或支援作战的用空武器装备的空域协调措施等。

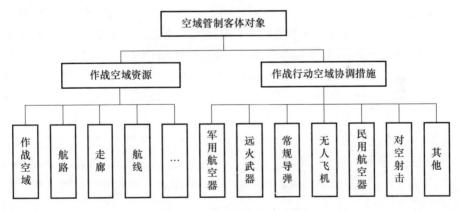

图1.7 空域管制客体对象

**2. 网络信息时代的空域管制**

20世纪90年代国际上提出网络中心战(Network Centric Warfare,NCW),其以信息技术为支撑构建新类型作战指挥与控制[13]。相对于平台作战,其通过网络将各参战部队连接在一起,能比单纯增加武器平台数量或强化平台自身能力产生更大效能。因而实现各参战部队的联网,建立一支鲁棒的网络化军队,成为确保军事行动取得胜利的关键。此后逐步发展的信息时代指挥与控制,其主体内容将体现为信息主导,控制主体在寻求目标任务达成的过程中,还需创造性地完成任务,寻找指挥与控制过程的优化性和作战控制的主观能动性,包括对决心的建立与描述,对作战情况的掌握,对任务分解和资源的调度,对战场态势演化的预测和评估等,都将呈现信息主导和人－机协同决策与优化配置的需求。相应的空域管制活动,必须呈现以数据驱动的作战空域配置和空域快速冲突消解,体现为大数据分析和人工智能技术的综合应用,如图 1.8 所示。

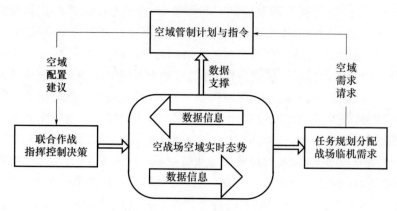

图 1.8　数据驱动的空域管制

数据驱动的空域管制,其本质在于利用信息领域的云计算、大数据、物联网、人工智能等技术完成对空域管制的扁平化组织和管理。从而将当前空中、陆上、海上作战空域管制问题,转变为利用数据信息进行的作战空间使用优化配置问题,突出了知识在空域管制中的主体性,实现利用从大量数据中提取有价值信息,进行规划、计划和推演作战空域使用,准确及时掌握各类空域动态变化情况,分析态势变化趋势和可用的空域资源,从数据信息优势上达成行动的优势。由此需要构建增强型的空战场空域实时态势生成技术,利用多种实时和非实时的情报信息,在多种知识库、规则库及特征库的基础上,形成相互印证与一致性描述的空域态势,支撑空战场作战空域设计、规划、配置及使用协同控制,实现对空战场的有效管制。

### 1.2.2　任务特点

**1. 战场空间广阔,管制保障困难**

从管制对象来看,航空兵具有高速机动和远程作战的特点,现代战争空战场的空间范围空前扩大。就垂直范围而言,从几米高的超低空到几万米高的超高空,都是航空兵的活动范围,从而形成超低空、低空、中空、高空和超高空的全维作战。就水平范围而言,现代轰炸机的航程可达 1 万 km 以上,歼击机的作战半径已经达到 800~1700km,经过空中加油,可飞到地球的任何一点。战术导弹射程扩大至上千千米,广阔的空战场空域内存在各种各样空域用户。从作战阶段进程来看,平时的空战场战备建设涉及空域规划问题;战役准备阶段,大量民航航班以及非直接参与作战行动的航空器绕航、改降或飞离战区等情况,局部地区飞行流量急剧增加;针对危机和准战时情况,加强警戒和局部禁空;在作战行动中,涉及诸军兵种和政府机构、人民防空力量、国际组织等,诸多参战部队同时展开,航空兵火力突击、军事运输等飞行活动对空域需求高度集中,陆上和海上部队远火打击的加入,空战场联合空域管制保障难度进一步增大。例如"沙漠盾牌"行动中[14],沙特阿拉伯吉达空中管制中心负责管理连接沙特阿拉伯与欧洲和非洲的空中航线,1990 年 8 月 2 日以前,吉达空中管制中心每月需要处理的飞行量为 3.6 万架次;到 1990 年 9 月 15 日,吉达空中管制中心的交通流量增加到平均每月 54 万架次,剧增 15 倍,战时空域管制负荷压力巨大。

**2. 作战行动交织,调配难度很大**

在实施联合战役行动中,在有限空域内,既有空中进攻作战飞行,也有防空作战飞行,还有侦察、电子干扰、空运、救援等作战保障飞行,可能还有民用航空飞行,同时还有常规导弹、远火和防空部队作战行动,空域使用呈现多机种、多批次、多方向、多层次、多军兵种局面。随战役进程推进,预定作战计划的调整修订,作战任务变化,攻防行动更迭,攻击方向的变更,作战专用空域的启用/关闭,致使空域与空域、航线与航线、空域与航线的汇集点增多,空中飞行与对空射击矛盾突出,如果没能及时发现空域使用冲突,调配不及时、不到位、不科学,或调配时出现了"错、忘、漏"等问题,势必造成飞行秩序混乱,危及航空器空中安全,甚至直接影响联合作战整体效能发挥,导致空战场失序。同时,若空域配置不合理,则会影响空域内的兵力出动容量。

**3. 空中部队多元,管制协同复杂**

现代联合作战中,参战力量多元。一是陆上、海上和空中等不同军兵种武器装备,将在联合指挥机构统一控制下,从高、中、低空和多个进攻方向对敌展开立体攻防行动;二是参加防空作战的空中巡逻、空中掩护、佯动飞行及参加作战保障飞行的电子战飞机、空中加油机、预警指挥飞机等飞行活动相互交织;三是大量军事空运、战场救护、战场医疗后送等飞行任务,需要紧急处置;四是战区及周边民航飞行活动,可能误入战区。面对这些不同建制、不同性质、执行不同作战任务的各军兵种部队,提高各种攻防力量的空域使用效能,防止误击误伤需要考虑的因素增多。管制协同由单一化转向多元化,管制程序由简单转向复杂,既要搞好军兵种各自作战体系的内部协同,又要搞好陆、海、空军和常规导弹等军兵种之间的外部协同。既要做好执行空中作战任务飞机之间的空空协同,又要做好空中兵力与地面防空兵力、远火打击之间的空地协同。例如1994年4月14日在伊拉克北部[15],两架F-15C战斗机,由一架空中预警机引导攻击两架正在伊拉克北部禁飞区飞行的身份属性不明的直升机,无论是战斗机飞行员,还是预警机指挥员,都不知道其所要攻击的"目标",实际上是盟军从迪亚巴克尔飞往伊拉克的UH-60"黑鹰"直升机。最后F-15战斗机的长机,飞到这批直升机的后方9~18.5km处发射导弹击落一架"敌"直升机,其僚机则把另一架直升机击落,造成典型的空战场误击误伤。

**4. 空中活动频繁,空域情况通报量大**

在整个战区范围内,不同建制、不同隶属关系和不同性质的各军兵种部队,根据担负的不同作战任务,实施突击、空运、转场、空降、空投、急救、侦查、巡逻等各种飞行活动,空中目标属性识别、对空情报获取和空情掌握难度加大,异常空情时有发生。空域管制部门既要对战区内飞行情况和空域活动状态进行通报,又要对从战略后方飞向战区执行各项任务的飞机飞行情况进行通报;既要协调运输机与作战飞机的飞行活动,又要协调作战飞机与常规导弹、远火部队的空域使用事项;既要监控我机对特殊用途空域的安全有效使用,又要协助有关单位进行目标识别,并向上级部门通报空中战场情况的变化等,空域情况通报中任何"错、忘、漏"和拖延,都可能贻误战机,或者造成空中相撞或误击误伤,甚至使敌空袭阴谋得逞。

**5. 战场态势多变,管制时效要求高**

空战场情况瞬息万变,攻防形势转换迅速,加之战区内参战兵力众多、空域使用复杂,空中活动异常繁忙,管制指挥强度大,空域情况通报骤增。此时空域管制保障时效性和不间断性,将直接影响航空器的出动量及作战行动的协同效果。加上复杂空战场态势下,军兵种内部和军兵种之间的通信联络、雷达监视、目标识别、信息交互等面临巨大挑战,尤其在日益恶劣复杂电磁环境下,要在联合作战相互之间耦合程度不断提升的情况下,满足空域管制保障的时效性和不间断性,对管制系统战场生存能力、信息共享能力和资源调配能力,以及各种管制信息手段的隐蔽性、抗干扰性、机动性和恢复能力等都提出巨大挑战。2020年1月8日,伊朗伊斯兰革命卫队的野战防空系统("道尔"M-1)就发生误击从德黑兰霍梅尼国际机场起飞的一架民航客机[16],机上176人全部遇难。当时伊朗军队指挥与控制系统没能将民航空中交通管制系统纳入进来,没有建立统一的准战时空域管制组织体系,实施危机条件下的集中统一空域管制,军民航空中交通管制系统紧急情况下没能建立协调关系,没有空情通报和飞行信息共享等机制,在复杂和高度紧张状态下,发生了严重疏漏而导致误击民航客机事件。

## 1.3 外军空域管制

实际上空域管制是伴随联合作战军事需求,向前推进发展的。依照作战样式和武器装备的创新发展,而不断革新管制模式与方法。目前,空域管制最具代表性的是美军组织方法,其建立成体系的空域指挥与控制理论框架,建设适用于不同军兵种的管制力量,制定联合作战空域管制条令,并集成整合军兵种空战场联合空域管制系统,形成战区联合空域管制体系。

### 1.3.1 美军情况

伴随着飞机军事应用的发展,美军开始建立空中交通管制系统。20世纪80年代为适应空地一体战需求,开始建设空战场联合空域管制系统。海湾战争检验了美军的大规模联合作战空战场联合空域管制能力与技术方法,21世纪初为适应新军事变革,美军持续修订空域管制条令、升级装备系统。美军定义空域管制为:在最小限制用户使用空域的情况下,通过安全、有效和灵活的空域协同来提高作战效能;联合空域管制包括协调和综合优化配置空域使用,来增加空域使用的灵活性;有效的空域管制能减少误击误伤风险,增强防空作战能力,赋予联合作战更大主动性。空域管制行动可在作战行动之前开始并在其后继续实施,也可嵌入在不同级别的军事指挥机构之中。

联合部队指挥员定义空域管制部门和联合作战参战部队之间的管制关系[17],空域管制部门通常由相应级别指挥与控制机构负责,主要职能是协调和整合作战空域使用,开发与作战区域内所有单位需求相协调的空域管制策略与程序,建立空域管制系统,响应联合部队指挥员的需求并提供与作战地域民航管制系统的集成功能,协调解决空域使用冲突,开发空域管制计划,并在得到联合部队指挥员的批准后发布到整个作战区域,通过空域管制指令更新调整空域管制计划,响应及时的空域需求,并为空域管制装备系统提供必要的人员与勤务保障等。

**1. 空域管制力量建设**

美空战场联合空域管制力量建设情况,如表1.1所列。以空军为主体,陆军、海军和海军陆战队平时分别开展空中交通管制部队建设,根据需要进行岗位交流和作战基地、指挥与控制机构岗位任职。

表 1.1　美空战场联合空域管制力量建设情况

| 分类 | 法规条例 | 力量编成 |
|---|---|---|
| 联合作战 | JP3-52 作战地带空域管制联合条例(1975年)；<br>多军种一体化作战空域指挥与控制程序；<br>联合空中交通管制；<br>ATP 40 危机和战争时空域管制条例；<br>JP3-52 联合空域管制(2014 年) | 战时抽调各军兵种空中交通管制员，纳入军种派驻联络组等，组建空战场联合空域管制参谋业务班组 |
| 陆军 | FM3-04.120 空中交通管制勤务；<br>陆军空域协调技术手册；<br>FM 3-100.2 多兵种一体化作战空域指挥与控制程序；<br>FM 3-52 陆军战区空域指挥与控制；<br>2015—2024 年美国陆军概念能力计划——空域指挥与控制 | 陆军战术空中交通勤务部队，由空中交通勤务大队、空中交通勤务营和空中交通勤务连组成；<br>空中交通勤务大队，由参谋部连和空中交通勤务营组成，目前，美陆军建设了两个空中交通勤务大队——第 164 和 204 空中交通勤务大队；<br>空中交通勤务营，通常下辖 3 个连队，负责提供前沿空中交通勤务支援、空域信息通报等，装备了机场机动仪表着陆系统、陆军空域指挥与控制系统等 |
| 海军 | Opnavinst 3722.30C 空中交通飞行安全控制手册；<br>Opnavinst 3720.2k 空域使用程序和规划手册；<br>Navair 00-80T-114 海军空中交通管制手册；<br>NTTP 3-20.8 舰艇空中作战战术、技术和程序 | 海军空中交通管制行动，主要由战术控制中队负责，提供集中指挥、控制和计划协调，配属舰队参谋部进行两栖作战所需的空中支援和空域协调；<br>战术控制中队有 15~20 名军官和 60~70 名士兵组成；<br>在岸上，战术控制中队通常担负空中交通管制任务，并提供火力支援协同 |
| 空军 | Annex 3-52 空域管制；<br>AFD 2-1.7 战区空域管制；<br>AFI 3-201 太空和导弹的指挥与控制——空域管理；<br>AFI 3-203 太空和导弹的指挥与控制——空中交通管制；<br>AFI 3-213 太空和导弹的指挥与控制——机场管理；<br>AFI3-213 太空和导弹的指挥与控制——空中交通和陆基系统 | 包括空军特种作战参谋部的特种战术中队、现役作战空中交通管制部队和固定基地参谋部的作战支援中队和通信中队，部署空中交通管制与着陆系统装备；<br>作战通信大队能够提供空中交通管制勤务和空域管制服务，装备机动塔台、战术空中导航设备和雷达进场着陆管制系统等；<br>空军国民警卫队部队，通常装备雷达/塔台设备、维修装备和空中交通管制系统，提供空中交通管制服务；<br>固定基地管制人员，一般指派到适于支援广泛的空中交通管制任务 |

续表

| 分类 | 法规条例 | 力量编成 |
|---|---|---|
| 海军陆战队 | NCWP 3-2 飞机和导弹控制;<br>NCWP 3-25.8 陆战队空中交通管制手册;<br>NCWP 3-2 航空运行;<br>NCWP3-25.7 战术空中作战行动手册;<br>NCWP3-25.3 海军陆战队空中指挥与控制系统手册 | 战术空中交通管制分遣队是陆战队航空队指挥与控制系统中的终端区管制机构;<br>每个陆战队空中交通管制分遣队,都装备了军种特色的管制系统,向独立和地理上分离的主要航空基地/偏远航空区等提供不间断的全天候空中交通管制勤务;<br>陆战队空中交通管制分遣队还作为陆战队空陆特遣部队综合防空系统的组成部分,通过战术数字信息链路,参与防空作战,向其他单位提供空中交通管制服务 |

根据美《联合作战空域管制条令》《联合空中交通管制程序方法》等规定[3-4],美陆军、海军、空军、海军陆战队分别建设平战一体的空中交通管制部队。在美联合空域管制和联合空中交通管制条令约束下,制定军种适用的条令《战区陆军空域指挥与控制》《海军空中交通管制条令》《空军空域管制条令》《海军陆战队空中交通管制条令》等[7,18-20],开展人员培训和装备建设。美军在联合作战层面建立一套全军适用的空域管制法规条令,并根据任务需求,在战区联合空中作战中心抽组成员成立空域管制队,作为后台业务支撑,开展战区联合空域管制。

(1)美陆军空中交通管制部队。该部队主要由空中交通勤务大队、空中交通勤务营、空中交通勤务连三级架构组成,主要负责机场塔台、进近雷达管制、空域信息通报等任务。战时向空军的空中作战中心(统一实施战区空中部队作战指挥与控制)、控制与报告中心(空中作战中心下级指控节点,实施战区分域方向的空中部队空中战斗管理);空中支援作战中心(将空中部队集成到陆上作战的空军派出指控节点)、战场协调分遣队(陆军派驻空军实现与空中作战之间的联络)、地面联络分遣队(陆军派驻空军作战基地实现与航空联队的联络)等,图1.9为美陆军、空军指挥与控制结构[21]。

美陆军天然具备与空军作战的协同,因为美空军实际上是在20世纪40年代后期才从陆军航空兵中独立出来的。实际上美陆军一直保留建制内的航空兵作战元素,在陆上指挥与控制机构中编配相应的航空兵引导控制与空域管制的人员。联合部队指挥员任命联合部队陆上指挥员(Joint Force Land Component Commander,JFLCC),该指挥员可担负着陆上部队的空域指挥与控制任务。美战区陆上指挥与控制系统,负责把陆军空域需求集成到战区进行统一管理,并建立自主的空域管制应急管理方案,陆上指控系统可在战区空域管制指令及特殊指令(Special Instructions,SPINS)中加入陆军的请求,并统一集成起来由联合部队

19

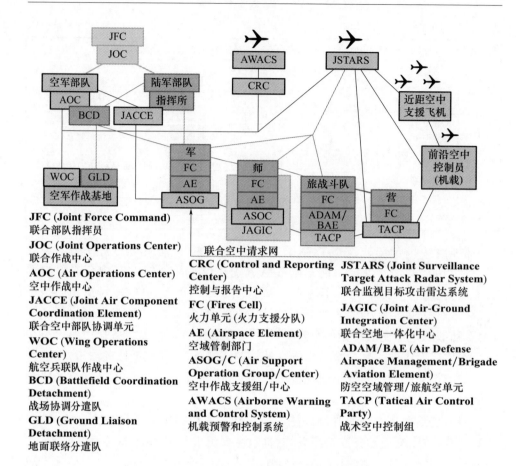

图 1.9　美陆军、空军指挥与控制结构

空中指挥员进行处理,确保陆上与空中作战的相互协调。联合部队空中指挥员与陆军机动部队之间的交互,通过空军派出的联合空中部队协调单元(Joint Air Component Coordination Element,JACCE)完成,该协调单元一般派驻战区陆上指控机构。其中在美陆军的军和师,分别建立了空域管制部门(Airspace Element, AE),该部门通过空军派驻的空中作战支援组/中心(Air Support Operation Group/Center,ASOG/C)与联合部队空中指挥员、空中作战中心建立连接。美陆军的军和师空域管制部门任务基本一致,主要职能:履行作战地域的空域管制,一般是在指定的协调高度以下授权履行空域指挥与控制任务;执行作战命令,不仅包含陆军专用的空域指挥与控制命令,还包括来自空军的空域管制计划与空域管制指令、特殊指令的空域管制要求和所有的空中行动指令,确保整个战区空域管制的集中统一;若军或师作战区域再细分为不同旅的作战区域,则军或师的空域管制部门还要将空域管制的有关职责委托给旅作战小组(Brigade Combat

Team,BCT),美陆军多功能旅战斗小组都有一个防空空域管理/旅航空单元(Air Defense Airspace Management/Brigade Aviation Element,ADAM/BAE),其内包含防空作战和航空兵部队人员,在履行空中和导弹防御及航空兵指挥引导任务外,还执行旅的空域指挥与控制,此外该小组还可支持近距空中支援的部分任务。在陆军的师指控机构内,还可以设置联合空地一体化中心(Joint Air – Ground Integration Center,JAGIC),负责师属空域指挥与控制、联合火力支援协调、近距空中支援任务。在陆军从营到旅的机动部队内,空军派驻战术空中控制组(Tatical Air Control Party,TACP),帮助地面部队进行空地火力与空域协调,并对前线飞机战术引导,该控制队一般与陆军的火力单元和陆军空域指挥与控制单元集成,建立陆军的火力支援协调中心(Fire Support Coordination Center,FSCC),执行陆军火力打击和空域指挥与控制的计划协同任务。

(2) 美海军空中交通管制部队。该部队隶属两栖大队,分设岸上和舰上战术空中作战中心(Tactical Air Operations Center,TAOC),主要负责航母、两栖攻击舰、运输舰、支援舰等上的舰载机起降与空中交通管制服务[22],战时可向空军的空中作战中心、陆军的火力支援协调中心等派遣相关联络组,协调舰载机作战行动。图 1.10 为航空母舰作战空域,在该空域内需进行舰载机飞行的精确管理,为舰载机作战提供支撑。

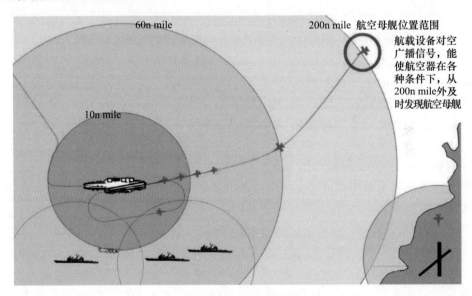

图 1.10 航空母舰作战空域

美海军具有全球范围部署、快速响应、前沿存在的能力,从而在冲突区域一端展示兵力。与空域管制有关的任务是海上管制和力量投送。①海上管制,是对海军作战具体海域的水面、水下和空中进行管制,通过摧毁敌方或阻止敌方行动并确保必要的区域、海上通道安全。②力量投送,涉及对地面或空中作战的支持,包括两栖进攻性作战,采用航母舰载机和海上发射巡航导弹打击岸上目标,利用海军水面火力支援压制敌目标等。

对此海军在水面、水下和空中同时展开三个不同战斗空间,实施六种作战样式:①水下战,对敌潜艇进行定位、跟踪并采用机载平台进行打击,此时需执行空域冲突消解措施;②水面战,常采用机载或水面舰艇平台,定位并摧毁敌水面平台,此时需消解空域冲突,为作战提供支撑;③打击战,采用舰载机、巡航导弹和水面火力支援进行作战,目的是摧毁或压制敌岸上目标,此时需对导弹和空中突击进行有效集成,消解空域冲突;④侦察监视作战,综合应用军事欺骗、心理战、电子战和物理毁伤,通过情报的相互支持抵御敌信息战能力,涉及利用飞机和特种部队对敌目标进行侦察监视,此时需消解空域冲突;⑤两栖作战,涉及海军和来自海上登陆部队与敌方的作战,需进行多种联合火力打击的空域冲突消解;⑥防空作战,对指定作战区域内的己方和友军进行保护,对抗敌空中平台和导弹武器,即弹道导弹、巡航导弹和空中突击等,此时需进行合理的空域配置和空域冲突消解。美海军在航空母舰及大型水面舰艇指挥与控制系统中,设置空域管制单元(Airspace Control Unit,ACU)并嵌入空域管制功能,配置相应的空域管制员,既可执行战区发布的空域管制计划和空域管制指令,还可以产生本级海上战斗群的空域管制计划和指令等,围绕作战空域使用进行协同控制。

(3)美空军空中交通管制部队。该部队隶属作战基地,分设本土管制联队和海外管制联队。本土管制联队由空军国民警卫队(Air National Guard,ANG)管理,海外管制联队由特种作战参谋部管理,主要负责机场场面、塔台、进近雷达管制、航路管制、空运空降指挥、常规导弹空域协调、空域管理等任务,战时融入空中作战指挥与控制中,并向陆军火力支援协调中心、其他军种作战指控中心等派遣联络组,如空中部队协调单元(Air Componet Coordination Element,ACCE),它是联合部队空中指挥员与参战部队的联络分队,促进各有关参战部队参谋机关的交互,如果得到联合部队指挥员的授权,其还会在军事行动中与民航进行协调,从而实现空军统一负责战区联合空域管制。

美空军的空中交通管制部队,平时承担作战基地的机场塔台、进近雷达管制等战斗勤务,其编配于航空兵联队作战中心(Wing Operations Center,WOC),在本土平时同美联邦航空局协同实施全美空域管理,并负责向美国本土阿拉斯加地区提供空中交通管制服务和通用航空飞行服务等。美空军指挥与控制系统,主要由战区空中作战中心、下属指控节点"控制与报告中心""航空兵联队作战中心"、移动节点"机载预警和控制系统"(Airborne Warning and Control System,

AWACS)、"联合监视目标攻击雷达系统"(Joint Surveillance Target Attack Radar System,JSTARS)与机动节点"空中支援作战中心"等组成,并与作战基地的机场管制、进近雷达管制及民航的航路管制中心等进行整合集成,连接战区陆上、海上等指挥与控制系统,主导实施战区集中统一的空战场联合空域管制。通常联合部队指挥员定义空中作战中心为战区空域管制部门。

(4)美海军陆战队空中交通管制部队。该部队隶属战斗勤务支援与指挥联队,负责突击登陆区、前方弹药补给点、地面加油点、临时防御区等特定空域的空中交通管制勤务,战时与空军的空中作战中心、海军航母战术空中作战中心、特种作战时还可与作战地域有关民航空中交通管制部门等建立指挥协同关系。

此外,美各军种部队自20世纪60年代末开始,在演训和实战中累积了适用不同作战样式、管用好用的空域协调措施(Airspace Coordinating Measures,ACM),如美空军制定并适用联合作战层面的空域协调措施中,包括空域管制空中位置参考基准措施、空中联合作战空域协调措施、空地联合作战火力支援协调措施(Fire Support Coordination Measure,FSCM)、空海联合作战防御协调措施、联合防空空域协调控制措施、空运空降机动协同控制措施、联合空中交通管制措施,并收录到《联合作战空域管制条令》中,包含7大类95种措施,供美各军种参照使用与共同遵守,为联合作战空战场联合空域管制统一实施的规范性、统一性、权威性奠定了坚实基础;美陆军针对陆上作战需求,制定了军种适用兼容空军联合作战的8大类105种空域协调措施,具体细化了陆军专用的有关措施。美各军种部队围绕各自任务需求,分别开展空域管制装备系统研制和建设。美陆军根据多兵种火力协同需求,研制野战车载战术空域一体化集成系统(Tactical Airspace Integration System,TAIS),开展陆军空域指挥与控制、空中交通管制及空域信息通报等业务。美海军在岸基、航空母舰和大型舰艇上,部署空中交通管制中心系统,保障舰载机起降飞行和作战区域的空域管制。美空军重点研制机动部署的移动式机场塔台、进近雷达管制、航路管制系统,在作战基地、预警指挥机、空中作战中心、控制与报告中心、空中支援作战中心等指控中,部署战区战斗管理核心系统(Theater Battle Management Core System,TBMCS),通过嵌入联合空域冲突消解系统,实现伴随空中任务分配命令(Air Tasking Order,ATO)的制定,提供空域管制指令,并向其他军种进行系统延伸,实施战区空域使用冲突识别与消解,并具备战区一张空域态势图的动态管理维护与信息共享、空域需求申请与批复等功能,构建联合作战空战场联合空域管制系统体系。美海军陆战队主要装备战术级机动或便携式空中交通管制系统,担负特定地域或指定空域的管制。

**2. 空战场联合空域管制实施**

美军在全球常设五大战区联合指挥与控制中心,根据作战任务需要可临时组建作战方向联合指控机构。根据军种任务和作战特点,为便于协同,空战场联合空域管制和防空作战,通常由联合部队指挥员授权,委托联合部队空中指挥员负责,并实现联合部队空中指挥员、空域管制官和区域防空指挥员(Area Air Defense Commander,AADC)三个角色一人承担,如图 1.11 所示,这样便于开展协调工作和简化沟通程序。在情况需要时联合部队指挥员可指定陆上、海上或海军陆战队指挥员,担任独立的空域管制官,负责对指定空域进行统一管制。当联合部队指挥员任命哪个军种指挥员或哪级部队指挥员为空域管制官,其所在指挥与控制机构就定义为空域管制部门。

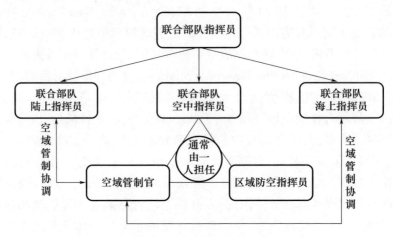

图 1.11 空域管制领导架构

(1)联合制定战区空中交通管制协议。空域管制官根据联合部队指挥员指示要求,将各军种派遣的联络组整合在一起,熟悉作战任务,分析敌情我情,与盟国、国际机构、民航等商讨制定战区空中交通管制程序,制定机场塔台、雷达进近、航路等管制交接协议,同有关国家商定国际水域上空管制协议和空域程序,建立战区演训管制方案,对外发布战区空域管制的航行通告。

(2)联合制订战区空域管制计划(Airspace Control Plan,ACP)。按照空中任务分配命令生成需求,制订战区空域管制计划,并针对计划更新修订,发布空域管制指令(Airspace Control Order,ACO)。组建空域管制参谋业务组,该组编于空中作战中心计划处,基于战区战斗管理核心系统,伴随空中任务分配命令制定,交迭开展空域管制计划更新,对防空作战、空中威胁、空域管制架构及系统保障等进行评估分析,划设空域管制责任区,明确管制责任主体、措施方法、通信连接、敌我识别、指令发布、空域协调措施及协同程序等,形成战区空域管制计划,并可作为空中任务分配命令的一部分或单独文件发布。根据作战进程和敌我态势变化,整合战区各军种空域需求,每日更新空域协调措施方法,消解空域矛盾,生成空域管制指令,作为空中任务分配命令的一部分或单独文件发布。

(3) 空中交通管制与空域管制。在通信与监视覆盖区域,建立依靠雷达、数据链、敌我识别装置的主动管制;在不具备主动管制区域内,实行程序管制措施。按军种作战主次,一个单位负责一个区域,主要作战区内由美空军的空中作战中心,或授权空军的控制与报告中心,统一实施各军种空域管制;主要作战区外由军种、民航有关空中交通管制中心,统一对军用和民用航空器进行飞行管制,跨区飞行进行管制移交与责任交接。空域协调措施生成是在整合各军种空域需求基础上,通过空域管制指令的更新,实时发布实现的。

(4) 军兵种协同实施空战场联合空域管制。空军主导空战场联合空域管制,但并不代表空军管理控制所有作战空域,而是根据作战任务特点,确定最佳的参战部队和指控节点实施空域管制,但整个战区空域管制仍在联合部队指挥员的授权下,由战区空中作战中心进行统领,各有关陆上、海上等指挥与控制节点参与,形成体系完善的战区空域管制组织体系。

(5) 空战场联合空域管制平战转换与力量运用。将民航空中交通管制系统,统一纳入联合作战空战场联合空域管制体系,根据战区空域管制计划,执行战时空域管制规则与措施,实现从平时运行状态切换到战时体制;根据需要征召美联邦航空局空中交通管制员,主要担负战区内的空中交通管制服务工作。伴随作战进程推进,持续作战将过渡到稳定行动阶段,为便于战后重建和提供安全的空中运输环境,空域管制官着手制定从战时体制向平时空中交通管制的过渡方案。战后根据需要向民航移交空中交通管制权,恢复到平时的运行状态上。

**3. 空域管制经验与启发**

(1) 空战场联合空域管制细分为主要作战区的空域管制和外围的空中交通管制进行组织,便于空战场全域统一管制。空中作战行动已不再局限于主要作战区,空中打击的战场空间广阔、活动多样、要素众多,单纯依靠作战指挥与控制或空中交通管制,已不能胜任战场复杂空间的管制任务。对此美军对两者进行整合,在联合作战指挥与控制中实行战管一体空域管制模式,并以主要作战区的空域管制为主体,重点是对联合火力进行空域使用协调。将外围军民航空中交通管制纳入联合作战体系内并转入战时体制,构建以空中作战中心为枢纽,控制与报告中心、空中支援作战中心和其他军种的空域管制、民航的空中交通管制等为载体的战管一体的空战场联合空域管制组织体系,实现联合作战行动用空、敌我识别与民航空中交通的全域集中管制。

(2) 空战场联合空域管制力量依托军种开展建设,立足平战一体和联合作战,进行培训、条令制定和装备建设。空域管制由作战样式决定,空域划设由作战任务确定,不同军种具有不同的空战场联合空域管制需求,实施不同的管制方法。对此美军依托军种、建设空中交通管制部队,以空中交通管制为公共基础培训,结合军种作战特点,深化拓展联合作战的军种自身空域管制培训,推进管制员跨军种、跨部门上岗交流,战时派驻到联合作战指挥与控制机构,军种之间互派联络组;在联合作战统一框架下进行空战场联合空域管制体系建设,依据联合作战条令进行空间基准一致性、规则一致性、标准一致性的约束。军种制定自身适用的作战条令,在军种装备体系一规划下研制空战场联合空域管制的支撑装备系统,并实现全军的网络集成和信息对接共享。

(3) 空战场联合空域管制贯穿作战全过程,空域协调措施成为作战行动协同的重要方法。美军十分注重联合作战任务规划,针对空战场"空域""频域""能域"三域交织相互牵制特点,分别制订空域管制计划、频谱管理计划和兵力出动计划(空中任务分配命令)等,并将空战场联合空域管制关口前移,通过空域管制计划、频谱管理计划与兵力出动计划的一体筹划、迭代推进,实现在计划制订阶段尽可能消解联合作战用空冲突。美军认为空域协调措施是联合作战行动协同的一种技术手段方法,空战场空域划设不再满足从单一作战角度出发,更多是面向联合作战行动进程控制需要来设定,开展空战场作战空域态势监控,通过空间与时间的四维动态管理,协调各军种联合作战统一行动。美军还持续升级空战场联合空域管制支撑装备系统,利用强大的网络连接能力,构建以网络为中心的联合作战管制体系,实现各军兵种空域信息互联互通与共享,形成一致的空战场空域态势认知,保证空域协调高效顺畅,并为战场基于时间的火力与支援提供作战空域支撑。

实际上,美军空战场联合空域管制能力建设已 50 多年,也历经了数十场高技术局部战争检验和经验累积,但空战场联合空域管制是一个十分复杂的系统工程。随着管制对象不断变迁,战场空间内存在大量有人/无人飞机、弹药和导弹等,围绕消除各类行动和火力之间的空域使用冲突,快速对抗敌人在战场上的行动,需实施更加紧密的空域协调,加快协同的时效性和动态性。目前,各国军队在空战场联合空域管制领域面临着诸多待解决的问题:一是空战场整体态势感知能力不足。空域管制计划和空域管制指令发布后,缺乏有效的行动执行效果监视和对其他军种的指令反馈,完整的空战场用空态势感知不够,制约联合空域管制效率。二是空域动态快速再分配能力不足。空战场联合空域管制以计划制订、实施、反馈构成闭环,空战场敌我态势的快速变化及日益恶劣的电磁环境、临机用空和协同快速的增加等,计划赶不上变化,使得作战任务调整之后,空域快速分配困难。三是对无人作战系统管制识别能力不足。新质作战力量增加,空域管制程序不能适应诸多新型航空器运行,如无人驾驶航空器(Unmanned Aerial Vehicle,UAV)、高超声速导弹、临近空间飞行器等,增加了空中实体相撞风险。四是与民用航空的协同能力不足。海外作战,本土与主要作战区的空中衔接,跨越多个国家的民航空中交通管制系统,协调要素多,过程复杂,一定程度上制约了远程奔袭作战的高效实施。此外,目前战场空域规划和管制方法,主要采用作战区域、航线的人工静态配置模式,空域被划分为不支持多功能使用的空间三维体,并在给定时间段内限制其他作战使用,航迹与空域关联主要依靠人工,自动化程度低,导致更为低效率的作战空域使用。

### 1.3.2 北约情况

根据北约组织(North Atlantic Treaty Organization,NATO)《危机和战争时的空域管制条令》内容[23],欧洲盟军总司令和大西洋盟军总司令的空域管制,基本采用美军的一套方法。

**1. 空域管制职责分工**

北约组织的战略指挥员(盟军总司令)、盟军联合部队指挥员(战区司令)、空域管制官(Airspace Control Authority,ACA)及所有下级指挥员、支援指挥员,共同负责战区空域规划与管理。战略指挥员(Strategy Commander,SC)全权负责战区内的空域规划和执行,并保有在作战计划和该层级相应的管制职权。一般来说,战略指挥员负责提供广义的空域管制政策指导,在其指挥权限内实现空战场联合空域管制的统一性、一致性和权威性,此外还将与其他国家或非北约组织国家开展管制协调与规划,保证空战场联合空域管制多方行动的一致性,尤其在作战责任区可能重叠的地区,应当达成空域管制协议或相应的非北约组织国家协议,明确规定各方管制任务和协调措施方法等。

盟军联合部队指挥员(Joint Force Commander,JFC),根据战略指挥员的任务要求,筹划战区及作战责任区内的空域管制组织实施,并将具体职责分配给空域管制官,从防空作战的统一性需求出发,一般来说,空域管制官、防空指挥员通常由一人担任,这个人可选择盟军联合部队空中指挥员(Joint Force Air Component Commander,JFACC)。盟军联合部队指挥员,制定作战方针及达成作战目的的空域使用优先顺序,并将空域管制任务分配给下级空中部队指挥员,在必要时确定空域使用程序方法,监督空域管制系统运行情况,保证与联合作战行动一道实施,保证本防区内的空域管制计划与相邻区域之间的协调一致和无缝衔接。

空域管制官,负责落实盟军联合部队指挥员的空域管制总体规划,并负责与盟军联合部队指挥员的下级部队指挥员和相关联的国家进行管制协调,具体制订空域管制计划,规划和运行响应盟军联合部队指挥员与空域用户需求的空域管制系统,识别空域管制通信资源和空域使用协调链路,制定空域协调措施与程序,解决盟军联合部队空域使用冲突,划分下级空域管制区内的分区,并建立同其他管制区的衔接,保证空域管制系统纳入联合空中作战和联合防空作战行动中,与北约地面防空系统和东道国有关的系统(视情况而定)进行区域防空与空域管制的一体化整合,评估空域管制对民用运输航空飞行的影响,批准或不批准下级指挥员/分区空域管制官提交的空域管制计划与空域管制指令。

分区空域管制官,按照军种主次和作战任务,由负责该地域作战指挥与控制的指挥员担任分区空域管制官,相应指挥与控制机构为对应空域管制部门,负责制订、协调、执行分区空域管制计划,与其他部队指挥员协调,执行分区空域管制指令,对分区空域管制计划和相邻分区空域管制计划进行协调。战区内各陆军、海军、空军、特种作战部队及其下级部队或支援部队,根据空域管制官/分区空域管制官任务部署与授权,可提供指定区域的空域管制服务,按要求派联络军官代表与空域管制官、分区空域管制官进行管制联络,确立与保持同空域管制官/分区空域管制官之间的对接,规划和协调空域使用行动。

**2. 空域管制过程内容**

空域管制主要是对己方部队和用空武器装备进行空域使用协同,在这个协同过程中,尤其面向空中航空器,经常需进行敌我识别,美军和北约组织将防空作战的敌我识别的职责同空域管制进行整合。为有效实现空域管制系统快速、可靠、安全识别飞机的能力,应当尽可能使用电子识别手段,如敌我识别询问/应答器。但电子识别手段并不是随时可用的,也不是一直可靠的,因此在空域管制过程中,可通过空中走廊或规定的飞行程序,采用飞行航迹特征进行识别,在为所有空域用户提供作战便利的同时,降低空中误击误伤风险。

北约组织空域管制的主要内容:①空域管制规划。空域管制规划由战略指挥员发起,其提供政策制定意见,指导制定总体方案;具体空域管制总体方案由盟军联合部队指挥员决策制定,规定空域使用优先顺序及对下级和空军、陆军、海军和特种作战指挥员的要求;下级指挥员制定详细的空域管制实施方案,响应盟军联合部队指挥员的要求与规定,然后空域管制官再对这些方案协调,保证与战略指挥员、盟军联合部队指挥员的要求相匹配。②制订空域管制计划。该计划规定了战区空域管制分区划分,明确分区空域管制官的职责,同时规定空域管制区和分区的边界。空域管制计划由空域管制官负责制订,由盟军联合部队指挥员批准。防空作战必须同空域管制实现一体化对接与协同。一般海外作战时,东道国军事代表和民航飞行活动应满足空域管制计划提出的规定要求,并配合实施。③发布空域管制指令。空域管制计划中规定了空域管制指令的制定、发布和通信传输的要求,通过空域管制指令实现对空域管制计划的更新,并实时根据作战需求,发布新的空域管制指令,满足特定时段和空域的作战需求,该指令一般伴随空中任务分配命令进行制定。④支持作战的连续性。为了保证在敌方或敌我交战区环境中持续提供空域管制服务,如果空域管制官/分区空域管制官,失去了履行空域管制的能力,必要时可通过明确规定的程序,将空域管制职责分配给指定的接替指挥员。⑤对特定任务临时指定空域管制官。由于空军、陆军、特种作战部队和海军的作战环境不同,且这些部队对空域具有特定的作战要求,因环境不同或任务不同,许多特定的空域管制程序和方式也不尽相同,在这种情况下,空域管制官可临时任命相应的下级指挥员,负责指定空域内的管制,受命的指挥员必须与空域管制官协调,保证一致性的努力,实现对邻近空域的管制指挥。

总结 2011 年 3 月 20 日的北约多国联军,对利比亚发动代号为"奥德赛黎明"的军事打击[24],并在 3 月 31 日北约接管作战指挥权,将行动代号改为"统一保护者"。空中打击是此次军事行动主要作战样式,经过轮番精确打击,瘫痪利比亚政府军指挥中心,摧毁防空系统和高价值军事目标,有力地支援了利比亚反对派武装力量,同时也显示了高超的空战场联合空域管制水平。北约联军突然对利实施军事打击,虽然时间紧迫,并有 18 个国家空中部队先后参加行动,但空战场仍然保证了指挥与控制的精确有效性。①管制效率高。以达成出其不意、攻其不备的战役目的,法国空军在当地时间 19 日夜 21 时 50 分,率先发起对利空袭行动,8 架"阵风"、12 架"幻影"2000 战斗机进入利比亚领空,对其地面军事目标进行空中打击。随即美英海军迅速采取支援行动,北京时间 3 月 20 日 3 时 50 分起,6 艘舰艇集中发射了 124 枚"战斧"巡航导弹,利比亚 20 余处雷达、防空阵地等目标遭到打击。美空军 3 架 B-2 隐身轰炸机从距利比亚约 9000km 的怀特曼空军基地起飞,4 架 F-15E 型战斗机从距利比亚 2400km 的英国拉肯希思空军基地起飞,经空中加油与连续飞行,对利实施打击。英空军 4 架"狂风"GR4 战斗轰炸机长途奔袭 2000 多千米,突击利重要目标。首轮空袭行动北约联军从制订计划到实施打击仅用短短数小时,支援行动是边计划边实施,彰显出高效空战场联合空域的管制能力,这也正是北约联军瘫痪防空系统、夺取制空权的重要保证。②指挥与控制准。北约联军倚仗武器装备和信息优势,发挥了空海军作战平台效能,长时间不间断实施对利的空中作战行动。空中作战平台包括 B-1B、B-2、F-16C、"幻影"2000 等 10 余种型号战机 100 多架,以及其他 RC-135、E-3、E-8、"全球鹰"等支援作战飞机 10 多架。海上作战平台包括"惠特尼山"号指挥舰、"斯托特"号和"巴里"号导弹驱逐舰、"戴高乐"号航空母舰等舰船 10 余艘。这些作战平台从空中、海上同时打击利军事目标,甚至"战斧"式巡航导弹和 B-2 型轰炸机分别打击的目标,距离非常近,稍有差池就可能造成空海军作战力量相互冲突。正是由于北约联军具备精确的空战场联合空域管制能力，才能根据作战计划和瞬息万变的战场态势，综合利用各种手段和战场信息，实施灵活动态管制，确保作战单元跨洲、跨海、跨国实施一体化作战，确保空基、海基不同武器平台充分发挥各自作战优势，有效防止自伤自毁，实现立体交叉打击和打击效果的最大化。③协同关系顺。美军指挥的"奥德赛黎明"行动涉及战略司令部、联合部队司令部、欧洲总部、非洲总部等，参加对利军事行动国家共18个，美英法等北约国家14个，非北约国家4个。行动表明全球打击司令部与职能总部、职能总部与地区总部可有序协调工作。"奥德赛黎明"行动，非洲总部被指定为美军提供指挥与控制保障，第617空中作战中心为其下属的指挥与控制机构。这些指挥与控制机构严格履行各自的职责，利用规定的协调线与时间界定方法，实现了空中作战的精准指挥与控制与任务协同。可见在整个对利军事打击过程中，各指挥与控制机构通过战前协同、打击目标协同、多作战兵器协同和情报协同，确立作战目标，选择作战时机，分配作战力量，实施后勤保障。指挥与控制机构之间顺畅的协调关系，保证了北约联军作战企图的实现。

## 1.4 本书主要内容

### 1.4.1 探讨内容

实际上，大规模联合作战必定牵涉多军兵种空域使用及协同问题，为最大限度减少火力打击的空域使用限制、维护空中任务秩序、加快作战进程，需对空战场联合空域管制问题进行仔细研究。本书根据当前联合作战为重点的空域管制发展现状及领域面临的急迫问题，对空战场联合空域管制有关概念、原理方法、装备系统及模型算法等进行梳理总结，提出一套理论体系供参考。

**1. 问题提出背景**

战场空域规划使用问题属世界各国军队面临的普遍性问题和老问题，当多个用空单位存在，就有一个效率问题，而效率高低将直接关系到作战效能发挥。我军明确提出空战场联合空域管制、空战场空中管制等有关问题，是随着装备现代化升级，多军兵种联合作战演练中，战场空间内参战部队为数众多，空中作战划设上百个作战空域、密布数百条突击航线，地面火力中导弹和地炮、火箭炮、高炮系统等，划设上千个与火力范围相对应的空域，各类空域在空间范围和使用时间上存在大量交叠，军兵种空域使用，需同多个单位密切协同配合，战场空域问题成为牵一发而动全身的问题，成为制约联合作战行动有序展开的关键性问题。

# 第 1 章 概　述

当前世界各国武器装备加快技术升级,战场空间兵力兵器使用呈多元化趋势,在传统的固定翼航空器和旋翼机之外,大量无人机将投放战场,传统陆战、海战武器射程显著增加,空域使用范围不断扩大,多军兵种空域使用及协同越发困难,空域使用出现不同程度的自扰互扰等问题困扰各国军队。随着新军事革命向纵深领域发展,必须对战场空域问题建立全新认识。一是必须深刻认识现代战场的多维立体性。信息技术发展推动下,联合作战在注重单一战场独立作战的同时,更加注重不同战场之间作战行动的互动性,致使战场表现为多维立体性,尤其在战场空间多种航空器飞行交织、电磁辐射复杂的情况下,必须进行高效的空战场联合空域管制,才能确保各类兵力兵器按计划有序地进入交战地域和空间。二是必须准确把握传统空域管理与空战场联合空域管制的对象差异性。传统空域管理主要是围绕航空活动进行的,空战场联合空域管制不仅包括传统航空器,还包括各类战术导弹、巡航导弹、防空导弹、地面火炮及无人机系统等,此时必须以全新视角看待空战场联合空域管制问题,构建全新管制理论和方法。三是必须充分认清战场空域协调方法复杂性。空域管理的传统方法主要通过计划、区分时间、区分区域进行。但现代战争经验表明,按计划协同发挥作用越来越有限,离开协同计划虽难以组织部队行动,但完全依靠协同计划不能解决快节奏、高强度作战空域配置,此时传统的管制方法已不再管用,尤其面对实施大规模联合作战条件下,必须创新空域管制协同方法,推进实施战场临机协同与调配。

20 世纪 90 年代以来各国军队都在推进联合作战,战场空域使用同参战的各军兵种都有关,必然要求对用空单位与兵器实施综合管制。面对联合作战,西方国家军队已走在前面,对此我们在该领域必须加快研究,对战时空域管理问题进行准确定位,构建新型管制理论与方法,开展配套系统建设。从平时空域管理情况看,空域使用从本质上讲具有天然联合意义,因为战区多个作战单位,还有一些非军事单位,在任务执行过程中需进入空域,一部分用户所采取的行动,必定影响另一部分用户,此时必须对空域使用进行协同。空域用户少的情况下,这种协同可在作战指挥与控制的任务筹划阶段,通过预先计划进行。但在空域用户众多、空域使用需求多样的复杂条件下,就有必要从作战指挥与控制中,细分出空域指挥与控制,依托战场联合作战指挥体系,构建逻辑完整的空域管制组织体系。

由于世界各国军队的作战理论、指挥体系编成和指挥与控制指导思想存在一定差异,空域管制具体实施会有多种因地制宜的方法,但仍主要以联合作战指挥与控制系统和军民航的空中交通管制系统为依托,构筑一张以空域使用分配和协同为主要内容的指挥与控制网,贯穿各军兵种的指挥机构,覆盖战场空间各军兵种和民航的空域用户。但这并不意味着,空域管制对任何武器都拥有作战控制权或战术控制权,它只是根据指挥员要求向军事行动,提供灵活、高效的空域管制服务,使军事力量在联合作战行动中充分发挥效能。从外军情况看,空域管制过程仍停留在空域管制计划的集成与冲突调配上,使用计划来确定全部空域用户需求并化解冲突。战场空域用户根据预期需求,提出保留与限制空域使用的请求,并通过指挥与控制系统信道上传,每一级需对这些请求进行审查、化解冲突。最后这些需求被集成到将要发布的空域管制计划中或空域管制指令中。但这一过程耗时较长,不能对当前作战做出快速反应,经常一个空域请求获得批准、分发和执行前,可能就不需要这个请求了,或请求时限已过了。为减少空域请求批准所需时间,许多部队的做法是请求远多于需要的作战空域,或为其请求的空域延长上更多的使用时间,目的是留出作战中更改空域使用的余地。这些行为导致了对大块空域进行不必要的限制和占用,这种超出实际需求的空域分块,可能造成多种不良后果,将进一步恶化空域请求过程响应时间,从而大大降低联合作战效率。此外,各军兵种之间若没能形成有效的空域协调,对于快节奏行动,将会在各军兵种之间缺乏共同的空域态势感知能力,从而使各级指挥员基于自己主观认识的风险,而不是基于实际风险进行决策,在联合作战行动或合同战术行动中,就会采用极端方法规避空域使用风险,从而进一步限制战场空域安全、高效和灵活使用。因此,基于当前管制程序和方法,不能使指挥员近实时地将全部空域用户与作战融为一体,加之日益复杂的作战环境也给指挥员带来前所未有的空域协调压力,促使空域管制实际需求发生了深刻变化,亟须构建新型理论体系进行应对。

### 2. 本书研究重点

本书研究关注于联合作战行动与火力的空域协调问题,侧重对战区空域管制组织实施、架构组成、系统装备及业务方法、协调措施、工作程序等进行归纳总结,提出了一套完整场景视图的空域管制理论框架,并对有关模型算法进行了整理。本书是在前期出版的《空域管理理论与方法》《空域管理概论》《空域数值计算与优化方法》著作基础上,针对空战场联合空域管制进行论述。

1）空域管制流程及措施研究

空战场包括从地球表面到距离地球 50km 上下的空域,由于特殊地理环境和位置,自然存在着与其他战场不同的本质特性。一是大视野,古人曰"欲穷千里目,更上一层楼",站得高,必然看得远,空战场居高临下,在空中可鸟瞰陆上与海上战场。空战场大视野的天然属性决定了战争优势必定依赖空中战场,情报保障、空中攻击及对地面精确火力打击是取得战役胜利最积极的方面。这方面争夺中空战场作用举足轻重,直接影响乃至决定战争最终结果。二是高位势,

# 第1章 概　述

《孙子》曰"故善战者,求之于势",又进而指出"善攻者,动于九天之上"。势是相对作用物体由于所处位置而具有的能量,位置越高势能越大。空战场高高在上,位势高,从而决定了空中部队具有较高势能和较高作战效能。空中发力可从多个方向作用于受力对象,而且没有阻隔,力量衰减得少。三是无自然障碍的干扰,空战场无遮无拦,无阻无滞,飞机在空中不受地理因素影响。同时航空科学技术的发展,飞机具备了全天候、全时段和远距离的作战能力,能够实施快速机动。四是联系多维战场的纽带,空战场上有天战场,下有陆海战场,电磁场覆盖整个陆海空天战场。若把未来整个战场的形状比作一座巨大的"金字塔",陆战场和海战场是"金字塔"的底,空战场是"金字塔"的腰,太空战场是"金字塔"的顶,电磁场是"金字塔"的黏合剂。空战场是衔接其他战场的纽带,处于得天独厚的位置。

联合空域管制伴随着空中作战行动的产生而产生,并随着空中作战行动的发展而发展,如图1.12所示。要想对空战场联合空域管制有一个清晰的认识,需运用历史唯物主义方法来探索空战场联合空域管制实践、理论和技术形成的发展轨迹。

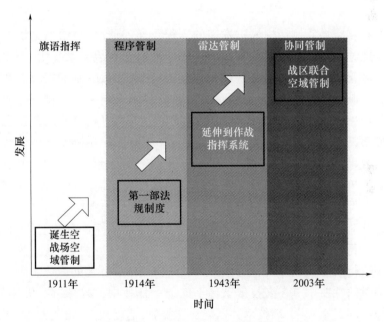

图1.12　空战场联合空域管制演进

1911年,意大利与土耳其之间爆发战争,10月23日意军皮亚扎上尉驾驶"布莱里奥"Ⅺ型飞机对土军阵地进行侦察[25],从此空战场空域管制伴随飞机军事应用成为一个新的领域。1914年7月,美国众议院下发给陆军部航空处的

5034号法案中指出:"空战场空中管制的职责是监督包括气球和飞机在内的一切军用航空器的活动。"这是目前可查证的最早空战场空域管制法规。1943年1月,盟军召开的卡萨布兰卡会议后,设立北非战区空军司令官及其参谋部,这是历史上第一个有权指挥战区内所有空中部队的空军战役指挥机构。随后,一些国家相继建立了空军地面指挥所,并设立空战场联合空域管制、对空侦察、指挥引导等专业分队。空军地面指挥所的建立表明,空战场联合空域管制的功能已从机场和航路保障逐步延伸到作战指挥系统之中。在2003年伊拉克战争中,通过将星基系统和现行陆基系统的高度整合与集成,实现空天地的通信、导航、监视的一体化,使空域管制更加灵活,战区联合空域管制理论逐渐走向成熟。

从意大利与土耳其战争中飞机首次参战算起,空域管制伴随空中作战的发展已有100多年历史。在这100年里其发展经历一个从无到有、从简单到复杂、从低级到高级;管制方式从旗语指挥、程序管制、雷达管制到空地协同管制;担负任务从单一战斗飞行起降保障、维护战斗飞行秩序到空域管制;编制体制由机场"旗帜"、管制塔台、航路管制中心、战区空中作战中心到联合作战指挥系统有机组成部分;作用地位从可有可无的辅助部门到成为协调联合作战行动的重要力量。

本书将从空域管制历史演进发展的历程及样式情况,总结归纳空域管制基本原理、方法和管制要素、组织方式与程序。从联合作战需求视角,建立具有代表性的空域管制概念。其核心是达到并实现:一是空域管制的规范性要求。空域管制必须制定相应流程,其流程是用来整合空域管制的手段和方法的系统程序,它可将己方航空器与敌方航空器区别开来,也可使所有的空域使用者在作战地域上方某一空域和某一时节相互协调作战,从而保证在风险最小的情况下获得最大的战果。二是空域管制的灵活性要求。空域管制体系必须把所有空域用户结合起来机动灵活地对军种部队指挥员不断变化的需求做出反应,这个体系能加强联合部队指挥员使用空域的能力,是空中作战方案的基本内容。三是空域管制的针对性要求。空域管制主要目的是促进空域安全有效地使用,让使用者受到最小行动限制,让其感受不到受管制,并适应国际协定、敌我兵力结构及部署和作战行动变化,适应指挥员的方案与决心、作战环境的变化需求。四是空域管制的时效性要求。在高技术条件下的空中作战中,参战兵种、机种多,作战单位之间协同关系复杂,高技术兵器隐身性能好、速度快,突防能力强,要求空域管制与防空作战必须整体协同,适应空战场态势瞬息万变的需求特点。对此,我们从空中作战筹划的全业务流程出发,总结提出一套从平时空中交通管制逐渐转入战时体制,构建战区空域管制组织体系,围绕管制方案筹划、空域管制计划制订、空域管制指令生成及作战管制实施,开展空域管制的实施方法讨论,并总结世界主要国家军队常用的空域协调措施,建立空域管制的基本原理框架。

2) 空中作战空域管制研究

平时空域管理(Airspace Management,ASM)是指为满足空域用户需求,而进行规划设计、选择和实施应用空域方案的一个过程,其目标是实现空域基于实际需求的最有效利用,并在可能情况下避免永久性空域使用隔离,管理过程应该顾及动态运行航迹,并提供最佳的运行方案,当情况要求通过空域隔离管理不同类型的空中交通时,应该适当确定该空域的大小、形状以及时间限定,以便对其他运行产生的影响降至最低限度,应对空域的使用进行协调和监控,将任何使用限制降至最低程度。平时空域管理对研究空中作战空域管制具有很好的参考借鉴,从本质上讲不论平时还是战时空域管理,都是围绕空域资源优化配置、动态管控、信息通报开展的系列结构优化与运行控制,都是以减少空域使用限制、提高资源利用率和用空效率为目标追求。对此本书首先对空中作战的典型样式进行分析和讨论,提出联合作战典型空域结构;以世界主要国家军队的战区空域联合管制组织架构为参考范本,开展对空战空域管制的任务周期、工作内容及管制实施方法等进行研究,并建立作战空域设计的网格空域单元概念体系,供研究参考。

3) 空地作战空域管制研究

自第一次世界大战以来,航空兵一直在为地面部队提供近距空中支援,但是科索沃战争以来的近几场局部战争,让人们不断思考空军如何实施独立作战的问题,或者说如何重新构建空军与陆军作战关系的问题,且陆军作战越来越倚重于空中部队。对空军来说,如何为广阔战场空间分散作战的小型地面部队提供召唤火力,依然是空中进攻作战关注的焦点问题。

实际上,空对地作战是针对敌方地面部队作战能力实施的空中打击,按照传统分类包括空中遮断和近距空中支援作战。世界主要国家军队通常将近距空中支援定义为"针对敌方目标的空中行动,此时目标离己方部队很近,因而空军每次执行任务时必须与己方地面部队的火力及机动密切协同",目的是避免空地双方的火力误伤。空中遮断则是"在敌方对己方实施有效打击之前就摧毁之、压制或迟滞其军事潜力而进行的空中作战",由于这种空中作战距离己方部队较远,因而不必每次空中作战部队都与己方地面部队的火力及机动进行密切协同。战略轰炸实际上不属于空对地作战范畴,但战略轰炸主要特点是打击敌方用于军事生产和维护的资源与设施设备,目的是在广大范围内降低或摧毁敌方军事潜力,所以战略轰炸与空中遮断、近距空中支援可视为空中进攻作战的并列三种典型样式。

随着空中作战样式的更新,战略轰炸、空中遮断、近距空中支援的概念逐渐模糊,它们之间相互融合。第二次世界大战中就开始发生变化,对空中部队运用,开始出现将大航程的战斗机用于袭击战略目标,将重型轰炸机用于摧毁集结于前线的敌方部队。越南战争中,空中加油技术的出现、防空武器改进、精确制导武器应用及其他一些因素,飞机传统作战应用层次被彻底打破,实际上越南战争中空中作战几乎都由战斗机和攻击机完成,重型轰炸机主要应用于空中遮断任务,甚至用于"非武装地带"(Demilitarized Zone,DMZ)的近距空中支援[26-27]。精确制导武器的出现,意味着战略轰炸不再专注于打击大型目标,它有洞开敌方大门然后深入敌后攻击的能力,这种能力不仅可以用来打击经过加强的诸如指挥与控制节点支撑战争的目标,还可以用来打击已经展开的武装部队。虽然空中遮断、近距空中支援作战概念还在,但随着武器和雷达系统的进步,今天的概念已经赋予了更多的新技术应用和军事变革带来的新内涵。由此在空地作战之中,如何构建新型空地一体联合作战系统,实现空地双方协同,避免误击误伤,最大化发挥各种军事装备的作战效能,成为一项迫切需求。这也是当前空战场联合空域管制面临的最大现实挑战和技术需求,对此本书在外军研究基础上,提出发展适应空地联合作战的新型空域管制理论与方法,并重点研究了空地联合作战的空域协调措施方法问题,在分析空地空间位置统一标识的杀伤盒基础上,研究杀伤盒的定义、编码及状态转移的作战应用方法,期望为国内该领域研究提供参考和支撑。

防空作战尤其防空导弹武器系统,在空域管制方面如何整合进入空中作战体系,实现防空导弹与飞行的一体化联合防空,成为当前联合防空研究的重点。本书对此在对防空导弹杀伤区数值化建模研究的基础上,提出了防空导弹作战空域模型应用研究设想,建立基于网格空域的防空导弹武器部署效能分析方法,提出了基于启发式算法的防空导弹武器的拦截目标分配程序等。

4)决策建模与计算方法研究

空域管制实质是一种对空域使用优先级及先后次序的统筹安排,本质上仍是一种多约束、多目标优化问题。约束来自用空武器装备的性能要求和管制对象的行动规定,目标来自用空武器装备的作战效果与目的等,加上作战空域规划具有高动态性、时效性和多用途需求等,相比平时空域管理,其决策建模与优化存在很大难度,通常难以建立问题的数学解析描述和获取确定性解决方案。加上空域使用是在立体三维空间和一维时间的四维时空内进行规划与使用配置,决定了该问题又是一个多维度求解的复杂问题。

目前,在空域管制领域主要采用最优化理论与方法、现代智能优化算法等建立有关决策模型,开展管制优化方案分析与制定。而各类计算方法在空域管制领域应用,也是一种对复杂战场系统进行科学研究的基础支撑手段,其可以构造出求解与分析问题的模型,并通过软件化实现各类测试分析与试验,分析计算的数值解与问题差距,研究计算的特性和模型特征,达到通过计算机的计算求解揭示复杂战场环境下空域管制问题的基本性质和规律。本书研究将重点围绕空域管制阶段流程,对作战空域规划、使用冲突及优先次序编排等,建模相关决策模式和计算方法,为开展领域分析和系统研制提供支撑。实际上,随着数学理论和计算机技术的发展,空域优化设计已逐步成为空中交通管制的一个重要研究领域,并在实际应用中取得诸多成果和效益,通常空域优化设计的方案可用一组参数进行描述,这些参数有些已经给定,有些没有给定,需要在设计中优选,称为优化设计变量,如何找到一组最合适的设计变量,在诸多约束允许的条件和问题解空间内,使得作战空域结构和使用配置达到效率最优,这是本书研究的重点内容。

### 1.4.2 章节安排

根据上述研究重点分析,结合当前空域管制研究实践,本书重点围绕战时空域管理和空战场联合空域管制基本概念、阶段流程和空域组织结构与划设使用特点,以系统论观点对空域管制原理方法、空域规划网格空域单元、空地火力协同杀伤盒及有关的决策建模与计算方法等进行概念和内容介绍,对空战场联合空域管制要素进行技术总结。在具体的章节内容安排上:第1章介绍空域管制概念、基本内涵及空域管制的特点、形势任务及问题背景、国外发展情况等。第2章重点针对空中作战兵力兵器性能、作战样式、战法及应用等,介绍当前空战场活动内容及需求,剖析其对空域管制的能力需求。第3章重点围绕联合作战筹划,对空战场联合空域管制基本内容、主要阶段流程、任务特点、管制方法等进行介绍,对以空军为主体的空战场空域管制业务工作内容及典型事例进行剖析与解读,形成完整的空域管制基础理论框架。第4章重点介绍空地联合作战空域协调机制与措施,对作战空域空间位置统一标识体系、状态转换模型及使用协同规则等进行介绍,对外军制定杀伤盒的程序及应用进行剖析,建立一套关于空地联合作战的管制理论与方法。第5章重点研究防空导弹杀伤区数值化建模方法,剖析防空导弹部署效能,并建立基于网格空域模型的防空导弹部署优化、目标分配及拦截效能等计算方法,为防空作战系统建设提供参考。第6章重点梳理当前该领域研究发展的空战场联合空域管制模型,对作战空域碰撞风险、空域管制计划模型、多目标约束优化等内容进行介绍,建立空战场联合空域管制优化计算方法框架,为读者掌握作战空域优化设计与动态管理配置使用和协同等提供参考借鉴。

## 参考文献

[1] 曹正荣,李宗昆,孙建军. 联合作战力量运用研究[M]. 2版. 北京:军事科学出版社,2013.

[2] 杨任农,沈堤,戴江斌. 对联合作战空战场管控问题的思考[J]. 指挥信息系统与技术,2019,10(1):1-6.

[3] Joint airspace control,joint publication 3-52[S]. USA Joint Staff,2014.

[4] United States Air Force & Army. Multi-service Techniques and Procedures for Airspace Control:FM3-52.1/AFTTP3-2.78[S]. ALSA Center,2009.

[5] 国际民航组织. 空中交通管理中的军民航合作:Cir 330 AN/189[S]. 2011.

[6] 朱永文,陈志杰,唐治理. 空域管理概论[M]. 北京:科学出版社,2018.

[7] United States Air Force. Airspace Control in the Combat Zone:Air Force Doctrine Document 2-17[S]. 1998.

[8] 朱永文,王长春. 战术空域管控关键技术研究报告[R]. 空军研究院,2015.

[9] 马欣. 智能全域规划精准全时管控——智能化战争形态下战场空域管控[J]. 指挥信息系统与技术,2017,8(5):38-42.

[10] 王长春. 对伊拉克战争空战场管制的研究分析[R]. 空军研究院,2013.

[11] 朱永文. 对海湾战场空战场管制的情况分析[R]. 空军研究院,2011.

[12] 戴浩. 指挥与控制的理论创新——网络赋能的C2[J]. 指挥与控制学报,2015,1(1):99-106.

[13] 冉东,柳少军. 基于复杂系统理论的指挥与控制结构效能分析[J]. 火力与指挥与控制,2010,35(12):45-49.

[14] 唐治理. 对美军近几场战场的空战场管制能力现状分析[R]. 空军研究院,2012.

[15] 朱永文. 对美军战场击误伤情况案例研究分析[R]. 空军研究院,2015.

[16] 朱永文. 对伊朗导弹误击民航客机事件的反思[R]. 空军研究院,2020.

[17] 秦保鹿,孙建. 联合空域管制[M]. 北京:蓝天出版社,2013.

[18] United States Navy. Airspace Procedures and Planning Manual:OPNAVINST 3770.2K[S]. 2007.

[19] United States Air Force. Multiservice Procedures for Integrated Combat Airspace Command and Control:AFTTP(I)3-2.6[S]. 2000.

[20] United States Navy Marine Corps. Control of Aircraft and Missiles:MCWP 3-25[S]. 1998.

[21] 王政,李宗璞,陈唐君. 解析美国空军战区作战管理系统[J]. 飞航导弹,2017(2):50-54.

[22] United States Navy. NATOPS Air Traffic Control Manual:NAVAIR 00-80T-114[S]. 2009.

[23] NATO. Joint Airspace Control:AJP-3-52[S]. 2013.

[24] 朱永文. 利比亚战争空战场管制情况分析[R]. 空军研究院,2011.

[25] 陈志杰,朱永文. 美军空战场管制发展情况综述[R]. 空军研究院,2013.

[26] 朱永文. 数字化空域系统建设发展研究报告[R]. 空军研究院,2017.

[27] Close air support:Joint publication 3-09.3[S]. USA Joint Staff,2009.

# 第 2 章　空中作战行动样式

空中部队自诞生以来,就有了打击敌方地面部队与支援己方地面部队的突出能力。空中部队与地面部队并肩作战,经历了 20 世纪的第一次、第二次世界大战,直至 20 世纪 80 年代末以来的新军事变革和高技术战争的锤炼,成为独具优势的一种武装力量。当今,以航空装备为核心的空中作战力量是任何军事介入行动必不可少的,可以给指挥员提供快速进入并运用空中优势支援陆上和海上的作战力量。空军作为空中作战应用为主体的力量体系,已成为战略打击军种,可独立或配属遂行战役任务。空中空地作战具有隔离阻滞敌战略目标能力,并提供能够防止敌人的空中与导弹威胁己方空中、陆上、海洋、太空及特种作战威胁的能力。本章重点围绕空战的兵力构成及行动样式、作战空域需求等展开论述,为后续研究建立作战空域管制理论与方法奠定基础。

## 2.1　空战兵力构成

从军种角度看,空中部队承担的作战包括[1]:①夺取和保持制信息权与制空权,制空权作战,是空中部队体系的核心作战样式与要求,杜黑认为夺取制空权的主要方法是空中进攻,运用空战和袭击敌基地、航空工业和训练设施等夺取制空权,主要样式含空中截击、空中巡逻、空中护航、空中阻击、空中封锁、空中游猎等;在信息化战场上,夺取制空权将依赖于稳定的电磁环境支撑,电子侦察与反侦察、电子对抗与反对抗、电磁摧毁与反摧毁将成为空中对抗的核心支点,制信息权成为制空权的关键。②空袭作战,是空军作为战略军种的支撑,通过空袭达到屈人之兵,实现战略企图,主要样式包括轰炸航空兵集中突击、连续突击,突击敌机场、要地、炮兵阵地、常规导弹阵地、敌坦克集群、敌工业设施和桥梁、敌水面舰艇和滩头阵地等。③防空作战,是保卫己方重要目标免遭敌空袭,掩护其他军兵种部署和作战,通过空中抗击、对空射击等作战方法,消灭来袭的敌各类空袭兵器(含防空和反导两大类作战),破坏敌空袭企图,对应的主要样式含集火抗击和区分火力抗击。④空降作战,主要从空中对敌纵深实施兵力突击,快速夺取、扼守、破坏敌纵深重要目标和区域,实施战场快速增援与特种作战,支援或配合其他行动。

### 2.1.1 代表性武器

**1. 作战飞机**

自从飞机诞生以来,随着其作战性能的完善,世界军事强国都把飞机作为主要军事打击力量,以极大精力、财力发展各种作战飞机并采用有人/无人驾驶飞机达到战争最后目的。作为空战武器的飞机主要包括轰炸机、战术攻击机(战斗机和战斗轰炸机)、电子干扰飞机、空中预警和控制飞机、直升机等。①轰炸机:可分为重型(战略)和中型轰炸机,它是精确制导武器弹药重要载机,如战略或战术巡航导弹、空射弹道导弹、反辐射导弹、空地导弹、反舰导弹和航空炸弹等。轰炸机主要用于战争第一阶段,打击战区内对执行和支持战斗具有重要意义的目标,如空军基地、核储备设施及军工系统等,中型轰炸机作战半径6000～7000km,战略轰炸机作战半径可超过15000km。②战术攻击机:主要是指战斗轰炸机和战斗机,用于参加战略军事行动和区域性作战行动。战斗轰炸机有很强的攻击地面目标能力,有些是专门为打击地面目标而设计的,它们加装有改进的地形规避雷达,以低空纵深穿入敌防区。战斗轰炸机能携带多种弹药,它是精确制导武器和所开发的最新式武器。战斗机虽和防空导弹相似同属防空兵器,但仍有些战斗机具有辅助的对地攻击能力。战术攻击机的作战半径1300～1700km。美国战术攻击机载有"战斧"式巡航导弹、防区外导弹及各种用途的"小牛"空地导弹、"哈姆"高速反辐射导弹、"白眼星"电视制导炸弹等,射程从30～150km 不等。战术攻击机可在低高度(50～500m)飞行,并可做小于8个侧向过载的空中机动,因而易于通过防空区。③电子干扰飞机:担负支援进攻性空中作战任务,如远距离干扰(Stand off Jammers,SOJ)和掩护干扰(Escort Jammers,ESJ)。该类飞机当作电子干扰装置的载机使用,主要是针对敌方雷达与通信系统,很多电子干扰飞机由运输机、战斗机、轰炸机和直升机改装而来,装载箔条和电子干扰设备,对敌方雷达和通信进行远距离干扰和掩护干扰。④空中预警和控制飞机:用来发现和识别空中及地面、海面目标,执行指挥在敌方空域内的己方飞机任务,并为战区指挥员和其他部队指挥员提供远方空情。⑤直升机:用于各类军事行动的进攻性战术空袭兵器,可机载空地导弹、火箭和机炮等,虽其作用距离和飞行高度有限,但它具有超低空和垂直起降能力,是杀伤运动点目标(如坦克、装甲车辆、导弹发射装置等)的武器。

**2. 机载武器和弹药**

机载武器和弹药是指轰炸机、战斗机和直升机的武器和弹药,用于高精度杀伤移动和固定的地面海上点目标。典型机载弹药如航空炸弹(自由落体、制导和集束炸弹)、巡航导弹、反舰导弹、反辐射导弹及其他空地导弹等。①常规航空炸弹:自由落体、制导和集束炸弹,其中集束炸弹由许多小炸弹组成,在高速低空时实施集束轰炸,大面积覆盖在地空系统阵地。②反辐射导弹:一般加装被动雷达导引头,使导弹瞄准辐射电磁的目标,用来摧毁敌防空系统的雷达和其他无线电辐射装置。反辐射导弹通常在空袭第一梯队的飞机上,因为用它来摧毁敌方雷达站,可使空袭易于对防空系统突防。③其他空地导弹:用来杀伤30～180km 以内地面点状目标,它是战术攻击飞机的主要武器,常用电视、红外、激光制导或主动雷达寻的制导。早期的空地导弹大小接近于飞机,因此只有从大、中型轰炸机上发射,目前的空地导弹由战斗轰炸机携带和发射,有的可在防空导弹杀伤区外发射,因此它是防空导弹和被掩护对象的主要威胁之一。

**3. 巡航导弹**

巡航导弹本质上是一种无人驾驶飞机,用于杀伤重要的地上面状、点目标的无人飞行器,它可从地面、水面舰船、水下潜艇和飞机载机上发射。它大部分航迹处于"巡航"状态,即用气动升力支撑其重量,靠发动机推力克服前进阻力,以近似于恒速等高状态飞行。为达到远程,一般以小型空气喷气发动机为动力,在亚声速下飞行,并根据发射前提供给它的数据,对陆上目标实施精确打击。它对目标的命中精度高、易损性低,并可大量使用。因此,在局部战争中它已成为极重要的空袭武器之一。巡航导弹分为战略巡航导弹(Strategic Cruise Missile,SCM)和战术巡航导弹(Tactical Cruise Missile,TCM)。战略巡航导弹用来杀伤地上面状目标,有空基、海基和地基形式,射程在 2500～6000km。其特点是可控制性小、自主且高精度、超低空(低至50m)飞行。高精度靠"地形匹配"和惯性+卫星导航修正制导来保证。当敌方防空系统的位置已知时,通过航迹规划可避开这些位置飞行,因而提高了其生存能力。战略巡航导弹的命中精度一般小于15m。战术巡航导弹用来杀伤固定或低速运动的地面目标,目标的坐标或已知,或靠空中和空间侦察手段获得。战术巡航导弹飞行距离小于 600km,其弹道从超低空(离海面5～20m,离地面50m),按选择的程序飞行。在飞行末段,很多战术巡航导弹采用电视或无线电导引头制导攻击。

**4. 弹道导弹**

战役战术导弹和战术弹道导弹(Theater Ballistic Missile,TBM)是杀伤距离在 70～1500km 的地面固定目标的弹道式导弹。它和射程为数千千米到12000km 以上的战略弹道导弹不同之处,没有分离弹头。它们主要从可移动地面发射装置或从舰上发射,弹上装有威力大的爆破式、化学、生物或核装置战斗部。战役战术弹道导弹弹道示意如图 2.1 所示。

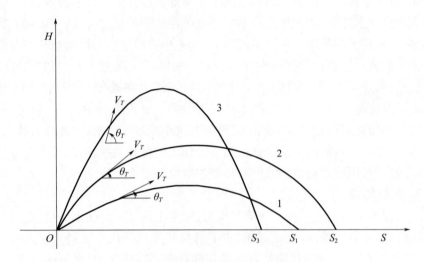

图 2.1 战役战术弹道导弹弹道示意

弹道导弹的射程和高度由其主动段末速度 $V_T$ 及弹道倾角 $\theta_T$ 确定,当 $\theta_T$ 在 20°~70°变化时,弹道高度将变换 6~7 倍。弹道导弹的发射方一般优先采用小 $\theta_T$ 角的压低弹道,因为这使防空武器发现和拦截更困难。战役战术弹道导弹对瞄准的目标有很高的制导精度,其制导误差区间为 30~40m,它可靠弹上目标数字成像记忆装置进行末段修正,来实施精确打击。

**5. 无人机**

无人机也称为遥控飞行器,它是飞机、直升机或其混合外形的小型无人驾驶飞行器,可装载不同的任务设备,赋予它各种起降方式。无人机的控制可以是自治的(即事先装订好飞行程序),也可由控制站发出信息并形成指令控制,或靠无人机上电视导引头的数控形成指令来遥控。无人机有各种军事用途,用于战略侦察无人机,续航时间 30h 以上,在 15~21km 高度上飞行,速度可达 700~900km/h,离控制站的距离超过 1000km;战术侦察无人机,续航时间达 3h,在小于 3km 高度上,飞行速度达 200km/h;攻击型无人机,飞行距离达 200~500km,飞行高度小于 3km,在飞近目标时可降低高度,对防空雷达设备进行搜索,在 5~10km 距离上对雷达及导弹发射装置进行射击,或有战斗部时直接向目标俯冲。无人机还可装载有源或无源干扰,或用于模拟一定的雷达截面的假目标。

代表性的空战武器性能数据,如表 2.1~表 2.4 所列[2-5]。

## 第2章 空中作战行动样式

表2.1 常见作战飞机性能数据表

| 类型 | 型号 | 国别 | 几何尺寸/m | 质量/kg | 最大速度/(m/s) 空中 | 最大速度/(m/s) 地面 | 使用高度/m | 最大过载 | 等效截面/m² |
|---|---|---|---|---|---|---|---|---|---|
| 轰炸机 | B-52(同温层堡垒) | 美 | 机长48.305 翼展55.53 | 221552 | 291.7 | 187.5 | 15000/200 | 2.5 | 15 |
| 轰炸机 | B-1B | 美 | | | 416.7 | 313.9 | 16000/100 | 2.5 | 15 |
| 轰炸机 | B-2 | 美 | | | 250 | 194.4 | 15000/100 | 2.5~3.7 | 0.03~1.5 |
| 轰炸机 | Tu-26"逆火"(Backfire) | 俄 | 机长48.305 翼展55.53 | 140000 | 750 | 246(巡航) | 15000/90 | 4 | 20* |
| 轰炸机 | Tu-20"熊"(Bear) | 俄 | 机长48.305 翼展55.53 | 154000 | 258.3 | | 14500/75 | 2.2 | 20* |
| 战术攻击机 | F-15"鹰"式战斗机 | 美 | 机长19.13 翼展12.86 | 33142 最大起飞重量 | 694.4 | 388.9 | 18000/50 | 7.3 | 9~12 |
| 战术攻击机 | F-16"战隼"多用途战斗机 | 美 | 机长14.80 翼展9.85 | 19204.2 最大起飞重量 | 583.3 | 388.9 | 18000/50 | 9 | 2.5~3.5 |
| 战术攻击机 | F-111"土豚"战斗轰炸机 | 美 | 机长20.06 翼展18.91 | 45400 | 652.8 | 388.9 | 18000/50 | 6 | 6~7 |
| 战术攻击机 | F-117"夜鹰"隐形战斗机 | 美 | 机长19.81 翼展12.99 | 22835 | 291.7 | 277.8 | 18000/50 | 6 | 0.2~0.5 |
| 战术攻击机 | F/A-18"大黄蜂"战斗攻击机 | 美 | 机长16.8 翼展11.26 | 23562.6 最大起飞重量 | 372.5(巡航) | | 18000/50* | 7* | 9~12* |
| 战术攻击机 | F-22A | 美 | | | 694.4 | 388.9 | 20000/50 | 9 | 0.1~0.5 |

续表

| 类型 | 型号 | 国别 | 几何尺寸/m | 质量/kg | 最大速度/(m/s) 空中 | 最大速度/(m/s) 地面 | 使用高度/m | 最大过载 | 等效截面/$m^2$ |
|---|---|---|---|---|---|---|---|---|---|
| 战术攻击机 | A-6E"入侵者"攻击机 | 美 | 机长16.5 翼展15.9 | 27422 最大起飞重量 | 288(巡航) | | 12925(升限) | | 10* |
| 战术攻击机 | A-10"雷电"Ⅱ攻击机 | 美 | 机长16 翼展17.25 | 23154 最大起飞重量 | 196.1(海面上) | 179.9(巡航) | 11000(升限) | | 15* |
| 战术攻击机 | Su-27 | 俄 | | | | | | | 5* |
| 战术攻击机 | Su-30 | 俄 | | | | | | | 5* |
| 战术攻击机 | "幻影"-2000 | 法 | | 17000 总重 | | | | | |
| 电子干扰机 | EA-6B"徘徊者"电子对抗机 | 美 | 机长17.71 翼展15.91 | 27921 最大起飞重量 | 297 | 216(巡航) | 11580(升限) | | |
| 电子干扰机 | EF-111 | 美 | 机长23.16 翼展19.20 | 40388 最大起飞重量 | 615.6 | 229.4(巡航) | 13715(升限) | | |
| 电子干扰机 | F-4G"野鼬鼠"电子对抗机 | 美 | 机长18.91 翼展11.71 | 26332 最大起飞重量 | >600 | 266.7(巡航) | 18000(升限) | | 15* |
| 电子干扰机 | Mig-21侦察干扰飞机 | 俄 | 机长15.76 翼展7.5 | 9100 | 606.9(H12000m) | 256.9(巡航) | 19500(升限) | | |
| 预警机 | E-2C"鹰眼"空中预警机 | 美 | 机长17.31 翼展24.19 | 24062 最大起飞重量 | 166 | 138.8(巡航) | 9390(升限) | | 25* |
| 预警机 | E-3 空中预警与控制飞机 | 美 | 机长43.68 翼展39.27 | 147550 最大起飞重量 | 237 | 226.4(巡航) | 9140(升限) | | 50* |
| 预警机 | Tu-126"苔藓"空中预警与控制飞机 | 美 | 机长55 翼展51 | | 236.1 | 216.7(巡航) | 11000(升限) | | |

# 第 2 章 空中作战行动样式

续表

| 类型 | 型号 | 国别 | 几何尺寸/m | 质量/kg | 最大速度/(m/s) 空中 | 最大速度/(m/s) 地面 | 使用高度/m | 最大过载 | 等效截面/m² |
|---|---|---|---|---|---|---|---|---|---|
| 直升机 | AH-1w"眼镜蛇"攻击直升机 | 美 | 机长17.4 旋翼直径14.4 | 6697 最大起飞重量 | | 77.1（巡航） | 2255 | | |
| | AH-64"阿帕奇"攻击直升机 | 美 | 机长14.7 旋翼直径14.4 | 8467 最大起飞重量 | 101.4 | 7404（作战） | 6100 | | |
| | UH-60"黑鹰"通用直升机 | 美 | 机长17.5 旋翼直径16.4 | 3634 | 74.6 | | 5791（悬停2895） | | |
| | 米-8 中型直升机 | 俄 | 机长18.31 旋翼直径21.29 | 12000（垂直起飞时） | 72.2 | | 4500（悬停1900） | | |
| | 米-24 攻击直升机 | 俄 | 机长19.30 旋翼直径17.05 | 8400 | 86.1 | | 4500（悬停4500） | | |

注：带"*"的数据为估计值。

表 2.2 美国和北约的典型机载武器弹药性能

| 名称 | 型号 | 射程/km | 最大速度/(m/s) | 最大高度/m | 弹重/kg | 弹长/mm | 弹径/mm | 药重/kg | 杀伤威力或CEP | 等效截面/m² | 备注 |
|---|---|---|---|---|---|---|---|---|---|---|---|
| 炸弹 | MK-84 | | | | 908 | 3848 | 457 | 429 | 弹坑深6~8m,直径12~14m | | F-16；F-15 |
| 炸弹 | MK-82 | | | | 227 | | | | | | F-16 |
| 集束炸弹 | CBU-52 | | | | 308 | 2212 | 406 | | | | 220个子弹 F-16 |

续表

| 名称 | 型号 | 射程/km | 最大速度/(m/s) | 最大高度/m | 弹重/kg | 弹长/mm | 弹径/mm | 药重/kg | 杀伤威力或CEP | 等效截面/m² | 备注 |
|---|---|---|---|---|---|---|---|---|---|---|---|
| 集束炸弹 | CBU-59 | | | | | 2337 | 335 | | | | 717个子弹 F/A-18 |
| 集束炸弹 | CBU-87 | | | | 960 | 4315 | 457 | | | | F-15;F-16 B-52;F-111 |
| 激光制导炸弹 | GBU-10 | | | | 227 | 3331 | 273 | | | | F-16 |
| 激光制导炸弹 | GBU-12 | | | | 789 | 2430 | 390 | | | | F-15;F-16 F-111 |
| "小牛"空地导弹 | AGM-65 | 30~80 | 600 | 10000 | 210 | 2490 | 310 | 56.75或136.2 | | 0.03~0.05 | A-10;F-16 F-4G;F/A-18 |
| 近程巡航导弹 | AGM-69 | 60~160 | 900 | | 1012 | 4250 | 450 | 153.6 | | 0.2 | B-1B;B-52 |
| 小斗犬 | AGM-12 | 18.5 | 720 | 4200 | 812 | 4070 | 440 | 227 | 200~300m | | |
| 远距离对地攻击导弹 | | 780 | 240(巡航) | | 628.79 | 4430 | | | 275m | | F/A-18;A-6E |
| SLAM反舰导弹 | | 100 | 240 | 10000 | | | | | 0.20~0.25 | | |
| "白眼星"空地导弹 | AGM-62 | 9~56 | 150~270 | 500~9000 | 510或1089 | 3.38或4.05 | 390或457 | 385或907 | 3~4.5m | | F-111 |
| 反辐射导弹 | HARM "哈姆" AGM-88 | 80~100 | 1100 | <35000 | 362 | 4170 | 250 | 66 | | 0.06~0.1 | F-4G;F-16 F-111;B-52 |
| 反辐射导弹 | ALARM | 40~70 | 1020 | 12000 | | | | | | | |
| 反坦克导弹 | AGM-114 | 7(机载) | 300 | 600 | 43 | 1779 | 177.8 | 9 | 70.9 | 0.04~0.07 | AH-64 |

# 第 2 章 空中作战行动样式

表 2.3 典型巡航导弹武器重要特性

| 类型 | 型号 | 国别 | 几何尺寸 /m | 质量 /kg | 巡航速度 /(m/s) | 射程 /km | 使用高度 /km | 等效截面 /m² | 战斗部 | 发射平台 |
|---|---|---|---|---|---|---|---|---|---|---|
| 战术巡航导弹 | "战斧" TLAM-C/D | 美 | 弹长 6.15 翼展 2.65 | 发射质量 1500 | 0.5~0.75M | >800 | 0.06~0.10 | 0.2~0.3 | C 型装 454kg 高能炸药 D 型装 166 个 BLU-97/B 小炸弹 | 潜艇,驱逐舰 |
| 战术巡航导弹 | 空射巡航导弹 AGM-86C | 美 | 弹长 6.2286 翼展 3.6576 | 发射质量 1430 | 222.2 | <2500 | 0.008~0.15 | 0.11~0.22 | 爆破/碎片战斗部 | B-52H,G B-1B FB-111H |
| 战术巡航导弹 | 反舰导弹 AGM-137 | 美 | | | 0.5~0.6M | 600 | 0.05~0.10 | 0.2~0.3 | | |
| 战术巡航导弹 | "沉默彩虹"反辐射导弹 | 美 | | | 0.85M | 600 | 0.3~3.0 | 0.1~0.2 | | |
| 战略巡航导弹 | 远程常规巡航导弹 LRCCM | 美 | | | 0.6~0.65M | 3000 | 0.03~0.20 | 0.04~0.05 | | |
| 战略巡航导弹 | 撑杆(Kent) AS-15 | 俄 | | | 高亚声速 | 2400 | | | | "逆火","熊"式轰炸机 |

表 2.4 典型战术弹道导弹部分特性

| 特性 | 陆军战术弹道导弹（美）(ATACMS) | 长矛(美)(MGM-52C) | 潘兴-1A(美)(MGM-31A) | 飞毛腿C(俄)(SS-1C) |
|---|---|---|---|---|
| 最大射程/km | 150 | 200 | | 450 |
| 弹道高度/km | 45 | 40 | | |
| 弹道最高点速度/(m/s) | 780 | 500 | | |
| 目标速度/(m/s) | 910 | 460 | 3000~4500 | 2500 |
| 命中精度 CEP/m | 160~220 | 250 | | |
| 雷达等效截面积/m² | 0.02 | 0.10 | 0.05 | |

## 2.1.2 空战电子战

**1. 空中作战典型任务**

空军作战核心任务是取得制空权，其采用多种行动摧毁或压制敌方空中兵力，保持绝对空中优势。制空作战主要有进攻性制空作战、防御性制空作战两种样式。此外，空军部队还执行如进攻性制空作战、防御性制空作战、制陆作战、制海作战、战略打击及空运等。

1）进攻性制空(Offensive Counter Air, OCA)作战

以己方选择的时间和地点，对敌方空中部队或地面防空导弹进行摧毁、压制、破坏或作战限制。作战目标是敌方固定翼飞机、旋转翼飞机及无人机，以及机场与作战飞机保障相关设施、敌战区导弹系统、指挥与控制系统、战场侦察情报和雷达监视系统、敌防空系统等。通过空对空攻击、空对地打击、地对地打击或特种作战袭击，实现进攻性制空，其主要内容包括：①运用空中优势兵力，进入敌方空域，消灭敌方空对空威胁，目的是扰乱、分散或摧毁敌空域内的作战力量，让己方可以自由进入这些空域。②运用空中优势兵力进行任务护航作战，保护己方空中部队免受敌方作战飞机攻击，其通过扰乱或与敌空中战斗，协助己方其他任务飞机完成作战任务，目前多用途战斗机常常挂载远程空空导弹及空地导弹，可以实现自我护航。根据护送目标的作用范围，护航又可以分为近距护航和空中掩护两种。近距护航是在护送对象的目视范围内飞行，双方相互支援，是最严格的兵力保护。空中掩护则定义为飞行中的护送对象提供非目视支援。③对地打击，主要打击敌方导弹、空军作战基地或支援基础设施等，使其丧失作战能力。典型作战对象是敌方飞机、飞机掩体、机场跑道、油料仓库、弹药存储点及指挥与控制系统、导弹阵地或发射装置等。④压制敌防空，通过破坏或扰乱的方式，压制或摧毁、临时降低敌方地面防空能力，目的是给己方战术空中行动创造

## 第2章 空中作战行动样式

条件,在执行任务时不会受到敌方防空力量干扰。破坏性压制敌防空,主要使用炸弹或巡航导弹等,对敌防空系统进行物理毁伤;扰乱性压制敌防空,主要使用临时性措施或电子战等手段,干扰敌方雷达和信息系统,使其不能正常工作。

2) 防御性制空(Defensive Counter Air,DCA)作战

集中己方防御性作战力量挫败敌方空中进攻计划并对进攻方造成难以接受的损失,同防空作战概念类似,由主动作战和被动作战两种行动构成,旨在保卫己方空中安全,保护己方部队、物资、设施免受敌方空中部队和导弹攻击,它需发现、识别、拦截和摧毁敌方的进攻作战飞机与战术导弹,通常在己方作战空域内进行。主动作战运用电子战,使用作战飞机和陆基、海基防空导弹系统,摧毁敌方空中和导弹威胁。被动作战包括为尽量减小敌方对己方部队和关键设施的空中和导弹威胁,而采取伪装、隐蔽、欺骗和加固等,减少被监视和攻击的概率,提高生存率等。其主要内容包括:①区域防御,即防御指定区域内的多个目标场所,或者建立一条航线实施空中战斗巡逻。②点防御,即防御任务为保护一个有限的区域,通常是防御关键设施或作战部队。③自卫,即由己方部队执行,运用建制内的武器和系统来保护自己免受直接攻击或威胁。④高价值目标保护,即运用战斗机或防空导弹系统保护关键的战区设施,如指挥与控制系统、作战基地等。

3) 制陆作战

取得陆上作战优势所采取的空中行动,来摧毁或压制敌方陆上兵力,获取并保持作战优势。取得陆上优势主要目标是控制陆上环境,阻止敌方采取行动措施,主要空中作战包括空中遮断和近距空中支援作战。①空中遮断,通过采取空中作战行动来转移、扰乱、延迟或摧毁敌方陆上军事行动潜力,避免敌方有效使用陆上力量打击己方部队。通常采用空对地封锁作战行动,攻击敌方指挥与控制系统、人员、物资、后勤及支援系统,减弱和干扰敌方的作战努力,从而实现战术或战役目标。有时还可以采用信息战方式,拦截或干扰敌方通信信息系统等,干扰敌方部队行动。②近距空中支援,针对己方部队附近的敌方陆上部队,进行空中火力召唤打击,有效执行近距空中支援需要取得制空权,并在作战目标有效识别和有利的天气条件下实施。

4) 制海作战

空军部队作战向海上进行拓展的体现,包括海上监视、反舰作战、反潜作战和防空作战等,保护海上交通线,空中布雷以及支援海军战役的空中加油等。实施制海作战将面对独特的作战环境和无法使用地形遮蔽,空中导航和通信联络很困难。

5) 战略打击

通过打击敌方重心,直接实现战略效果。这些行动的目的是无须在战术级别上扩大作战行动,或与敌方战场军事力量展开不必要的交战,就可以实现战略

目的。战略打击目标包括敌方的领导机构、军事力量和战争潜力,进而影响敌方难以继续实施战争行动。

6)空运

通过空中运输人员和物资,支援全面军事行动。空运可划分为战区之间空运、战区内空运和作战支援空运等。①战区间空运,提供一座空中桥梁,将战区连接到本土及其他战区,通常实现全球范围内的空运及空中运输,含重型、较长距离和洲际运输等。②战区内空运,广泛使用战术条件下的行动,使用小型、简易机场进行后勤物质和弹药运输、人员接送等。③作战支援空运,从支援其他军兵种作战而实施的有限物资和人员运输。

**2. 进攻性作战伴随电子战**

1)进攻作战配合的远距离干扰

空中进攻作战中,经常采用远距干扰方式实施对地电磁压制,并为攻击提供支援,其是支援干扰战术的一种,也是突防作战时常用战术之一[6]。它是指将专用干扰飞机配置在攻击飞机编队以外,专用干扰飞机与被干扰雷达的距离,比攻击飞机与被干扰雷达的距离要远。远距离干扰飞机通常位于敌防空导弹射程之外 45~150km,飞行高度 6000~10000m。但干扰飞机相对于被干扰雷达的仰角要保持在 15°以下。目前,根据远距离干扰飞机与攻击飞机编队的相对位置,主要有三种常见的配置方式,典型的作战航线设计及构型,如图 2.2~图 2.4 所示。

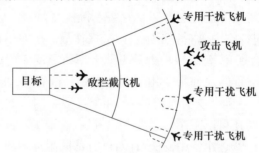

图 2.2 远距干扰并行方式

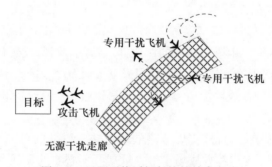

图 2.3 远距干扰诱饵与掩护结合方式

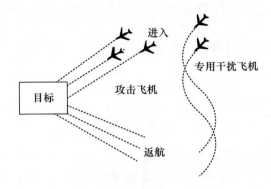

图 2.4 远距干扰尾随方式

图 2.2 所示为远距干扰并行方式,主要是为了有效对付敌战斗机的攻击,它可以使各专用干扰飞机在敌战斗机雷达上构成的干扰扇面相互衔接,使其不容易区分多个目标,更不容易截击专用干扰飞机。图 2.3 所示为远距干扰诱饵与掩护结合方式,主要是为了诱惑敌雷达操纵员,使其误认为攻击飞机在佯动方向上。图 2.4 所示为远距干扰尾随方式,主要是为了既能掩护攻击飞机进入,又能接应其退出。

为了有效干扰掩护,还要建立恰当的干扰飞机航线,如图 2.5 ~ 图 2.8 所示。

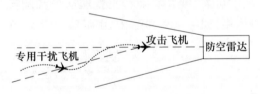

图 2.5 远距离直线干扰航线

图 2.6 远距离干扰倾斜跑道形航线

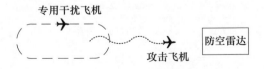

图 2.7 远距离干扰正跑道形航线

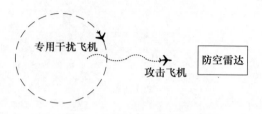

图 2.8　远距离干扰圆形航线

图 2.5 所示为远距离直线干扰航线,干扰飞机在攻击编队之后跟进,但这种航线比较难以实现,却是最有效的航线,通常要保持偏离角小于 15°。图 2.6 所示为远距离干扰倾斜跑道形航线,专用干扰飞机在一定阵位上往复飞行,航线呈运动场跑道状,纵长 80~100km,横宽 10~20km,轴线与雷达所在方向倾斜,在这个航线上飞行的专用干扰飞机一般有 1~3 架。图 2.7 所示为远距离干扰正跑道形航线,专用干扰飞机在一定阵位上往复飞行,其跑道形航线的纵轴指向干扰雷达。图 2.8 所示为远距离干扰圆形航线,专用干扰飞机在干扰阵位上做圆形盘旋飞行,飞机始终处于压坡度转弯状态。

2) 进攻作战的随行干扰

随行干扰(Escort Jamming)是支援干扰的一种,也是空中突防作战常用的战术,它是指专用干扰飞机在给定的空域内,伴随攻击飞机编队飞行,施放干扰,掩护攻击飞机编队作战。目前,主要有随行干扰编队外和随行干扰编队内两种基本方式,其典型航线构型,如图 2.9 和图 2.10 所示。

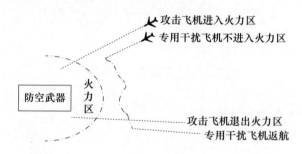

图 2.9　随行干扰编队外方式

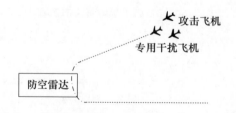

图 2.10　随行干扰编队内方式

图 2.9 所示为随行干扰编队外方式,主要是为了在飞行过程中能顺利改成远距干扰;图 2.10 所示为随行干扰编队内方式,能保持较好的掩护效果。当使用随行干扰编队外方式,专用干扰飞机的航线往往要经过优化选择,以保证专用干扰飞机能在安全条件允许的前提下,对攻击编队提供有效的干扰掩护,并力求对专用干扰飞机提供充分的空中火力掩护。

3) 干扰走廊

通常把干扰箔条布撒在空中,造成纵深较长并有一定宽度的干扰走廊(Chaff Corridor)。攻击飞机可以利用干扰走廊的掩护,实施空中突防。常见干扰走廊长 80~100km,宽 20~40km,呈长带形、多带交叉形等形式,如图 2.11~图 2.13 所示。

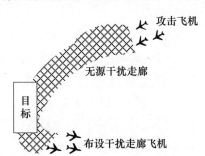

图 2.11 长带形干扰走廊

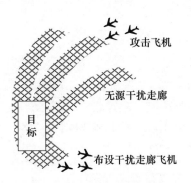

图 2.12 并行长带形干扰走廊

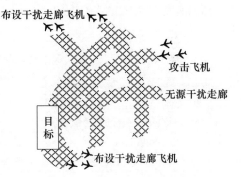

图 2.13 多带交叉形干扰走廊

图 2.11 所示为长带形干扰走廊,这是空中进攻作战常用的突防形式,该走廊指向的是突击目标,其位置可能在敌雷达警戒线附近、歼击机拦截线附近或防空火力区上空,攻击飞机编队沿着干扰走廊飞向目标区域。图 2.12 所示为并行长带形干扰走廊,这种走廊是为了从几个方向突击目标而布设的,各条走廊从不同方向布撒,但共同指向目标区,攻击飞机突击目标时,可能沿着其中几个走廊进入,其余走廊可作为备用或仅仅起到诱惑的作用。图 2.13 所示为多带交叉形干扰走廊,这是在并行走廊的基础上,增加了几条横向走廊,以便在攻击编队航向机动时提供掩护。

4) 空中近距干扰

空中进攻作战时的近距干扰(Stand-Forward Jamming)是支援干扰的一种,也是攻击飞机突防时可能使用的战术,它是将专用干扰飞机配置在攻击飞机编队之前,专用干扰飞机与被干扰雷达的距离比攻击飞机与被干扰雷达的距离近。近距干扰飞机通常要进入敌防空导弹射程之内,要有较强的自卫干扰能力。

5) 复式干扰

用箔条布设干扰走廊配合有源干扰,既造成复杂的干扰效果,又起到战术欺骗作用,能更有效地掩护攻击编队。为掩护攻击飞机编队而采用的复式干扰(Jaff),如图2.14~图2.17所示。

图2.14所示为180°复式干扰,干扰走廊和专用干扰飞机分布在被干扰雷达两个相差180°方向上,干扰电波经干扰走廊反射再到雷达,攻击编队从干扰走廊方向接近雷达。

图2.15所示为0°复式干扰,干扰走廊和专用干扰飞机在被干扰雷达的同一方向上,但前后距离不同。常用的方法是专用干扰飞机更靠近被干扰雷达,向尾后施放的干扰电波,经走廊反射到雷达上,向前方施放的干扰电波则直接射向雷达,起到有源与无源的混合复杂干扰。

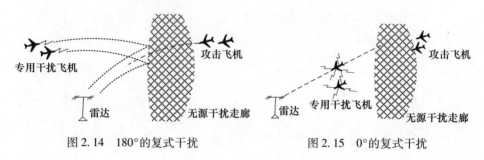

图2.14　180°的复式干扰　　　　图2.15　0°的复式干扰

图2.16所示为侧向复式干扰,干扰走廊布设在攻击飞机与雷达连线的侧方,用专用干扰飞机及其他干扰源施放电波,经干扰走廊反射后到达雷达。

图2.17所示为走廊中复式干扰,专用干扰飞机沿着干扰走廊飞行,并施放干扰电波,这种干扰是为了有效地压制多普勒雷达。

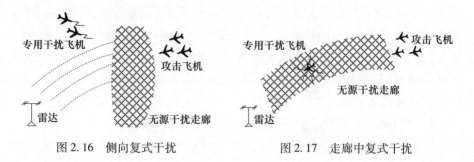

图2.16　侧向复式干扰　　　　　图2.17　走廊中复式干扰

6）遥控航空器干扰的战术

用无人驾驶飞机、可控火箭、滑翔机等遥控航空器,携带干扰机施放有源干扰或投放干扰箔条等,既能起到干扰掩护作用,又能充当诱饵。攻击飞机编队常常用少量遥控航空器做自卫性电子对抗,或用大量遥控航空器掩护攻击飞机。用遥控航空器施放干扰,主要有布设干扰走廊、实施近距支援和充当诱饵三种方式,如图2.18和图2.19所示。

图2.18所示为无人驾驶飞机布设干扰走廊,常用多架无人机并飞,在攻击编队实施攻击之前数分钟,抛投金属箔条,待箔条散开后,攻击飞机沿着箔条通过敌防空火力区。

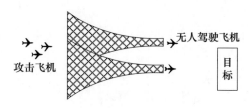

图2.18　无人驾驶飞机布设干扰走廊

图2.19所示为无人驾驶飞机近距支援干扰及诱饵导弹掩护作战。实施近距支援时,无人驾驶飞机组成支援编队,在攻击编队之前飞行,施放有源干扰,掩护攻击飞机,待接近被干扰雷达之后,无人驾驶飞机改为单机跟进队形,环绕被干扰雷达飞行,施放有源干扰。充当诱饵时,攻击飞机自身携带诱饵导弹,一旦遇到防空火力威胁,即投放出来,在攻击飞机附近飞行,该导弹的雷达反射特性与攻击飞机相似,还可以进行有源干扰。

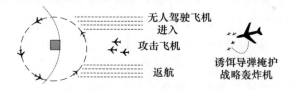

图2.19　无人驾驶飞机近距支援干扰及诱饵导弹掩护作战

7）使用投掷式干扰机战术

投掷式干扰机可从支援飞机、攻击飞机或无人驾驶飞机上,用火箭、反辐射导弹或直接抛投施放有源干扰,掩护攻击飞机,就抛投后干扰机所处的位置分为顶空式、近空式和地面式三种。

图2.20所示为顶空式抛投,干扰机抛投到被干扰雷达的顶空,用降落伞悬吊着,释放有源干扰,能在方位角360°范围内,在不同距离上对雷达形成压制或

在雷达上出现众多假目标。

图 2.21 所示为近空式抛投,干扰机抛投到被干扰雷达附近,用降落伞悬吊着,对雷达施放干扰。图 2.22 所示为地面式抛投,干扰机抛投到被干扰雷达周围地面上施放干扰。

图 2.20　投掷式干扰机顶空式抛投　　　图 2.21　投掷式干扰机近空式抛投

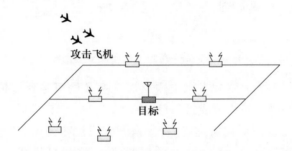

图 2.22　投掷式干扰机地面式抛投

8) 空中作战协同干扰

协同干扰(Cooperative Jamming)是攻击飞机在一个编队与另几个编队之间,或同一编队内部各架飞机之间,相互掩护、共同防御时常用的电子战战术。协同干扰的方式很多,依据被掩护飞机相互之间的位置关系和干扰对象的性质,可以采用不同的方式。常见的有噪声环、同步闪烁干扰、相干假目标和协同干扰等方式。其中协同式干扰是当一架飞机被"边跟踪边搜索"雷达跟踪时,相邻的多架飞机同时对该雷达施放噪声干扰,其干扰功率很强,干扰电波的频谱很宽,这样使雷达的角距离显示器上出现多条干扰,随着机群临近,多条干扰带逐渐靠拢连成一片。

图 2.23 所示为噪声环式协同干扰,2 架或 2 架以上的攻击飞机用于相互掩护的常见干扰战术,这种战术能在被掩护飞机所处的方位、距离上出现一个噪声干扰环。这个噪声环是由另一架飞机施放干扰电波产生的。其产生方法是,将各架协同作战的飞机之间,被雷达脉冲照射的时间差求出来,用无线电通信相互告知时间差,然后各架飞机按时间差打开噪声干扰机,脉冲式地施放干扰。

图 2.24 所示为施放同步闪烁式干扰,2 架或 5 架以上的攻击飞机,同时被一个雷达天线波束照射时,用各自的干扰机依次接通和断开施放噪声干扰。为了使得接通干扰机的顺序恰当,并使干扰能相互衔接,采用的方法可用一架飞机控制另一架飞机,或用机载设备从地面控制空中多架飞机的干扰机工作等。这种干扰是针对单脉冲雷达施放的。

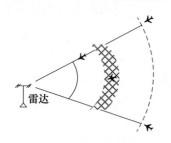

图 2.23　噪声环式协同干扰　　　图 2.24　施放同步闪烁式干扰

图 2.25 所示为制造相干假目标干扰,其当一架攻击飞机被地面雷达跟踪后,用另一架飞机配合,制造距离假目标,以掩护被跟踪飞机。制造假目标的方法是,被跟踪飞机把雷达照射信号传送至另一架飞机上,配合的飞机立即以高放大倍数、高功率转发雷达照射信号,使得跟踪雷达转为跟踪假距离上的假目标。

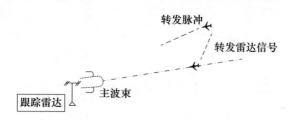

图 2.25　制造相干假目标干扰

### 3. 夺取并保持空中优势

夺取并保持空中优势是取得制空权的关键,其目的是保护己方兵力,保证己方利用战场空间执行其他作战任务的自由,并使敌人无法使用该战场空间。通常情况下,夺取并保持空中优势的作战活动,涉及进攻作战、防御作战和压制敌防空体系作战等。其中,进攻作战,是在己方选定的时间和地点,为寻找、压制和摧毁敌人空中部队而实施的空中进攻作战行动,它是制空权取得的关键,目的是在敌方行动初始阶段先发制人,在敌方空域作战,压制和摧毁敌方空中部队及其赖以进行空中行动的基地,确保有利的空中作战态势。防御作战,是为发现、识别、拦截并摧毁企图进攻己方部队,或渗入己方空域的敌飞机,而实施的空中拦截作战,它既能保卫己方交通线和作战基地,还可以支援陆上、水面部队,使得敌人丧失实施空中进攻作战的自由。压制敌防空体系,是通过火力打击或电子干扰方法去压制、摧毁或暂时消弱特定地区敌防空体系,而实施的空中作战行动,目的是建立一种有利的空中态势,使己方部队在不受敌防空火力骚扰条件下,有效地执行其他作战任务。从某种意义上讲,夺取并保持空中优势是空军部队首要作战任务,连续地控制作战空域和空战场,是为陆上、水面作战提供最宝贵的支援,是联合部队空中指挥员的核心任务,并最终夺取绝对空中优势。绝对空中优势是指挥员在其所选择的时间和地点,能自由地使用空中部队,而不受敌人骚扰。一般来说,夺取并保持空中优势,主要使用战斗飞机、战术电子战飞机、战略轰炸机等,主要作战方式是在敌区上空与敌方飞机空战,对敌方机场实施攻击和封锁,压制敌防空体系,甚至轰炸敌方油库和炼油厂,以及在己方上空对敌机实施截击,在这些作战活动中广泛使用电子战。

1) 超低空进入目标

一般可使用低空性能好的飞机,避开敌雷达探测,超低空进入目标区,常用的超低空进入目标的方式,有不用电子侦察飞机配合的和用电子侦察飞机配合的两种。图 2.26 所示为无侦察飞机配合的超低空进入目标区域,它是依据预先电子侦察了解到敌方雷达威力图,结合攻击飞机自身携带的侦察告警电子装置,向目标区域超低空进入,直到飞机接近雷达侦收它的信号为止。

图 2.26　无侦察飞机配合的超低空进入目标区域

图 2.27 所示为电子侦察飞机配合的超低空进入目标区域,它利用电子侦察飞机在中高空飞行,引诱敌雷达开机,然后把侦察结果告知在超低空飞行的攻击飞机编队,引导该编队尽可能地避开雷达探测,进入目标区上空。为了有效地引导攻击编队,除了使用电子侦察飞机,还可能同时使用一架指挥控制与通信中继飞机。

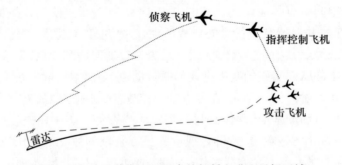

图 2.27　电子侦察飞机配合的超低空进入目标区域

### 2) 投放箔条云团战术

为了对付火控雷达的跟踪,常用抛投箔条云团并结合自卫有源干扰、飞机机动摆脱敌雷达跟踪。常见的方法有后向抛投、火箭前向抛投、前后向同时抛投与投放箔条炸弹4种方式。

图2.28所示为后向抛投与火箭前向抛投箔条云团。后向抛投是将箔条成云团状抛投到飞机的尾后,同时向散开的云团施放有源干扰,在被干扰雷达上造成复式干扰,箔条云团既起到干扰作用又起到欺骗作用,使火控雷达改为跟踪箔条云团。火箭前向抛投是断续地向预定飞行方向,发射带箔条的干扰火箭,待箔条散开后,一个个云团连成一条数千米到数十千米长的干扰走廊,攻击飞机沿着这个走廊进入并退出。

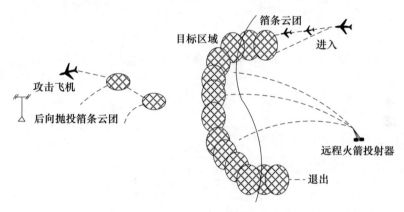

图2.28　后向抛投与火箭前向抛投箔条云团

图2.29所示为前后向同时抛投与投放箔条炸弹。前后向同时抛投,使飞机前方和尾后的箔条云团保持恰当位置,结合施放脉冲式有源干扰,能有效地对付雷达距离跟踪。投放箔条炸弹,是在预定攻击目标上空爆炸装有大量箔条的小型炸弹,形成一条箔条云团,掩护攻击飞机从各个方向进入目标上空。

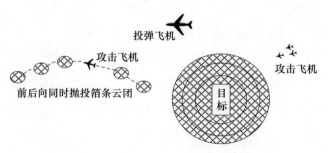

图2.29　前后向同时抛投与投放箔条炸弹

### 3）专用干扰飞机与攻击飞机配合战术

空军部队实施对地战术打击时,如压制高炮和防空导弹,常用专用干扰飞机与攻击飞机相互配合的战术,配合方式包括驾束飞行和转发方式两种,如图2.30和图2.31所示。驾束飞行是专用干扰飞机在远距离位置上,对准火控雷达施放有源干扰,攻击飞机在干扰波束内,沿着波束向火控雷达攻击；转发方式干扰,是利用攻击飞机上的雷达信号转发器,将火控雷达信号转发给专用干扰飞机,保证干扰飞机准时发出强功率脉冲干扰信号,以便于干扰能有效掩护攻击飞机。

图2.30　驾束飞行配合干扰

图2.31　转发方式配合干扰

### 4）使用有源假目标战术

在攻击飞机进入敌防空火力区时,常常抛出小型假目标干扰机,它利用转发火控雷达信号的办法,引诱雷达跟踪假目标,以掩护飞机安全通过火力区或对雷达发动攻击。使用有源假目标的战术,主要有前抛和后抛两种,如图2.32所示。

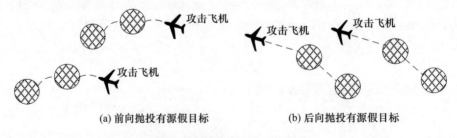

(a) 前向抛投有源假目标　　　　(b) 后向抛投有源假目标

图2.32　抛投有源假目标干扰

前抛式有源假目标干扰机只能使用一次。后抛式的拖距有数千米,遭到敌机攻击时可以扔掉干扰机,没有扔掉的干扰机可以回收。假目标干扰机能在雷达信号触发下,产生一系列脉冲,在雷达上形成许多个假目标,使火控雷达操纵员产生错觉,耗费时间和精力,甚至产生混乱。此外,还可以采用高空投放炸弹、滑翔机、绳系气球、自由飘移气球、旋翼飞机、风筝、无人机和各种火箭抛射有源假目标干扰机。

5) 空战对抗中的电子战战术

空战中常常可用双机相互掩护的电子战战术,双机攻击时,前边的一架飞机机载火控雷达跟踪目标,尾后的一架飞机用同一频率的雷达搜索目标,这样可以造成敌方飞机的机载告警接收机工作紊乱。由于两架攻击飞机距离很近,前后在一条直线上,类似一个辐射源同时发出两种信号,敌机的自卫干扰系统被迫对前一架攻击飞机的跟踪信号做出反应,但双机接近敌机,准备发射空空导弹时,尾后的一架飞机突然加速,超过前面的攻击机,雷达继续跟踪,发射空空导弹后并在适当时间转弯退出,如图 2.33 所示。

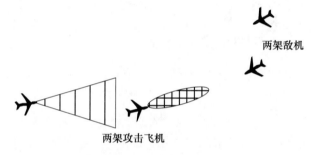

图 2.33 双机攻击电子战战术

6) 伴随攻击编队战术

空战中常用两架携带反辐射导弹的飞机和两架携带普通炸弹的飞机,编成 4 机攻击编组。该编组攻击地面火控雷达时,先发射反辐射导弹,用反辐射导弹杀伤目标的同时,还可以起到指示目标的作用,然后再用普通炸弹摧毁目标。同时攻击编组,可以用空中游猎的方式寻找防空高炮或导弹火控雷达实施压制,如图 2.34 所示,也可以在空中作战大规模编组中建立伴随攻击编组突防,担负掩护攻击飞机的任务。

**4. 空中遮断与近距空中支援**

空中遮断作战以战场空中遮断为主,对于存在近期威胁的目标所采取的遮断作战行动,它由参与联合作战的各军种共同协调,统一计划,并由空军部队实施和指挥与控制。近距空中支援[7],是固定翼和旋转翼飞机针对靠近己方部队的敌方目标的空中行动,并需将每一次空中任务与己方部队火力和运动进行周密整合。近距空中支援是联合火力支援的关键部分,要求地面部队和支援空军进行周密计划、协同和训练,从而安全有效地实施近距空中支援。受援指挥员在地面、海上、联合特种作战区域或两栖目标区域范围内,确定近距空中支援火力的目标优先顺序、效果和时间。提供支援的空军部队的一个关键能力就是近距空中打击,通过火力来摧毁、压制、抑制敌方部队,进而确保己方地面部队运动和机动,并控制地域、人口和重要水域。计划与实施近距空中支援是在战术层次上的作战,而近距空中支援的空中兵力分配是在战役层次进行的。实施空中遮断或支援作战时,可采用的电子战主要有以下几种。

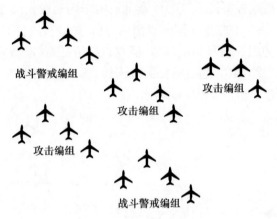

图 2.34 伴随攻击编队战术

1) 周边干扰

在敌方占领区附近,用铁塔等半固定装置,大量设置干扰机,施放大功率干扰,持续数日甚至数月,并且控制干扰功率,使其忽强忽弱,在敌方雷达上造成机器不稳定工作,诱骗敌人不断进行修理,影响敌人雷达正常工作并掩护己方部队的军事行动。

2) 箔条干扰与飞机机动结合

攻击飞机对跟踪它的雷达做 S 形或 O 形机动飞行,当飞机对雷达的径向速度为零时,投出箔条干扰云团,此时雷达很容易转而跟踪干扰云团,飞机便可以摆脱跟踪,如图 2.35 所示。

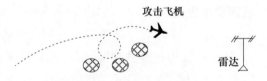

图 2.35 箔条干扰与飞机机动

3) 使用自卫干扰

空军飞机携带了自卫干扰机,包括噪声干扰机和转发式欺骗干扰机两种,它们都可以与箔条干扰结合使用。用转发式干扰机与箔条结合的战术，又可分为双机配合与单机作战两种。双机配合时，一架掩护飞机先投下箔条云团，另一架飞机用转发式干扰机发射的电波照射这些云团引诱雷达进行跟踪，如图 2.36 所示。单机作战时，由飞机自身抛撒箔条云团，再用自身携带的转发式干扰机发射电磁波去照射这些云团，这种情况下，常使用拖距欺骗式干扰机，用它把雷达的速度跟踪波门拖到零多普勒频率上，往返重复这个拖距过程，直到摆脱雷达的跟踪为止，具体情况如图 2.37 所示。

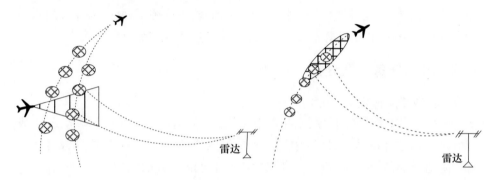

图 2.36　双机配合箔条和自卫干扰　　　图 2.37　单机作战箔条与自卫干扰

### 5. 空运及特种作战

空军的空运包括越出战区范围的战略空运和战区内的战术空运两种，通常由专用的运输部队完成。空军的侦察与监视，是采用飞机、卫星或地面探测装置搜集战场情报的活动。特种作战使用特殊的作战模式及战术、技术、程序和装备实施的作战行动，通常在敌区、拒止或政治/外交敏感的作战环境中进行，具有作战目的全局性强、决策指挥层次性高、作战行动主动性大、作战环境危险性大等特征，已成为现代战争中以精制强、以小制大、以少胜多，实现小战而屈人之兵的有效作战手段[8-9]。这些作战通过低能见度下的隐蔽或秘密军事行动，支援战役行动，执行这些任务时需要比较隐蔽的条件，其常见电子战战术如下：

（1）无线电静默。飞机在出航前和飞行中禁止使用飞机上的任何无线电发射设备，必要时也不使用地对空通信设备。

（2）规避。侦察飞机用自身携带的电子侦察设备发现有威胁的电子信号，并根据其告警做出飞行机动，绕过危险区，继续侦察飞行。

（3）电子佯动。在虚假方向上施放干扰或布设干扰走廊，吸引敌方雷达的注意力，掩护飞机隐蔽地进入敌人空域中进行活动与空降作战等。

## 2.2 主要行动样式

空中战役典型任务,是按计划使用一架或多架飞机去完成特定的战术或战略打击任务,如摧毁敌方地面目标或空中监视侦察、空中指挥以及空运、空中加油飞机等。当执行摧毁地(海)面目标任务时,特别是在执行空中弹药或武器的投射功能时,可能处于防空系统保护区域和空域内,这时作战飞机投掷的武器和弹药,如空地导弹、制导炸弹、非制导炸弹、火箭、机关炮弹等,此时需通过战术战法,设计攻击方法,以达成作战目的,为此需建立空战的作战行动样式[10]。

### 2.2.1 任务编队分析

**1. 典型编队样式**[11-13]

通过分析海湾战争、科索沃战争、伊拉克战争等多次"外科手术"空袭作战案例,可得出这样的认识,即空中打击机群编队规模将会增大,交战双方将使用飞机、防空导弹系统,以取得空中优势,空袭方可能从分散的空军基地(航空母舰)聚集空中进攻力量。空袭和反空袭作战按任务分为两个阶段:第一阶段是冒险性强的进攻性制空作战,目的是打击战区核力量和战略设施,取得空中优势,编队特点如表2.5所列。进攻方会动用战略轰炸机、弹道导弹、巡航导弹等,并利用隐身飞机等千方百计压制对方的防空导弹武器,在对方防空区打开一个通道,后续机群就会利用这个缺口,进攻对方空军基地、指挥与控制设施、重要后勤设施和战区核力量。一旦奏效,对方反击力量就会削弱,对地面战争的支援能力就会降低。第二阶段是对机动兵力的密集空中支援,编队特点如表2.6所列。经第一阶段进攻性制空后,取得空中优势,进攻方会对敌方机动兵力进攻,如桥头阵地和陆上指挥与控制、火力支援和后勤资源等。为躲避防空导弹武器的拦截,进攻方将以低空接近至战区前沿,对地面的攻击大部分在高度1000m以下,速度250m/s进行。通常每次进攻由2~4架飞机构成,当接近目标时,就分成两个独立的任务单元,并实施投弹轰炸,然后飞离目标;如不奏效,或它们的火力还有剩余时便进行第二次进攻。

表2.5 进攻性制空编队组成及使用特点

| 作战飞机类型 | 使用特点 |
| --- | --- |
| 轰炸机 | 从中空(600~7500m)进攻;带自卫干扰机;携带重型弹药;重磅炸弹;空地导弹 |
| 歼击轰炸机(战斗轰炸机) | 从低空(150~600m)进攻;用地形跟踪防撞设备;带电子干扰机;携带多种武器;集束炸弹、空地导弹(反辐射导弹)、化学弹、机关炮、火箭等 |
| 歼击机(战斗机) | 为轰炸机和歼击轰炸机护航;进行空战 |

## 第 2 章 空中作战行动样式

续表

| 作战飞机类型 | 使用特点 |
|---|---|
| 电子干扰支援飞机 | 在进攻中高空防空导弹前几分钟开始;对准中高空地空系统的探测跟踪雷达;在交战范围外辐射或发射空地导弹;低空进入;掩护轰炸机或歼击轰炸机 |
| 侦察机 | 空袭前和空袭中进行侦察;高空飞行;确定中高空防空导弹火力单元位置;估计战斗损失(对方) |

表 2.6 空中支援编队组成及使用特点

| 作战飞机类型 | 使用特点 |
|---|---|
| 歼击轰炸机 | 从低空(150~600m)进攻;携带多种武器:集束炸弹、汽油弹、化学弹、火箭等 |
| 攻击直升机 | 贴地面隐蔽飞行;进攻机械化部队;携带多种武器:反坦克导弹、机关炮、火箭等 |
| 电子干扰支援飞机 | 重点干扰中高空防空导弹系统的通信 |
| 侦察机 | 中空飞行;侦察炮火;报告对方部队集结点和活动 |

典型作战编队如图 2.38~图 2.40 所示。

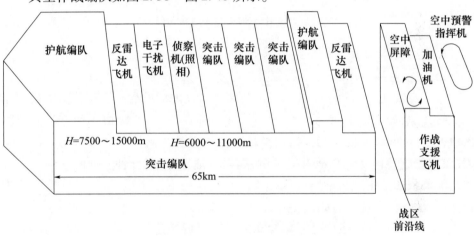

图 2.38 典型大规模进攻编队

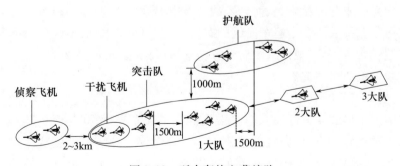

图 2.39 歼击轰炸空袭编队

65

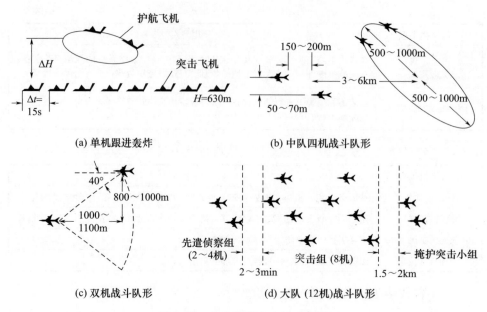

图 2.40 中小规模空中进攻编队

**2. 空中战斗巡逻**

1）空中直线战斗巡逻

空中直线战斗巡逻是指针对敌威胁区域行动的标准战斗巡逻并实施独立压制支援作战,如图 2.41 所示。空中直线战斗巡逻,可以直接指向敌方具体威胁区域,也可以间接指向。间接指向是战斗空中巡逻指向偏离敌方威胁方位一定程度,以便于径向切入作战有效范围,缩短空地导弹飞行时间,同时又便于空空雷达沿着预期空中威胁轴线进行搜索。对于四机编队来说,可在不同轴线上进行两组支线巡逻,使敌方确定空中主攻目标难度增加。一般直线战斗巡逻的长度为 20~30km,在可能情况下尽量靠近威胁区域实施。在到达作战阵位前,可将一个分队甩到队尾或将两个分队向巡逻线路的两端分开,然后按照预定作战计划转为面向或背向敌方,从而转入战斗空中巡逻。在空中巡逻中间点附近时,各分队尽量保持战斗空中巡逻航线的对侧,以便尽可能长时间保持间距,从巡逻航线两端转弯时,会出现传感器对敌方覆盖盲区情况,此时需要通过盘旋在直线巡逻航线上重新启动搜索。

2）空中三角形战斗巡逻

空中三角形战斗巡逻为空中打击机群提供独立支援,同时保持队形和空中位置的可预测性,便于任务机群掌握态势。针对多个地点的宽轴或多轴威胁分布,该方法可提高传感器的搜索覆盖范围,如图 2.42 所示。在进入战斗巡逻之

## 第 2 章 空中作战行动样式

前,先建立适当的间隔,确保间隔不大于背敌航线段的长度,确定小组间隔的方法是背敌航线段长度增加 10km。选择进行三角形战斗巡逻的主要原因是,当有多个地面威胁源,或宽轴、多轴威胁分布存在,从而使巡逻位置可预测以及便于机群掌握敌空中态势。

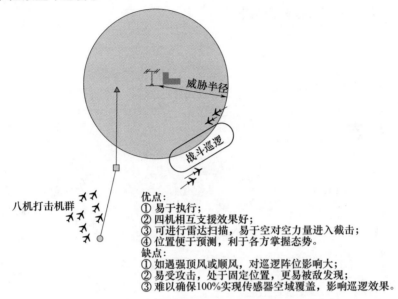

图 2.41 空中直线战斗巡逻

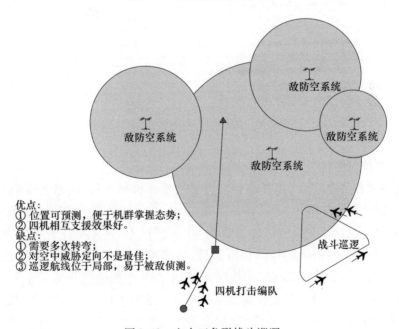

图 2.42 空中三角形战斗巡逻

3)弧形战斗巡逻

弧形战斗巡逻可用于对打击机群提供近距或独立的防空压制支援,其主要由两个航线段组成:一个弧形航线段和一个背敌航线段,如图 2.43 所示。沿着弧形飞行的时间可能依据打击飞机在威胁面前的暴露程度不同而不同,可持续使用这一战术,直至攻击阶段结束。

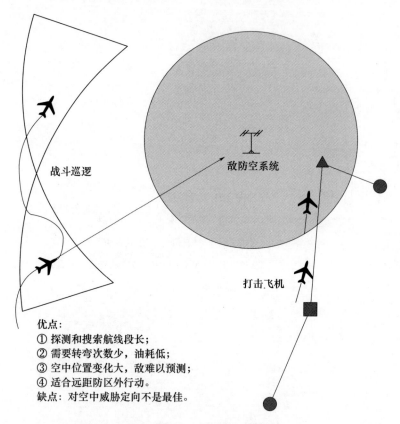

图 2.43 空中弧形战斗巡逻

4)穿越目标区

在特定作战任务中,需要穿越敌方前沿纵深区域飞行,而需要空中兵力保护,此时需选择穿越战术,尤其是地面或空中存在未知的重大威胁时。通常情况下,在其打击机群位于敌方占领区以内 80km 或以上,就需要制定穿越战术,实现制空战斗机与打击机群伴随作战飞行,提供独立的或近距的防空压制保护。如图 2.44 所示,提供独立支援作战样式,其中领头的制空战斗机布置于打击机群前沿 10km 位置,这个位置使得制空战斗机可以领先打击飞机,进行先敌打击发射,并实现对敌防空系统初步引诱,将获知的情况通报给打击机群,其余两架

## 第2章 空中作战行动样式

制空战斗机在打击机群后沿20km处跟进,对飞行航线上临时出现的威胁进行探测和打击,从而进入和退出可始终保持此队形。

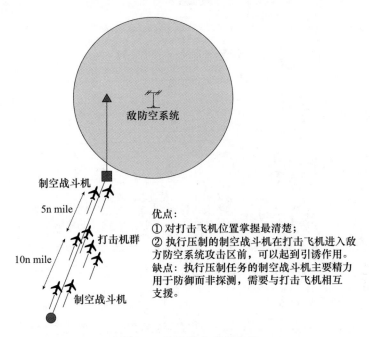

图2.44 空中独立支援作战

图2.45所示为空中近距支援作战,其将制空战斗机布置于打击机群的目视范围内,各分队通常在空中集群的前沿与后沿外侧的位置飞行。外侧的位置能够为保护打击机群提供有效支援。不过在决定使用近距支援战术时,应考虑先发打击的时机和最小探测距离。在综合考虑敌方空中和地面威胁的情况下,穿越战术和战斗巡逻方法可配合使用,实现"穿越—空中战斗巡逻—穿越"的作战任务规划,可实现空中作战飞机传感器探测范围增加,弥补对敌方区域的态势掌握不足。

**3. 航线航行剖面**

通常空中进攻规划航线时,除明显并有雷达回波的地物作为检查点、转弯点、攻击航线起点外,还考虑下列条件:便于机动飞行;以最短的时间在被压制的防空区通过或绕过较弱的防空系统飞向目标;利用地形起伏和天气条件;根据机载武器、弹药和机上瞄准设备及敌防空配系情况,选择各段航线及目标区的飞行高度和速度等。歼击轰炸机的航行剖面,通常在低空进行战斗活动,根据突击目标的远近,典型航行剖面如表2.7和表2.8所列。

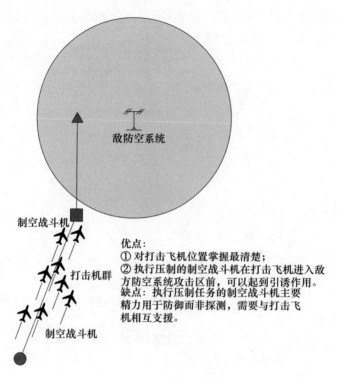

图 2.45　空中近距支援作战

表 2.7　歼击轰炸机作战典型高度范围

| 高度范围 | 高度/m | 近似英尺数/英尺[①] |
|---|---|---|
| 超低空 | 0~150 | 0~500 |
| 低空 | 150~600 | 500~2000 |
| 中高 | 600~7500 | 2000~25000 |
| 高空 | 7500~15000 | 25000~50000 |
| 超高空 | >15000 | >50000 |

① 1 英尺 = 0.3048m。

表 2.8　歼击轰炸机典型航行剖面

| 序号 | 出航高度/m | 攻击高度/m | 返航高度/m |
|---|---|---|---|
| 1 | 超低空(50~150) | 低空(150) | 超低空(50~150) |
| 2 | 中低空(300~1000) | 低空(150~300) | 低空(150~300) |
| 3 | 中低空(500~1000) | 低空(150~300) | 中高空(2000~8000) |
| 4 | 中空(2000~4500) | 低空(150~300) | 中高空(2000~8000) |

**4. 突破敌防空体系**

1) 低空进入战术

低空进入因其可利用地形保护飞机不被雷达过早发现,减少遭受防空导弹攻击可能,提高在云层下投弹精度等而广为采用。通常低空进入的飞机出航高度 100m 时,地面雷达探测发现的概率为 10%,出航高度大于 1000m,发现概率为 100%。使用高炮作战时,目标高度 1000m 的击毁概率约为 23%,目标高度 300m 的击毁概率约为 5.5%。所以,最危险飞行高度为 1000m 左右,如图 2.46 所示,其中 $P_1$ 为被拦截的概率,$P_2$ 为与地面相撞的概率,$P_3$ 为生存(突防)概率。

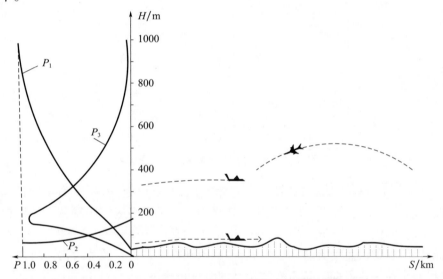

图 2.46　飞行高度和地形对飞行器超低空突防概率的影响

飞机在低空可能采用两种飞行方案:一是以超声速低空飞越防空导弹抗击区,随后进入防御纵深和没有防空导弹掩护的目标;二是以亚声速低空接近和攻击地面目标及防空导弹阵地,并突击没有防空导弹掩护的目标。亚声速飞行时取决于飞行员观察、发现和攻击目标的能力,当飞行速度为 250m/s 时,在低空观察目标很难的;实战证明飞行速度从 103m/s(370km/h) 增加到 208m/s(750km/h),飞机受地面防空兵器打击受损大约减小到 1/4,因此低空飞行时的 164m/s(590km/h) 至 175m/s(630km/h) 速度,是突破强大防空时最理想的速度,由这个速度也能确定最小的安全飞行高度,如图 2.47 所示。

2) 压制敌防空武器

通常在进攻编队距对方防空系统雷达发现距离前 2~3min,用歼击轰炸机和防空压制飞机,对航线附近和目标区域威胁较大的敌搜索(制导)雷达、歼击机机场、防空导弹和高炮阵地实施空中突击。摧毁对方机场及机场上的飞机，使其失去作战能力，否则就不可能夺取制空权。攻击机场的时机应在对方飞机起飞前、刚着陆或在入夜时进行，主要是突击飞机和跑道的起飞地带。常规突击机场时一般使用一个大编队兵力突击一个机场，之后用小分队进行袭扰性轰炸。一般采用多方向、小批次（2~4 机）连续跟进（间隔 1~2min）实施战术攻击。

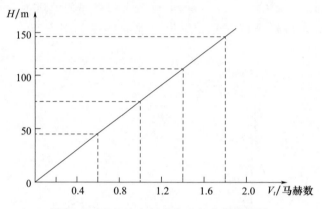

图 2.47　飞机速度与安全飞行高度的关系

突击防空导弹阵地，主要是攻击制导雷达、发射设施、指挥设施和导弹。一般按破坏一个发射装置需 2 架飞机计算兵力。战术上多采用小编队（4 架）梯次连续出动，间隔 4~5min，从不同方向攻击。通常由 100~300m 高度进入，发现目标后低空跃升、急上升转弯、半筋头等战术动作交替进行俯冲攻击。攻击雷达站时，通常在主攻方向上对所有雷达站同时进行攻击，然后对主要中心雷达再次进行攻击，攻击重点是雷达天线。一个雷达站一般需 4~6 架飞机，多以双机或 4 机，采用单机跟进，低空连续进入（在 100~200m 高度上可在 5~6km 距离发现雷达天线），而后以跃升或急上升转弯进行俯冲攻击。

3）实施电子干扰

实施电子干扰是突破防空系统的重要手段，对防空导弹、高炮的制导与跟踪雷达需干扰的宽度通常为 500~700m，保证突击所需要的干扰宽度为 2000m。干扰地面雷达时，根据雷达的位置、工作波长，一般在接近雷达探测范围前 20km 进行间断或连续干扰。干扰分队施放干扰时机：一是干扰机伴随编队施放干扰，二是干扰机在规定的干扰地段施放干扰。典型干扰战斗队形如图 2.48 所示，$t$ 为干扰分队与突击分队的时间间隔，$V$ 为干扰下降

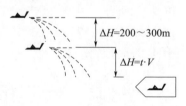

图 2.48　典型干扰战斗队形

的速率,一般取 80~90m/min。

4）实施机动压制

机动飞行是指在方向(方位)和高低(角度)上进行机动,以降低防空导弹雷达系统的跟踪和射击效果。主要样式包括方向机动、佯动编队、蛇行机动和变航向剖面等。

（1）方向机动。当歼击轰炸机飞临防空导弹阵地目标指示线,但未进入杀伤区前,往往进行方向机动,以增加防空导弹射击指挥的困难,降低防空导弹拦截可能发射导弹的机会,如图 2.49 所示。

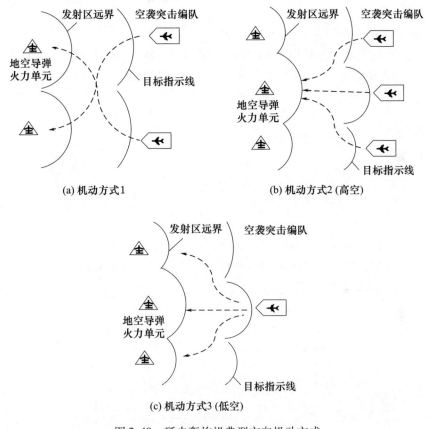

图 2.49　歼击轰炸机典型方向机动方式

（2）佯动编队。进攻时派出专门佯动机群,如用数个机群在最可能的袭击方向上模拟对目标的空中袭击,飞抵防空导弹发射区远界之前转弯,飞往相反方向等。佯动机群往往把火力引向自己,查明防空导弹发射架配置情况,以引导压制机群遂行攻击,如图 2.50 所示。

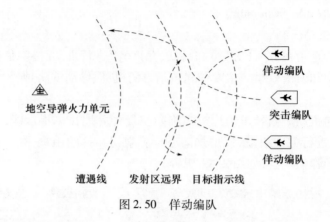

图 2.50　伴动编队

（3）蛇行机动。通常以 2~3 个加速度的小过载实施方向机动，增大雷达跟踪误差，增大防空导弹系统拦截的脱靶量。单架低空突击的飞行常采用这种方式，如图 2.51 所示。

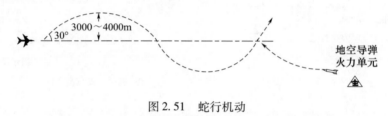

图 2.51　蛇行机动

（4）变航向剖面。这样使对方雷达操纵员对飞机高度、航向产生错觉，一般在接近对方雷达探测范围时采用该种机动方式，如图 2.52 所示。

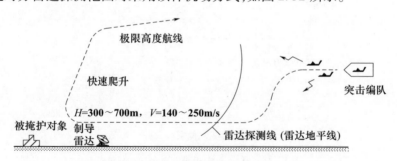

图 2.52　空袭编队航行剖面典型变化

## 5. 攻击地面目标

歼击轰炸机一般采用水平攻击、俯冲攻击和上仰甩投轰炸方式攻击地面目标，俯冲攻击是其主要方式。水平攻击，用于攻击面状、线状目标及垂直面较大的立体目标，攻击时由飞行员瞄准，机头遮蔽角大，命中精度较差，适宜投子母弹或纵火弹。低空水平攻击高度多在300m左右,高空可达10000~13000m,速度在250~308m/s。俯冲攻击,是歼击轰炸机常用的攻击地面目标方法,用于攻击点、线状和活动目标。俯冲攻击有小角度俯冲攻击和大角度俯冲攻击两种,如图2.53所示。小角度俯冲攻击适于攻击面状和线状集群暴露的小型目标,可在低云和强高射火力条件下突击目标。但发现目标困难,命中率较低。小角度俯冲攻击时,用低空大速度进入,高度为300~1000m,速度250~308m/s,距目标3~5km时进入俯冲,俯冲角10°~20°,退出高度100~300m。大角度俯冲攻击命中率较高,但进入高度易受云高限制,被高射火力击中的可能性较大。大角度俯冲攻击时,进入高度2000~3000m,速度222~308m/s,俯冲角30°~60°。

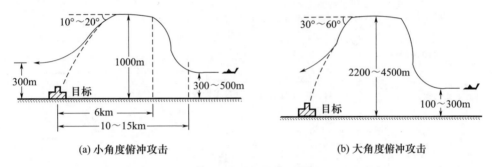

图2.53 简单机动俯冲攻击

复杂机动俯冲攻击有急上升转弯俯冲攻击和筋头俯冲攻击两种,如图2.54所示。由于机动过程中的方向、高度、速度都在变化,有利于规避高射火力。一般在高射火力强的地区采用,进入俯冲的高度较高,云层低时不能采用。急上升俯冲攻击时,进入高度100~300m,速度264~308m/s,从目标侧方3~5km通过

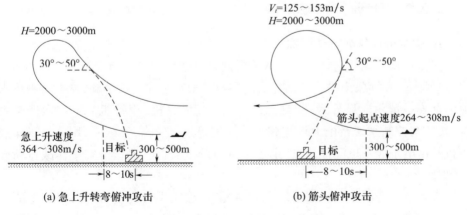

图2.54 复杂机动俯冲攻击

目标后 8～10s 急上升转弯,最大过载 4.5g～5g,在上升转弯过程中,继续观察打击目标,转过 200°对正目标后高度 2000～3000m,以 125～140m/s 速度,俯冲角 30°～50°攻击目标,攻击距离约 1.6km,高度 1100～1200m,攻击后以 200～300m 高度退出。筋头俯冲攻击在距目标前 8～10s 开始筋头,后以大角度俯冲攻击目标。

上仰甩投轰炸用于攻击防护较强的固定目标,以低空接近目标,然后大角度向上拉起,飞出高射火力射程以外,此过程中投弹。歼击轰炸机上装有上仰攻击瞄准具,可在 45°～130°范围内任何角度投弹,一般采用 45°或 90°和越肩上仰甩投,如图 2.55 所示。

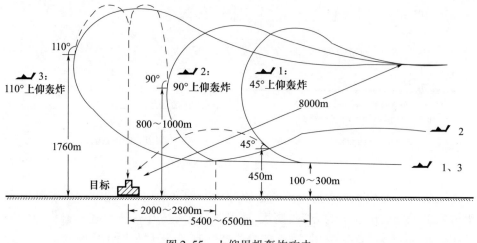

图 2.55　上仰甩投轰炸攻击

### 2.2.2　典型行动样式

**1. 空中进攻作战行动样式**

典型行动样式是指将各种编队进行抽象,从而得到更一般、理论上的典型空中行动样式,并抽象出描述行动样式的参数。根据现代空战经验,首次空中攻击波的前奏一般由巡航导弹、隐身飞机或无人驾驶飞机(干扰机)等,对敌防空系统、指挥与控制系统及电力设施和军工设施等进行突击,奏效后,用非隐身作战飞机并由电子战飞机配合,对选定目标进行分批突击。典型的空中作战行动样式,如图 2.56 所示。

描述空中行动样式和编队的参数主要有:编队飞行高度、速度;编队作战飞机总数;支援飞机(护航、侦察、干扰和电子战飞机)总数;作战飞机种类;每种作战飞机数量;编队间隔;突击持续时间和空袭目标流强度等。其中,编队飞行高度、速度;编队作战飞机总数;支援飞机总数;作战飞机种类;每种作战飞机的数量等,根据每次进攻实际统计得到,下面对编队间隔、突击持续时间和空袭目标流强度进行说明。

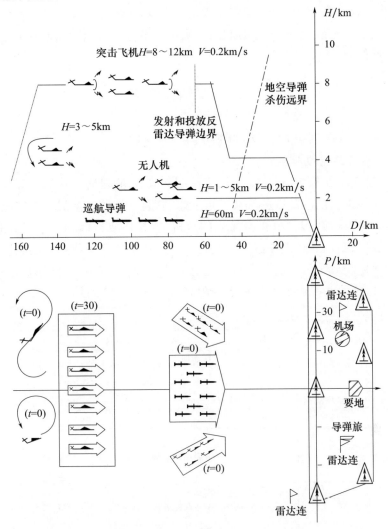

图 2.56 典型的空中作战行动样式

编队间隔是指前面飞行编队的殿后飞机到后续飞行编队先头飞机间的距离或间隔时间。侦察飞机编队与相邻突击队的间隔距离为 $2 \sim 3 \mathrm{km}$,前面突击编队与后面相邻突击编队的间隔时间为 $\Delta t$。突击持续时间。在有各种战术使命(突击、护航、侦察、压制防空等)的编队参加突击的情况下,整个编队飞过的时间。突击持续时间为

$$T_\Sigma = \sum_{i=1}^{n} \frac{S_i}{V_t} + \sum_{i=1}^{n-1} \frac{L_i}{V_t} \tag{2.1}$$

式中：$n$ 为飞机编队的数量；$S_i$ 为第 $i$ 个编队的纵深；$L_i$ 为编队间隔；$V_t$ 为飞机飞行速度。当目标来自多个方向，确定主要方向的突击时间是最重要的。目标流强度，也称为突击密度，是指单位时间内在确定突击持续时间所在地区上空活动的飞机或导弹数量。

突击密度为

$$n_0 = \frac{N}{T_\Sigma} \tag{2.2}$$

式中：$N$ 为在指挥（射击）区活动的飞机（导弹）总数。

**2. 防空作战行动样式**

防御性制空作战中，通常需要设定预期交战区，它是防空作战任务规划的重要内容，其根据预期的敌威胁轴线及可能来袭路径，依照制空战斗机实施空战战术所需的截击区域，以便歼灭空域内的敌机、寻找作战目标和实施拦截战术，确定空战场区域布局。预期交战区一般位于敌方攻击威胁轴线和防御点或区域之间，影响预期交战区位置的主要因素是地形特征，同时应避免将预期交战区设置于雷达盲区或威胁探测跟踪的地形受限区域，如图 2.57 所示。

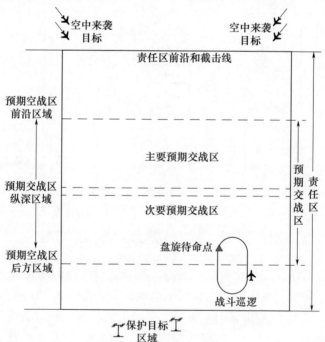

图 2.57 预期交战区设置

预期交战区前沿地带位置应尽可能位于防御目标地带前方,并尽可能远,这样可实施多波次拦截。制约预期交战区设置的主要因素,是己方预警探测能力、潜在攻击轴线及发现空中来袭目标的时间与接敌的速度。若敌方攻击轴线越广,则设置预期交战区越靠近保护目标区域。防御性制空,需进行仔细筹划分析,这样才能在责任区内执行空中巡逻任务,否则战斗机紧急起飞实施拦截,可能因为距离远而延误战机。如果预期交战区纵深很大,可考虑将空中巡逻设置在足够靠前位置,一旦敌机进入预期交战区前沿地带就可发起首轮攻击,敌机退后时可有更多准备时间发起多次攻击。

## 2.3 典型作战空域

为实现空中作战的有序并按照各自任务分工协同作业,需要对战区空域进行统一管控和使用协调,围绕不同的作战目的,建立不同作战区域。战区空域使用,不仅仅是空中作战力量在使用,还有大量陆上火力在使用,整合战区空域是联合空域管制的工作重点[14-16]。

信息化条件下,空中作战环境日益复杂,作战进程日益加快,目标选择及作战航线与空域设计日益繁重,这就要求指挥员及其指控节点能够根据空战场态势进行快速运筹分析,周密制订战区空域管制计划与指令,实时控制战区空域高效有序使用。对此必须实现战区作战空域的分类,并建立每类作战空域使用规则,构建空战场空域管制规则库。

根据空战场空域划设与使用便利性,将作战空域按照"区""线""道""层""点"5种进行类型区分与分类,"区"即各种作战区,定义和描述空战场不同作战行动的实施地域或空域;"线"即各种任务区分线、协调线或责任线等,定义和描述空战场各类行动控制线或面;"道"即各种空中通道、安全管道等,定义和描述运输机、歼击机、特种飞机等的空战场作战任务航迹途径空域;"层"即各种职责任务区分的高度界限或空域使用界限等,定义和描述不同高度上的指控与飞行要求;"点"即各种空中位置控制点、报告点、参考点等,定义和描述空战场各类定位基准点。由这5种分类构成了空战场的作战空域,并作为空战场作战指挥与控制的协调措施。下面重点对一些常用的协调措施空域结构进行描述和讨论。

### 2.3.1 制空作战空域

**1. 待战空域("区")**

空中待战是典型的空中战斗活动之一,作战飞机在指定空域内做机动飞行,随时准备根据有关指令进行出击,在防御性制空中,可在预定的截击线上完成空中截击目标任务。实施空中待战必须规划好待战空域位置、待战飞行方法及确定待战飞行高度等问题。

当预定的截击线已确定,采用机场待战不一定能来得及在预定截击线上完成截击任务。这时可考虑将飞机预先起飞进入空域进行待战。确定待战空域,通常先要考虑待战空域至预定截击点的最大允许距离,根据这个距离划定一个范围,称为待战空域设置范围,如图 2.58 所示。

待战空域范围一般在己方截击线范围内设置。根据己方雷达发现敌来袭目标的最远距离及敌目标的飞行可能速度、大致来袭方向等,据此依照己方作战飞机的速度和截击线,计算确定待战空域的范围。确定之后,还要在这个范围内具体规划待战空域的大小与构型。确定待战空域通常要符合作战飞机的战术特点,利于空中保持位置,便于地面指挥引导以及尽量增长待战活动的时间。

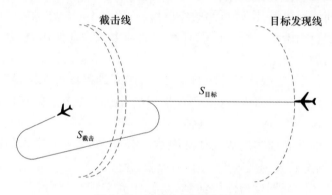

图 2.58　待战空域设置范围

通常待战空域选在空中截击线内侧,这样便于增大待战活动时间,因为该位置距离机场相对比较近。待战空域最好设置在居中位置,这样空中待战截击线两端的外侧都可兼顾到,便于处置特殊情况。为了增加待战时间,空域应设置在较高的高度上,这样雷达能在一定高度上探测到己方待战飞机,同时也可以减小空气阻力减少空中油耗,增加待战时间,此外还不便于敌方发现。在待战空域内,一般采用"∞"字形和双 180°航线飞行,如图 2.59 所示。

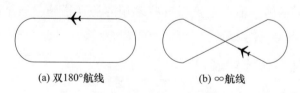

图 2.59　待战空域飞行方法

双 180°航线相对比较简单,转弯角度较小,易于作战飞机快速出击,但缺点是其中的一次转弯背向目标。采用"∞"字形优点是每次都可以向目标方向转弯,便于作战飞机保持空域位置,但是缺点是转弯角度大。待战空域的高度,是在待战空域位置确定后,根据待战空域距离截击线的长度及作战飞机的升限、机动能力及敌人来袭目标可能的飞行高度等来确定。

**2. 巡逻空域("区")**

空中巡逻是空中战斗的另一主要方法,巡逻是作战飞机以较少兵力,在指定空域和规定时间内所进行的警戒飞行,用以监视和及时发现敌人企图并首先投入战斗,防卫己方目标安全。巡逻空域供航空兵在空中警戒、巡逻时使用,通常设在敌空袭兵器可能来袭方向或保卫、掩护目标附近。为了确保被保卫目标的安全,应当在敌投弹或发射空地导弹之前将其歼灭。因此,巡逻空域的最小允许距离,应等于敌机投下炸弹或发射空地导弹的射程,作战飞机攻击目标过程中目标前进距离和作战飞机发现目标后需一定的时间进行占位,在此时间内目标又前进一段距离的三项和,如图 2.60 所示。

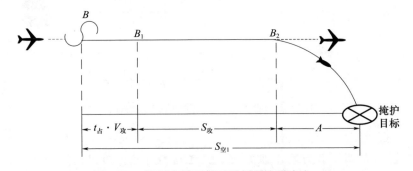

图 2.60　巡逻空域至保卫目标最小距离之一

当我保卫目标外围设有高射炮或防空导弹时,为了便于作战飞机和防空部队协同作战,作战飞机需在敌机进入我地面防空兵器火力范围之前退出战斗。因此,还应考虑到地面防空兵的火力范围边缘至被保卫目标的距离,作战飞机退出攻击时,空中威胁目标向我保卫目标接近的飞行距离等,如图 2.61 所示。

作战飞机巡逻空域距机场的最大允许距离,是指巡逻空域至机场的最远距离。若设置的空域超过此距离,则作战飞机执行巡逻任务不能返回原机场降落。巡逻空域距机场的距离,主要取决于作战飞机的作战续航性能及每批在空域内巡逻时间的长短。巡逻空域距机场的最大允许距离是根据已知的作战飞机作战续航时间和已确定的每批巡逻时间计算,如图 2.62 所示。巡逻空域至机场的最大允许距离是作战飞机的上升距离、出航平飞距离、返航平飞距离及下降距离之和的一半。

81

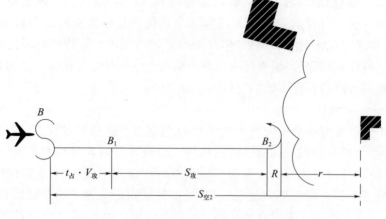

图 2.61　巡逻空域至保卫目标最小距离之二

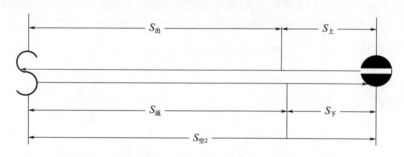

图 2.62　巡逻空域至机场的最大允许距离

计算巡逻空域至保卫目标的最小距离、至机场最大距离后，以保卫目标和机场为中心，在敌机来袭方向作弧。两个弧之间的空域为可供巡逻空域选择的范围，如图 2.63 所示。要确定巡逻空域的具体位置还必须考虑敌情、地标及雷达、通信无线电覆盖范围等因素。

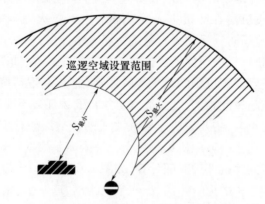

图 2.63　巡逻空域设置范围示意

### 3. 空地作战协调线("线")

进攻性制空作战中,压制或摧毁敌地面防空系统时,若基于联合作战的空地协同打击,则需要仔细筹划空中作战布势、空地作战火力协调和火力打击任务分配等,建立空地作战协调线可以区分空地火力打击行动地域,为开展指挥与控制协调提供空间位置标识,如图2.64所示。

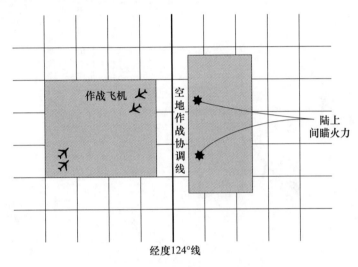

图2.64 空地作战协调线示意

可以基于经纬度线或特征比较明显的地理参考上,设置空地作战协调线,作为航空兵与陆上部队作战的责任区分,进行空中与陆上作战布势。航空兵在线的一侧作战,当穿越空地作战协调线,进入陆上部队的责任区时,需要进行协调和通报;当陆上部队间瞄火力,穿越空地作战协调线时,陆上部队指控节点需要预先进行协调和通报。

### 4. 截击作战地段("线")

截击作战地段根据敌空中威胁方向,依据己方空中截击作战方法划设;在实施截击敌空中来袭飞机为主的作战中,需考虑防御区域范围内的己方机场布局、敌可能来袭方向及可用的地面保障设施等,以确定己方作战飞机能截击多远、在空中滞留时间多长及作战空域如何划设。图2.65所示为截击空中目标示意。

截击作战地段是指作战飞机从进入预定截击线开始,在最后一批我机开始退出攻击为止的直线距离。截击地段的位置和长短,对于可能集中使用多少架作战飞机、实施几批次的空中截击以及能够达到的作战效果等,具有十分重要的意义。此时规划设计截击作战地段,需要从敌我双方空战场态势、可能来袭方向及己方指挥与控制引导、雷达监视、战术应用等多方面进行筹划。

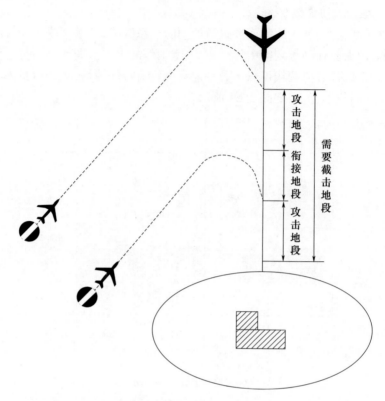

图 2.65 截击空中目标示意

截击地段中,攻击地段是指作战飞机从开始进入攻击,至退出攻击的时间内目标的飞行距离。攻击地段的长短应根据作战飞机的性能、攻击武器、攻击方法、攻击次数和目标的属性等来确定。衔接地段是指作战飞机分批次连续对空中同一批目标实施不间断的截击时,前批作战飞机开始退出攻击,至下一批作战飞机进入攻击的时间段内目标的飞行距离。衔接段的长短,主要由地面指挥与引导能力、飞行员的战术技术水平及有关战术战法等确定。

## 2.3.2 作战任务航线

作战任务航线规划重点考虑作战飞机的航程和续航时间,它是飞机的重要战术性能指标,也是实施对作战任务航线规划的主要依据之一,它对于发挥我机战技术能力和保证飞行安全具有重要意义。航程是飞机能在空中持续飞行的距离,按照其用途可分为作战航程和机械航程。作战航程是在作战情况下,从飞机满载的油量中扣除备份油量和空战的耗油量所能飞行的距离。机械航程是飞机在飞行中把油料耗尽所能飞行的距离。续航时间是飞机能在空中持续飞行的时间,它也有作战续航时间和机械续航时间之分。作战续航时间是在作战情况下,从飞机满载油量中扣除备用油量和空战的耗油量所能飞行的时间。机械续航时间是把油料耗尽所能飞行的时间。一般来说,飞机本身载油量越多,飞得越远,续航时间越长,作战半径也就越大。但除载油量外,还有其他因素。飞行高度对航程和续航时间影响,在对流层飞行时单位时间内耗油较少,航程和续航时间也相应增加;飞行速度对航程和续航时间影响,飞行速度较小,单位时间内耗油少,因而能获得较长续航时间等;还有其他因素,如带不带副油箱、使不使用加力飞行、是不是编队飞行及大气温度、载弹量等。图 2.66 所示为远程作战半径计算,作战半径是从机场起飞,按照规定的速度和高度遂行战斗任务时,能做往返飞行的最远距离。通常可以分为不带副油箱、不投副油箱或投副油箱时副油箱油料耗尽与没有耗尽等情况下作战半径。由于实际情况较复杂,一般作战时往往来不及考虑多种因素,在平时飞机训练飞行时就应该掌握各种情况的作战半径数据,基于作战需要制定出数据表格,以便根据情况进行查找。

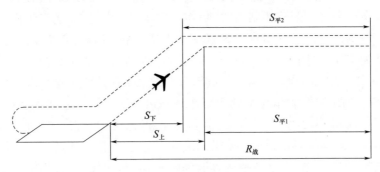

图 2.66 作战半径

**1. 作战航线构型("道")**

规划远程作战航线,核心是确认打击目标区域和位置及途经的空中位置导航点。首先对打击任务理解,根据指挥员的指示,选择作战飞机及挂载弹药,分析途经区域是否存在电子干扰情况,熟悉复杂电磁环境的作战飞行要求。由于对地打击作战,作战飞机要经过长途奔袭,一般以计划协同为主、临机协同为辅,组织空空、空地、地地协同,确保作战协调有序进行。实施中常组织空中预警引导、突击兵力之间的任务协同,突击兵力在进入点前 10min 打开电台,进入点 5min 前确认打击目标,突击兵力在发射点前 5min 请示有关指控节点定下打击决心,对地打击航线构型如图 2.67 所示。

**2. 运输航线构型("道")**

运输航线是空中投送实施的重要支撑,是围绕战略投送目前开展的空中安全通道,它为达成军事目的,综合运用军地多种空运资源,向作战(危机)区域投

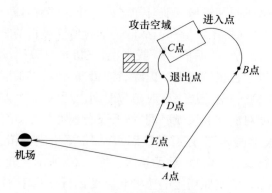

图 2.67　对地打击航线构型

入兵力、运送装备物资。美军根据"全球到达、全球威慑、全球作战"投送需要,构建了战略、战区、战术三级空运体系,可高效遂行战略机动、战区部署和战术投送任务[17]。①战略空运:由空中机动司令部指挥,担负战时海外紧急投送任务,具备24h全球部署1个整建制主力师的能力,其主要由第18航空队作为骨干实施,编配C-5、C-17、C-21、C-37、C-130等各型运输机,空军国民警卫队、预备役部队为主体,民用航空公司的波音、空客飞机等为后备队和补充。②战区空运:由空中作战中心指挥与控制,担负部队战役集结展开的运输任务,具备10天部署1个整建制空降师的能力,力量编配在战区空军部队。③战术空运:由建制部队指挥与控制,担负空降突击、舰岸运输、两栖输送、特战投送等任务,力量编配在陆军、海军、海军陆战队和特种作战部队等。空中投送伴随空中投送能力的增长和战争检验,其指挥与控制从分散到统一,不断迭代演变,其中投送的运输航线设计和体系构建日益重要,成为完整有效实施空中投送的基本保障。投送运输航线设计,在保障空中飞行安全的同时,也要合理分配空中交通流量,提高整体运输容量,实现空域高效使用,减少飞行冲突。

运输航线设计场采用民航现行标准,遵循国际民航组织《航行服务程序——航空器运行》中的有关规定[18],目前大多数运输航空器包括军用和民用的,都具备了执行区域导航程序的能力,这对开展运输航线设计具有很大的便利性[19],如图2.68所示。区域导航是一种导航方式,它可以使航空器在导航信号覆盖范围内,或在机载导航设备的工作能力内,或两者的组合,沿着期望的路径飞行。这种导航一般采用无线电定位或其他的定位技术,可以定出飞机的绝对位置,如地理位置的经度、纬度,或飞机相对于计划航线的位置偏差等,从而不需要通过飞向或飞越导航台进行空中导航定位和飞行,因而可以在由不设导航台的航路点之间的连线作为航线段进行飞行,航路可根据航路点自由设置,而不再局限于固定导航台。这样可以避免导航台上空的拥挤,同时也可开辟多条航线,

# 第 2 章　空中作战行动样式

飞行距离相对减少[20]。

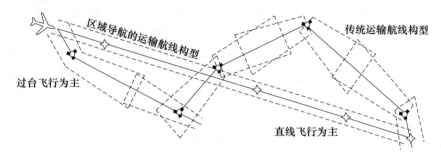

图 2.68　传统运输航线与区域导航航线构型比较

## 2.3.3　直升机的空域

战斗直升机的战斗队形,如表 2.9 所列,主要包括 8 种队形方式[21-24]。多场局部战争,如越南战争、阿富汗战争、海湾战争和伊拉克战争等,直升机作为一种快速机动空中作战力量都参加了战斗行动,进行火力支援和特种作战,压制防空系统、摧毁地面坦克集群,取得很好战绩。但战场上直升机面临着多种防空武器系统的威胁,由此需精心设计直升机的作战航线与空域。

表 2.9　战斗直升机的战斗队形

| 双机编队 | 三机编队 | 四机编队 | 六机编队 |
|---|---|---|---|
| 横队 | 纵队 | 楔形队 | 菱形队 |

**1. 直升机主要作战特点**

指挥员使用直升机时,必须把握好主要方向和重要时节两个关键点。主要作战方向上战斗行动,直接影响着整个战役战斗进程,只有把直升机集中使用于地面部队的主要作战方向上,才能充分发挥直升机战斗威力。如不分主次,将兵力平均使用在各个方向上,势必会分散兵力,造成处处攻击、处处不得利的结果。重要时节的作战行动,不仅影响某个局部的成败,甚至影响整个战役战斗的结局,只有把直升机集中使用在重要时节,才能给地面部队适时有力的支援。为了达成集中使用兵力,指挥员必须对直升机实施集中控制,统一指挥,正确进行地面、空中的兵力部署,适时实施兵力机动,注意节约兵力并控制必要的预备队。

直升机作战中,在战场上空活动,一旦发现敌人的防空兵器,就应组织力量予以压制,因为这不仅仅是为了保障直升机的活动安全,而且是为了整个战役战斗的胜利。直升机战斗活动,通常距地面部队较近,经常处于地面多种兵器的火力范围内,因此搞好直升机与其他火力协同,是取得战役战斗胜利的重要条件。其中与步兵的协同中,通常采取划定安全线的方法进行协同,即根据机载武器的毁伤半径划出一定的安全距离,当攻击直升机以航炮攻击目标时,步兵应与攻击的目标保持30m以上的安全距离;当攻击直升机以火箭攻击目标时,步兵应与攻击的目标保持100m以上的安全距离。与防空兵的协同中,通常划分空域进行预先协同,即以防空兵配置地域的火力范围划定空域位置,直升机通常不进入该空域,必须进入时还应提前通报。与空军航空兵的协同,通常采取协调高度的措施方法,即规定直升机最高活动高度和固定翼飞机最低活动高度,各自在规定的高度范围内进行战斗活动。

**2. 直升机典型作战行动**

以典型装甲集群火力支援为例,攻击直升机编队通常以小队或排编组,从隐蔽地带进入战斗攻击位置,如图 2.69 所示,这两种队形会随着攻击当面的地形进行调整,同时由外围的侦察直升机为攻击编队提供警戒和预警。考虑到作战机动和威胁规避情况,进入攻击时,直升机编队之间还会配置一定的高度差、距离差等,如图 2.70 所示。其中,1 号和 3 号直升机是编队长机,2 号和 4 号直升机是僚机。僚机即使没有长机的指示,也会配合进行作战行动。进入战位的攻击直升机一般在 10~40m 高度,以 90~180km/h 的速度接敌。

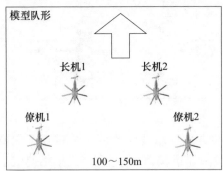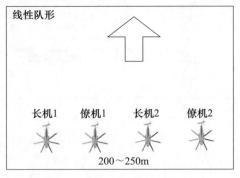

图 2.69　进入战位编队

## 第 2 章　空中作战行动样式

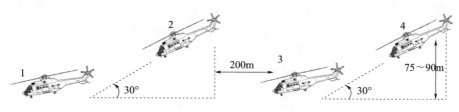

图 2.70　作战攻击编组

如果攻击直升机实施反坦克作战时，一般跃升至 60m 左右高度，不改变飞行速度下，对地夹角 20°开始下降攻击，攻击距离在 1500m 之间，如图 2.71 所示，具体攻击路线根据武器锁定目标发射情况而定。

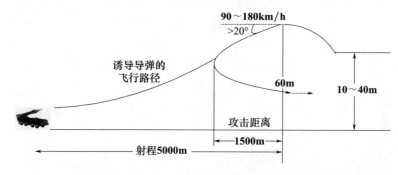

图 2.71　反坦克作战攻击

战场直升机运输物资、补给、弹药、人员及受伤人员后送等，此时需进行直升机机降作战，其作战地域组成，如图 2.72 所示。通常会根据战场机降整体情况，设置地域标识，规划好机降的主要区域，并在条件允许时，开展机降地域的末端引导控制。

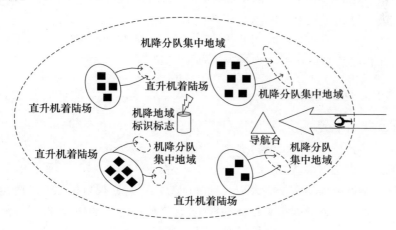

图 2.72　直升机机降地域组成示意

89

陆上作战过程中,战斗直升机穿过和绕过炮兵阵地的典型航线,如图2.73所示。陆战场直升机的空中作战航线,一般避开直瞄炮兵的火力区,选择在其阵地的后方区域建立直升机发射弹药地域,或者同直瞄炮兵建立协同,穿越其火力区,实施空中火力支援打击。

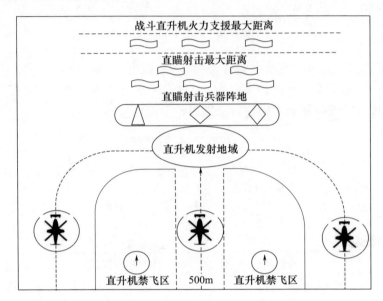

图 2.73 战斗直升机穿过和绕过炮兵阵地示意

当直升机与炮兵协同时,通常采取直接进入攻击或翼侧进入攻击的方法进行。直接进入攻击即地面部队在宽大正面上作战时,在己方炮兵为射击方向上,留出一定宽度的空中走廊,攻击直升机利用空中走廊进入目标区实施攻击;翼侧进入攻击,即地面部队在狭窄的正面上作战时,攻击直升机从炮兵配置地域的翼侧绕过,进入目标区实施攻击。由于攻击直升机是在直瞄火炮的弹道下进行战斗活动,所以不论采用哪种协调方法,都必须严格掌握攻击直升机进入和退出空中走廊时间,以及在炮兵直瞄弹道下活动的时间。

### 2.3.4 炮兵射击空域

按火炮瞄准装置能否直接瞄准目标,炮兵射击可分为直接瞄准射击和间接瞄准射击两种。直接瞄准射击是将火炮配置在能通视目标的阵地上,用火炮瞄准装置直接瞄准目标的射击,它是反坦克炮兵摧毁敌装甲目标、水上目标和工事的有效手段。间接瞄准射击通常是将火炮或导弹配置在不能通视目标的遮蔽阵地上,用间接的方法使火炮或导弹指向目标的射击,它是压制炮兵和战役战术导弹消灭敌人的主要手段[25-27],其射击空域示意如图2.74所示,它是一个空间扇形区域。

# 第2章 空中作战行动样式

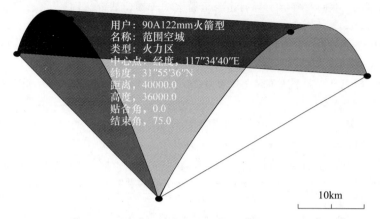

图 2.74 炮兵射击空域示意

按射击任务的不同,炮兵射击可分为压制、遏制、歼灭、破坏和妨害(疲惫)射击,以及使用特种炮弹射击等。压制射击是给目标以部分毁伤,使其暂时丧失战斗力或指挥能力。炮兵在多数情况下是执行压制射击任务。对于压制射击达到的毁伤程度,一般要求达到 20%~30%(一般压制),对重要目标则要求达到 35%~45%(重点压制),对临时发现的目标或受兵力和时间的限制时要求达到 10%~15%(临时压制),通常达到 10% 可以实现压制目的。遏制射击是用榴弹或发烟弹来威慑、限制敌人活动能力的射击。歼灭射击是严重毁伤目标,使其全部或大部丧失战斗力。炮兵一般只对特别重要的且易于歼灭的目标才实施歼灭射击。破坏射击是摧毁敌工事、设施或建筑物等,使其不能使用。破坏射击要求射弹直接命中目标,因此应尽可能采用直接瞄准射击。妨害(疲惫)射击是指扰乱、疲惫敌人的行动,以削弱敌战斗力或封锁交通要道。特种炮弹射击一般是指用发烟弹进行迷盲射击、用照明弹进行照明射击、用宣传弹散发宣传品、用燃烧弹进行纵火射击等。

## 参考文献

[1] 曹正荣,李宗昆,孙建军. 联合作战力量运用研究[M]. 2版,北京:军事科学出版社,2013.

[2] 朱永文,王长春. 空战典型飞机武器平台性能分析[R]. 空军研究院,2019.

[3] 朱永文,蒲钒. 空战典型导弹武器平台性能分析[R]. 空军研究院,2019.

[4] 朱永文,王长春. 空战典型航空弹药性能分析[R]. 空军研究院,2019.

[5] 朱永文,董相均. 空战典型无人驾驶飞机武器平台性能分析[R]. 空军研究院,2019.

[6] 王沙飞,鲍雁飞,李岩. 认知电子战体系结构与技术[J]. 中国科学:信息科学,2018,48(12):1603-1613,1709.

[7] 刘纯,刘洁,吴静青,等. 引导打击与近距空中支援作战分析[J]. 火力与指挥控制, 2019,44(9):7-12,17.

[8] 郑元林. 运输航空兵在高技术局部战争中的作战运用及启示[J]. 军事历史,2003(3):35-38.

[9] 陈义勤,罗永昌. 未来战争联合作战空运医疗后送面临的问题及对策[J]. 航空军医,2001,29(1):1-3.

[10] 江洋溢,谢希权,雷迅. 空中中远程精确打击能力顶层评估方法[J]. 军事运筹与系统工程,2011,25(1):40-44.

[11] 宋琛,张蓬蓬. 分布式协同对未来制空作战的影响[J]. 飞航导弹,2019(11):8-11.

[12] 曾繁中,任扩. 联合作战条件下美军制空作战的新特点[J]. 科技信息,2010(1):415,442.

[13] 朱永文,敬东. 现代空中作战编队样式分析[R]. 空军研究院,2019.

[14] 祁炜,李侠,蔡万勇,等. 多预警机协同作战空域配置[J]. 中国电子科学研究院学报,2016,11(5):547-553.

[15] 刘传波,邱志明,王航宇. 基于协同制导作战空域的平台阵位配置[J]. 火力与指挥控制,2011,36(7):103-106.

[16] 吕伟,李洪平,高志勇. 基于空域分割的防空部署效率评估模型[J]. 指挥控制与仿真,2010,32(1):45-48.

[17] 张孝宝,管群生,李心宇. 美军空中投送力量建设与启示[J]. 军事交通学院学报,2020,22(5):13-16.

[18] 许有臣,朱衍波. 航路网络关键节点优化与"三区"避让设计方法[J]. 中国民航大学学报,2013,31(1):41-45.

[19] 朱永文,陈志杰,唐治理. 空域管理概论[M]. 北京:科学出版社,2018.

[20] 刘渡辉,帅斌. 区域导航航路和进离场程序设计分析与仿真[J]. 交通运输工程与信息学报,2006,4(3):123-127.

[21] 黄禾. 战场直升机典型作战行动与电子战应用[J]. 电子信息对抗技术,2017,32(6):58-61.

[22] 李五洲,胡雷刚,王峰. 美军直升机与无人机蜂群协同作战使用分析[J]. 军事文摘,2020(7):29-32.

[23] 杨婧,席艳. 美军多域作战实施方案及其直升机性能升级计划[J]. 直升机技术,2019(4):60-66.

[24] 郑磊. 基于UPDM的直升机平台协同作战建模与验证[J]. 电子技术与软件工程,2019(8):106-108.

[25] 张有济. 战术导弹飞行力学设计[M]. 北京:宇航出版社,1998.

[26] 黄凯. 数字化作战对炮兵装备的影响[J]. 中国战略新兴产业,2018(24):118.

[27] 张卫民,马红卫,梁建奇,等. 坐标系选取对炮兵作战的影响分析[J]. 兵工学报,2014,35(10):1716-1720.

# 第 3 章 空中作战用空管制

空中作战通常会涉及多批次飞行任务和多种机型,每次飞行都必须明确任务目标及飞行计划需求,为总体作战任务实现提供支撑。空中作战通过空中任务分配命令、特殊指令和空域管制指令进行任务规定。空中任务分配命令,对任务所需的作战资源进行指挥与控制,下达与空战计划有关的各种任务,明确任务分配的机群信息,包括呼号、弹药装载、航线、空中加油信息、编队规模、飞临目标上空时间等,其是空战最基本的作战命令。特殊指令通常伴随空中任务分配命令一起下达,规定参战部队作战行动的协调规程,说明空中任务分配命令的作战目标信息,或强调各级指挥员应关注的重点内容,它是计算机不能有效识别处理的一种文本性指令。空域管制指令用于协调空中任务分配命令执行时的空域协调信息及规定,它是特定的空域飞行程序,飞行员或机组人员一定要理解并执行最新的空域管制指令,这样才能确保行动空域安全得到使用。由于空域是战区作战环境的重要组成,军兵种和民用航空等多个空域用户存在竞争使用。联合作战中己方从地(水)面、地(水)下和空中发射弹药(远程火力、战术导弹、巡航导弹),加上有人/无人航空器和高速飞行器等,高度集中共享使用空域,实施有效的空域管制对作战取得成功至关重要。如何科学合理地为航空器划分空域及如何高效配置联合火力空域,将是各级指挥员和参谋人员在联合作战中必须重视的一个问题。本章在剖析空中作战筹划与联合火力协调的基础上,提出了一套基本理论框架,并重点对空域协调措施进行归纳总结,为读者深入了解空域管制在联合作战中的地位作用和发展提供参考。

## 3.1 空战任务周期

### 3.1.1 作战任务筹划

现代空中作战已不再是考虑独立的空军军种作战问题,空中作战也不仅仅是军种内部各兵种之间的联合与合同作战,更多的是军种之间的联合作战。广阔空战场上具有复杂的各类空域用户,详细实施作战筹划与空域规划,对完成作战任务并取得战争胜利至关重要[1]。下面对这一问题进行着重讨论。其中,空中作战筹划分析的重要输入、输出及步骤,如表3.1所列。

表3.1 空中作战筹划步骤

| 重要输入 | 筹划步骤 | 重要输出 |
|---|---|---|
| ① 联合部队指挥员的任务;<br>② 联合部队空中指挥员的初始指导 | 步骤1:开始 | ① 初始计划活动时间线;<br>② 联合部队空中指挥员的指导 |
| ① 联合部队指挥员的任务与意图;<br>② 己方作战态势;<br>③ 作战环境情报准备;<br>④ 事实与假设;<br>⑤ 联合部队空中指挥员的任务与指导 | 步骤2:任务分析 | ① 敌作战可能方案;<br>② 任务分析简报;<br>③ 重要任务;<br>④ 联合部队空中指挥员的任务阐述;<br>⑤ 联合部队空中指挥员的初始作战方案及作战计划指导、意图 |
| ① 联合部队空中指挥员的作战方法;<br>② 敌可能作战方案;<br>③ 联合部队空中指挥员的作战方案及参谋机关的预估分析 | 步骤3:作战方案开发 | ① 我空中作战方案的概念;<br>② 联合部队空中指挥员的目标;<br>③ 叙述性的内容及图形 |
| ① 我空中作战方案的支持性概念;<br>② 敌最有可能采取的作战方案及最危险的作战方案;<br>③ 经协调的推演方法;<br>④ 经协调的评估标准;<br>⑤ 经协调的重要事件与行动 | 步骤4:<br>作战方案分析与推演 | ① 经修改与检验的空中作战方案;<br>② 强弱项;<br>③ 分支计划与顺序计划需求;<br>④ 联合部队空中指挥员的决策点与联合部队指挥员的重要作战需求 |
| ① 经协调的评估标准;<br>② 推演结果;<br>③ 经协调的比较方法 | 步骤5:作战方案比较 | ① 决策矩阵;<br>② 优选的作战方案 |
| 决策简报 | 步骤6:作战方案审批 | ① 优选的空中作战方案;<br>② 作战概念及方法总结;<br>③ 联合部队指挥员的空中作战方案 |
| ① 获批准的空中作战方案;<br>② 参谋机关的预估分析 | 步骤7:<br>作战计划与命令开发 | 经修改与批准的计划和命令,附合适的附录内容及附件文件等 |

通常可认为,作战筹划是对整个作战行动进行的筹划设计,并是一个不断迭代的作战需求理解与框定有关问题的过程[2],如图3.1所示。

作战筹划是支持各级指挥员及参谋机关运用作战艺术构想,进行作战行动优化的过程。空中作战任务筹划过程形成的重要文件,主要是建立各种任务计划方案,包括初步的任务分配命令,即部队的作战简报;联合部队作战行动具体详细的命令;在联合空中作战计划基础上进行有关专项任务分解,建立空中任务计划、区域防空计划(Area Air Defense Plan, AADP)、空域管制计划、频谱管控计划等内容;在战区指挥员颁发的空中作战指示(Air Operations Directive, AOD)的基础上,统一制定空中任务分配命令或统一的联合作战空中任务分配命令,确定航空兵部队作战的飞行任务计划等。

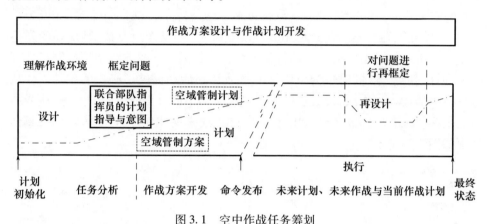

图 3.1 空中作战任务筹划

**1. 作战任务分析**

首先分析作战环境,具体的作战环境对象分析如图 3.2 所示。空中作战任务筹划中,需要弄清楚的两个最核心问题:作战想要达成的战略目标是什么?支持该战略目标达成的军事目标又是什么?简而言之,这些目标是作战筹划的基础和输入。作战筹划中理解与框定作战环境十分重要。具体而言应回答:作战态势是如何发展的?如果不采取行动,未来态势将如何演变?应将作战环境描述成相互交互的大系统,其中空域环境是底层基础支撑要素。

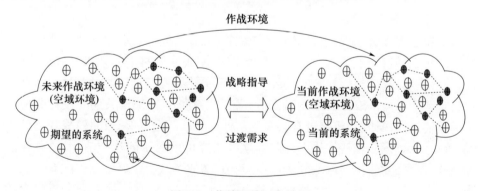

图 3.2 作战环境对象分析

作战筹划中,既要描述作战环境当前状态,也要描述作战结束时作战环境将变成的样子。在这个过程中对空域使用的筹划分析,需理解当前军民航飞行、航路航线及日常的空中交通状态与管制情况,明确如何向战时调整空域使用,为顺利过渡到战时建立哪些响应机制和管制计划方案,为顺利实施空中作战快速开辟空战场等。这里还需理解的是,从平时向战时切换过程中,往往还存在中间的过渡阶段,即我们经常说的"准战时状态",在分析作战环境时可能存在,从危机(准战时状态)向好的方面发展,危机可能快速解除了,此时应在作战环境分析中明确,做好筹划方案。在分析作战环境基础上,开发作战方法,其描述的是达到预期军事最终状态所需采取的行动及兵力。作战方法是各级指挥员制订作战方案和计划的基础,同时也为更详细的作战计划活动提供了必要的条件。作战方法应当描述各种作战目标,这些作战目标有助于通过作战手段的实施,达成战争的最终状态要求。通常可采用努力线、作战线来描述作战方法需求[3-4],具体情况如图 3.3 所示。

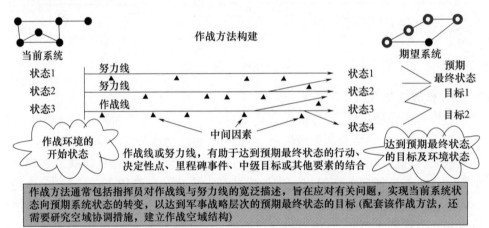

图 3.3 作战方法基本描述

开发作战方法过程中,针对战区空域管制需求,同样可以建立努力线。围绕最终的状态如取得制空权、建立空中禁飞区、实施空中打击的效果,确定作战事件,并形成进程线,分析配套的战区空域管理主体结构、对应的预期目标、最终的管制状态等。当作战方法开发出来后,各级指挥员和参谋机关还要设计相应的作战评估指标,研究分析是否有必要重新框定作战问题,如修改对作战环境的理解、重新认识对手、改变作战方法等。这些指标可以揭示问题的演化,总之作战筹划是一个持续迭代的运筹分析过程,其中,空战场联合空域管制是配套作战方法开发而需重点研究分析的环境对象之一,也是战区联合作战筹划分析包含的重要内容[5]。

**2. 作战方案开发**

作战方案开发,旨在确定"如何"运用战区有关的军兵种参战部队或联合空中、太空与网络空间的作战能力,完成作战任务。简而言之,战区作战方案用来描述:"谁"(Who),即哪些部队、指挥员或其他作战力量参与作战行动;"什么"(What),即将要执行的作战行动的具体类型,执行的具体任务;"何时"(When),即作战行动开始或必须完成与结束的时间;"哪儿"(Where),即在联合作战地域内哪些特定作战区域上实施;"为什么"(Why),即本次作战行动的具体目的与原因,与其他任务的关联性要求;"如何"(How),即运用哪些合适的作战资源,完成本次作战任务采用哪些作战方法等。空中作战方案是联合部队空中指挥员完成作战任务的计划方案,在时间允许情况下,应当开发两套或多套作战方案,每套作战方案均可用于完成规定的作战任务。开发作战方案的具体步骤包括:一是制定方案。①审查任务分析与作战方法中的信息。②确定作战方案开发技术与方式,如同时开发或依次开发、依托的系统平台和标准等。③考虑作战筹划的各个要素。④开发备选作战方案,分析任务数据,制定作战时间基线,按照阶段划分将联合部队空中指挥员指定的任务,转化为基于作战效果的目标,分析期望可得兵力及按照时间段划分的兵力部署数据,开发宽泛的备选作战方案,针对每套作战方案,识别其中作战行动先后顺序,分析作战空域需求及空域协调建议,分阶段识别主要的努力方向及支持性的工作,开发指挥协调关系,将参谋机关集成到作战方案中,配套识别空战场联合空域管制需求。⑤开发初始作战方案的概要及阐述。⑥检验每套作战方案的有效性并推演仿真。二是准备作战方案的阐述、概要及工作组织。三是向联合部队空中指挥员汇报正在研究的作战方案。四是继续展开参谋机关评估过程。五是继续展开横向与纵向的作战方案制定协调工作。其中,作战方案分析十分关键,其可以使各级指挥员做到战前"胸有成竹"乃至"未战先胜"。一般采用红蓝对抗方法,进行作战方案推演评估,在一个持中立的导演组管理下,采用"行动—反应—再行动"的模式逐步展开推演。在作战推演之前还需确定作战方案评估技术标准,这样有利于在作战推演过程中,根据具体标准进行数据分析,记录每套作战方案的优缺点。在推演基础上,形成分析数据结论,开展作战方案评估与优化等[6-7]。作战方案评估标准示例,如图3.4所示。

**3. 计划命令生成**

具体组织实施空中作战,需将批复的作战方案转变成各类作战计划和命令签发至下级指挥员执行。这些计划命令应当具体描述各项作战行动及有关的协调步骤,计划兵力与出动时限、途径作战区域及有关的空域协调措施、火力支援协调措施等[8]。其中,联合部队空中指挥员的作战计划应当是完整的、详细的计划内容,包括各有关的作战概念及所有附录内容,按照时间段划分的兵力与部署数据的细致描述,并明确执行该计划所需的具体部队、支援保障以及相关资源。

完整的作战计划中还应当开发作战命令,详细阐述本次作战目的及下属部队(包括建制内部队与配属部队)的作战任务,以及支持联合部队指挥员的作战任务保障要求等。

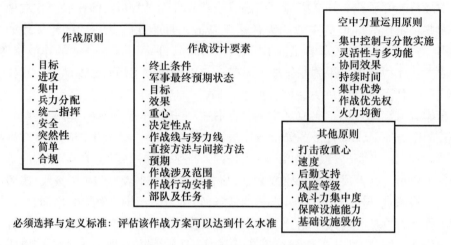

图 3.4　作战方案评估标准示例

制订空中作战计划时,需要规划配置空战场空域,如图 3.5 所示。首先需根据战区空中作战任务需求,明确空战场的边界范围,建立空战场总体功能分区,如侦察预警区、主要作战区、作战策应区及作战支援区等。针对不同功能区的任务要求,进行作战兵力编成与计划任务制订,明确职责分工。不同区域内的空战场管制可以划分为不同的管制分区,但都统一到战区空中作战中心实施联合空域管制。主要作战区及前沿地带的侦察预警区内执行联合空域管制;作战支援区、作战策应区内重点实施战时空中交通管制,并实现空域管制与空中交通管制的有机衔接和集中统一[9]。

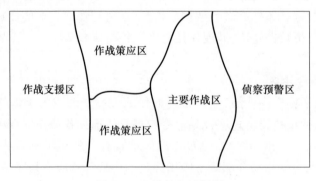

图 3.5　空战场空域规划

# 第3章　空中作战用空管制

空中作战命令主要是空中任务分配命令,配合该命令生成需要制定空域管制指令。空中任务分配命令实现将空中作战计划细化为可操作的具体作战命令,将空中作战任务分配到具体作战部队的详细描述,其内容涵盖空中作战全要素,包括任务时序安排、空域、防空、空中加油计划安排、通信计划、电子战、搜索与救援、对敌防空压制、特殊指令和交战规则等[10]。空中任务分配命令中,空中兵力出动的作战航线及空域使用协同规则,如图3.6所示,它与战区的空战场规划区域及其他军兵种的空域划分使用规则等,通过空域冲突消解程序,化解了相互之间的使用矛盾之后,共同组成了战区的空域管制指令内容。对作战航线和空域划设手段进行归类形成的集合,通常称为空域协调措施,这些措施是标准组件,军兵种部队和指控机构都可识别,知道这些措施对应空域的使用约束及要求,以及启用之后带来的协调效果等,并可以在计算机内管理这些措施,从而生成空战场空域的一张态势图。通过这些措施可为制定空中任务分配命令和空域管制指令提供标准化组件。

| 作战航线: | 起飞机场—出航点—安全通道—转弯点—安全通道—决策点—作战空域—退出点—安全通道—报告点—安全通道—敌我识别点—归航点—降落机场 |
|---|---|
| 协同规则: | 预计起飞时间;途径空域管制联系部门,通信频点;作战空域进入和退出时间;预计降落时间;敌我识别方式等 |

图3.6　空中作战空域使用及规则

根据空中任务分配命令的兵力出动需求,提供空域协调措施,与空中任务分配命令文件一道下发给各有关参战部队执行,或以单独空域管制指令文件下发执行。具体示例如图3.7所示,根据空中作战任务需求,从机场起飞的不同机种,可设置规定大小和具有明确地理标识的编队集结空域,供参与任务作战飞机进行空中集结,形成战斗群。为此,需要针对编队集结空域建立空域协调措施,并向战区有关部门和参战部队发布,防止其他飞机侵入或地面火力干扰空中编队集结。空域管制指令描述了空中任务分配命令的行动空域配置及协调事项,具体是对空中部队出动在己方控制区域内的管制措施、进入敌方控制区域内的管制措施等进行描述,发布各类空域使用限制及进入要求、协调措施、协调途径及联系的指挥与控制节点、紧急情况的应急处置等。

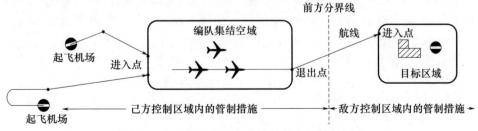

图3.7　空中任务分配命令涉及的空域管制指令

**4. 火力计划制订**

众所周知,空军与陆军作战是伙伴关系,空地一体化作战是常态,制订空军与陆军的联合火力计划十分重要,它是空地一体化作战中经常使用的一类计划方案,并通常以附件形式纳入联合作战计划中,成为联合作战计划的重要组成部分。联合作战中所有可用火力手段,均应配合兵力运用纳入联合火力计划。陆军火力支援军官(Fire Support Officer,FSO)是指挥员的作战火力应用顾问,根据火力运用原则,其将随时了解指挥员火力运用构想,并在作战过程中全程督导火力支援协调中心作业,并就联合火力事宜向指挥员提出专业建议[11]。通常火力支援协调中心开设于陆上部队指控机构附近,或以要素形式编组于陆上部队指控中心,以利于火力计划和作战计划协调与整合。通常火力计划从上至下逐级研拟,并从下至上逐级修订,初步火力计划通常由火力支援军官中经验丰富者研拟。从上至下研拟火力计划能及早形成火力运用构想,有助于在瞬息万变的战场中,短时间内迅速调整形成切实可行的计划,而从下至上逐级修订则是火力计划成功的关键。陆上作战联合火力计划制订如图3.8所示。

对于战区联合作战来说,空中部队具备及时有效的打击火力,且空军是联合空域管制的主导者并实施战区统一管制。但对陆军来说,在特定作战地域内实施空地联合火力打击时,尤其空军提供的近距空中支援时,则由陆军战场指挥员构想火力支援方案,配套建立空域协调措施,由陆上机动部队或相关的指控节点实施作战地域内的空域管制,空中部队遵守作战地域内的空域管制指令和空域协调措施,提供特定的空对地火力支援或打击作战,陆上作战空地联合火力筹划具体步骤如下。

(1) 受领任务。该阶段主要指接收上级指令,阅读并理解指令内涵及授权要求等,并开始进行战场情报准备,包括战场空间界定(24~72h)、作战地域分析、敌方威胁评估及可能行动研判。战场情报准备对火力计划具有重要影响,主要表现在以下两方面:①高价值目标初期由敌方战斗序列决定,经侦察及对敌可能行动研判后加以修订;②敌方可能行动研判中,敌方各部队位置精度将影响作战地域标定,并直接影响联合火力运用规划。

(2) 分析任务。该阶段火力支援军官首先向作战部队下达预备命令,同时明确联合火力计划作业时间节点,预估可获得的火力,包括:①作战中可运用的火力资源种类及数量;②作战中上级可能加强的火力资源种类及数量;③弹药现状与急需获得的弹药种类、数量及运输工具。经过完整任务分析后,完成战场情报准备,掌握可用作战资源、能力与限制。指挥员在任务分析简报中明确本级任务和作战企图等作战指导,供参谋机关枚举行动方案。作战指导是制订火力计划的依据,包括攻击基准即不同的作战情况下,哪些类型目标纳入优先攻击;接战基准即不同的作战情况下,对各类攻击目标投入的火力种类及数量;在各行动方案中,何时何地及如何运用火力等,形成基本的火力支援任务需求,并准备通过战场战术指挥与控制通信网络发布出去。

# 第3章 空中作战用空管制

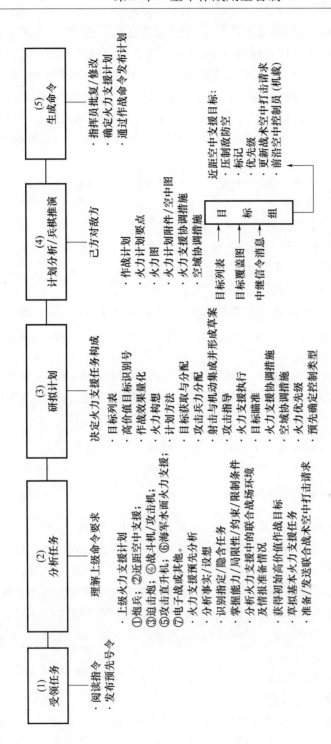

图3.8 陆上作战联合火力计划制订

（3）研拟计划。为求兵力运用与火力运用的密切结合，火力支援军官应与突击/防御部队参谋共同研拟行动方案，并决定是否需要调整作战部队的战斗编组、部署位置及机动变换方案，以达成最佳火力运用效果。主要考虑：当前部队的部署位置能否支持火力计划执行；能否保存战斗力并支持持续作战。在研拟行动方案时，需同空域管制部门沟通，研究相应火力支援协调措施和空域协调措施。研拟的方案内容包括：火力构想；目标列表；高价值目标识别号及瞄准、射击注意事项；各种火力资源的作战优先级等。

（4）计划分析/兵棋推演。行动方案分析与比较是作战决心下达程序中最重要的步骤，兵棋推演是其重要的方法，是火力支援军官在地图上根据指挥员火力运用构想，选择攻击目标并推演火力计划要项，以支持兵力运用计划。通常火力计划要项包括：对高价值目标的打击方法；研拟高价值目标识别号及攻击目标列表，火力运用与兵力运用密切协同策略；研拟火力运用要项表，决定各作战部队的具体任务、部署位置及其他注意事项。

（5）生成命令。比较各行动方案利弊后，指挥员定下作战决心，其中火力运用部分包括火力运用构想、计划射击目标及射击目的、可用火力手段及火力手段分配、目标射击优先顺序、与标准程序不同的准许射击程序、攻击目标列表及高价值目标列表、联合火力支援协调措施、空域协调措施等。在指挥员核准行动方案和遂行作战前，应实施联合火力运用演练，重点检验联合火力计划是否适合兵力运用计划；射击目标、时间排序与弹药需求；射击指挥、可用射击单位及射击时间、射击位置、射击死界等；空中安全走廊、联合火力支援协调措施、空域协调措施等。

### 3.1.2 作战任务进程

联合部队空中指挥员在其参战部队指挥员及各级参谋部门的配合下制订联合空中作战计划，该计划整合了各军兵种的联合空中作战部队行动；确认通过空中作战要实现的预期最终状态目标和作战任务；确认作战胜利的度量标志，确定空中作战所分配的目标；明确当前和潜在敌方的进攻性与防御性行动方案；使空中作战的阶段划分与联合部队指挥员的作战计划或战役计划步调一致，其中空中作战第一阶段一般涉及制空作战，以获取和保持必要的空中优势，从而为完成其他联合作战行动提供支持。

**1. 空战场管制组织架构**

1）典型空战联合空域管制

由于空中行动的动态控制，主要由空中作战中心实施，由此必须将空域管制权赋予空中作战中心，这样才可实现空战指挥和控制与空域协调控制的一体化

## 第3章 空中作战用空管制

进行,同时战区空域联合管制将提供一种切实可行的部队动态行动控制的保障,实现空中作战和地面用空同步一致,而不发生相互间的自扰互扰。联合部队空中指挥员履行对空中作战指挥与控制,并建立作战方案(Couse of Action,COA)与作战命令(Operation Order,OPORD),其类似片断式的空军部队文件,空中作战命令为作战计划人员的工作优先权、作战限制和实施空中任务分配命令发布等提供了指导,实现将联合空中作战计划转变成具体的空中任务分配命令计划和执行的指导。空域管制员要检查空中作战计划,获取空中任务分配命令开发所需的空域需求并集成为战区整体空域概念,了解空域冲突消解的优先级。美军的空中作战指挥与控制的基本架构如图3.9所示[12-13]。

在战区联合作战中心指挥下,空中作战中心作战计划处编配空域管制员,其开发空域管制计划与指令并监督执行;固定部署的控制与报告中心、机载战场指挥与控制中心、机载预警与控制系统向空中部队提供战斗管理,它们具备定位、识别并与其他区域内的飞机进行通信的功能,虽不具体提供空中交通管制服务,但要与空中交通管制系统保持密切协调,共享空域管理。紧急情况下可以委托控制与报告中心、机载预警与控制系统实施空域管制。如为响应直接请求建立限制作战区,控制与报告中心将和陆军空域用户进行直接协调,但正常情况下空域管制由空中作战中心直接负责。控制与报告中心主要负责防御性制空作战,即防空作战和空域管制的分散实施,空中作战中心通常为控制与报告中心划设作战责任区,由它集中实施区域空中防御及空域管制,协助空中进攻作战实施,还可根据区域内的空中支援作战中心的申请,引导空中部队前往特定作战地域进行空中支援。控制与报告中心其下可以设置控制与报告分队,它是一种机动雷达与指挥引导分队,作用是扩展雷达监视的空域覆盖范围,提供早期预警和监视,弥补雷达盲区,对前方作战地域上空的己方飞机实施精确指挥引导。空中支援作战中心是空中作战中心下属指控单元,实现将空军部队集成到陆军陆上作战中,其直接负责支援陆军作战的空军空中部队指挥与控制,它与陆军战术梯队同一地点部署,一般配属于陆军的军一级单位。空中作战支援中心在陆上作战地域的空域管制方面发挥重要作用,执行联合空域管制基本规则和空域协调措施,与陆军空域指挥与控制部门就空域使用进行沟通协调,确保不发生陆上、空中火力自扰互扰和误击误伤。空军派驻陆上机动部队的战术空中控制组直接隶属空中支援作战中心,它的成员主要是空军联络员和联合末端攻击控制员。战术空中控制组是联合空中部队与各级陆上作战单元进行直接联络的主要渠道,就空中支援陆上作战的兵力运用提供意见建议。情况紧急时战术空中控制组可越级直接与陆军空域指挥控制部门和火力支援协调单元进行沟通,消解空地作战火力冲突。

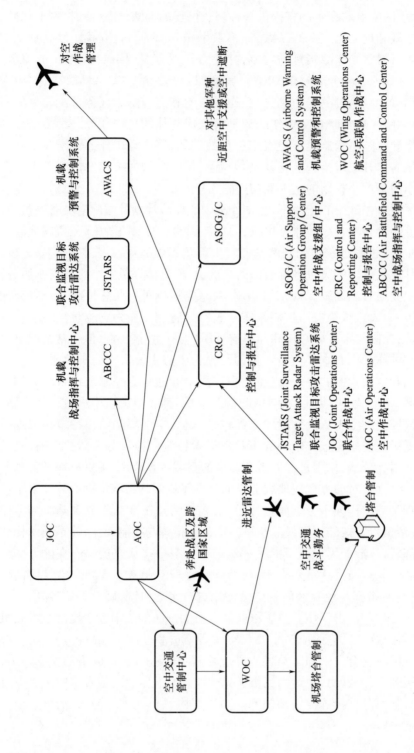

图3.9 美国的空中作战指挥与控制的基本架构

## 第3章　空中作战用空管制

为支持空中机动指挥与控制，还需构建一套机载的空中指挥与控制体系，其作为地面系统向空中的延伸和补充，为空中作战中心提供战斗管理、态势感知及通信支持等。美军机载战场指挥与控制中心安装在EC-130E飞机上，其是空中作战中心和控制与报告中心向空中的拓展，负责地面指挥与控制系统之外的前沿作战地域战斗管理，对执行战术任务的飞机进行指挥引导，协调空中部队支援陆上海上作战。机载战场指挥与控制中心同机载预警与控制系统、联合监视与目标攻击雷达系统串联工作，与机载前沿空中控制员保持密切联系。美空军为对近距空中支援飞机进行指挥引导，还安排了武装观察A-10攻击直升飞机，搭载前沿空中控制员，其是战术空中控制组向空中的延伸，行动受机载战场指挥与控制中心管理，有权指令飞机向某个特定目标实施攻击，还可将前沿战场态势传递给空中作战中心，加强战区对战场一线的实时感知能力。机载预警与控制系统是早期预警、指挥与控制、战斗管理飞机，主要是E-2及E-3系列预警机，能有效拓展地基雷达系统的监视范围，是先期抵达战区的战斗管理系统。联合监视目标攻击雷达系统即E-8飞机，是先进远距空地监视飞机，除探测和监视敌方陆上固定与移动目标，还能探测海面舰艇、巡航导弹、直升机和低空低速飞行的作战飞机，是空中预警重要补充力量，其隶属空中作战中心，并支持与陆军一体化的防空与反导作战，实现空地联合防空行动的协调一致。

在战区空中作战中心统一组织下，空中交通管制中心可以是民航系统或军航系统或军民航联合运行系统，负责战区内外空中交通管制及空中作战跨国家地区的奔袭交通指挥，航空兵联队作战中心统一负责机场塔台、进近雷达管制，实现空中交通管制与战区对空作战管理的衔接和交接。空中作战在空中交通管制和对空作战管理信息体系支撑下，空战场以主动管制为主，只有在信息体系降级或毁伤或出于严格保密要求的特殊情况，才会实施程序管制。

2）空中作战中心典型编成

美空军的空中作战中心是开展联合空中计划、指导与周期滚动作战的核心实施机构，主要由5个部门组成[14-15]，如图3.10所示。空中作战中心编有空域管制组，主要职责是开展空域管制协调，综合战场空域使用和消解矛盾与冲突，该组是一个跨部门的专业团队，在作战计划处和作战行动处都编配人员，其主要人员构成包括空域管制组长、主管及空域管制计划组组长、空域管制行动组组长与技术人员等。

（1）空中作战中心战略处。基于实现联合部队指挥员的作战目标，聚焦于联合空中作战的长期（72h以上）和近期（72h以内）任务筹划（包括战区空域管制方案），同时也负责对作战方案的进展情况进行评估。其主要通过拟制、改进、分发、评估空中指挥员的意图，以支持联合部队指挥员作战目标的实现，并将其最终体现到联合空中作战计划(Joint Air Operation Plan,JAOP)、空中作战指示、作战评估报告(Operational Assessment Report,OAR)等文电当中。战略处分为三个核心职能组:①战略计划组,主要负责长期的计划工作,生成联合空中作战计划内容;②战略指导组,主要负责近期计划工作,生成空中作战指令内容;③作战评估组,主要负责作战方案和空中任务周期全过程的战斗评估工作,生成作战评估报告内容。

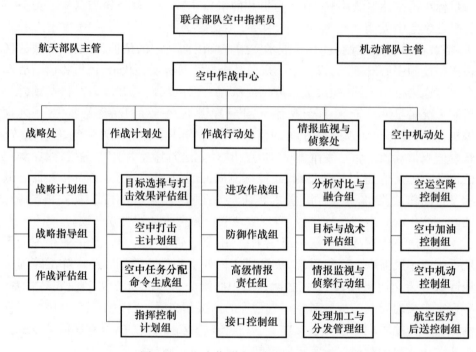

图3.10　空中作战中心部门组成结构

(2) 空中作战中心作战计划处。该处主要负责近期空中作战计划具体制订(空中任务分配命令执行前48h),并形成联合统一排序目标清单(Joint Integrated Prioritized Target List,JIPTL)、空中打击主计划(Master Air Attack Plan,MAAP)、空中任务分配命令、空域管制指令及特殊指令等内容。作战计划处主要分为4个核心职能组:①目标选择与打击效果评估组,主要负责制定空中指挥员目标提名清单和生成目标排序清单;②空中打击主计划组,主要负责生成空中打击主计划,列出打击对象;③空中任务分配命令生成组,主要负责空中任务命令的生成、质量控制与分发;④指挥控制计划组,主要负责制定详细的指挥与控制计划和数据链体系结构,生成与空域管制、区域防空作战计划任务等相关的计划、指令和特殊指令,以及战术数据链协调文电等。

(3) 空中作战中心作战行动处。该处主要负责执行每日空中任务分配命令、空域管制指令(任务当日 24h 内),保持对战场环境持续监视。作战行动处主要分为 4 个核心职能组:①进攻作战组,主要负责执行或调整空中任务分配命令,监视和执行动态/时敏目标选择与打击行动,并提供战场损伤评估和战斗评估等信息;②防御作战组,主要负责执行区域防空反导计划、空中任务分配命令、空域管制指令,并支持动态/时敏目标打击行动等;③高级情报责任组,主要负责提供威胁预警、实时态势、敌方预测性分析、动态目标监视与打击、动态情报侦察监视作战等任务;④接口控制组,主要负责支持和维护联合数据链网络,形成通用战术态势图(Common Tatical Picture,CTP)和通用作战态势图(Common Operational Picture,COP)。

(4) 空中作战中心情报监视与侦察处。该处主要负责为联合空中作战计划制订与实施提供情报支持,具体包括:通过情报分析,描述战斗空间特征,了解并预测敌方的能力和意图;计划与使用情报监视与侦察传感器和平台,并协助实施数据信息搜集行动;开展作战目标遴选,选择目标和确定目标优先顺序,匹配达成预期作战效果的相应行动及动态地提供战斗损伤评估;促进一体化空中作战,为信息化武器系统提供情报任务数据等。情报监视与侦察处主要分为 4 个核心职能组:①分析对比与融合组;②目标与战术评估组;③情报监视与侦察行动组;④处理加工与分发管理组。

(5) 空中作战中心空中机动处。该处主要负责计划、协调、分工与执行战区间和战区内的空中机动、空中交通管制等协调任务,为联合空中作战计划与实施过程提供支援。空中机动处主要分为 4 个核心职能组:①空运空降控制组;②空中加油控制组;③空中机动控制组;④航空医疗后送控制组。

3) 空中作战中心运行结构

空中作战指挥与控制一般采用集中指挥和分散实施方式进行组织,依据战场态势掌握程度,进行任务式指挥或集中式控制。战区空中作战中心对编成内的空中部队进行防空作战、空域管制并辅助开展空中进攻作战[16-17],其基本运行结构如图 3.11 所示。

4) 空中作战中心空域管制任务

空中作战中心最重要的工作是生成空中任务分配命令,完成联合部队空中指挥员对所有飞机的作战任务分配。空中任务分配命令指定了空军部队、下属单位、指挥与控制机构及作战行动等,攻击设定目标及完成的具体任务,还提供了具体指示,包括飞机呼号、目标、控制机构和其他一般性的指示等。空中任务分配命令的生成周期是 24h,空中作战中心总是在执行、规划和生成三个版本的空中任务分配命令(今日、明日与后天)。配套空中任务分配命令的实施,空中作战中心在制订空域管制计划时,会建立战区空域管理总计划或空域管制方案,通过系列空域协调措施,最终将空域转换成战斗空间,并明确整个战区的空中交通规则、空中相遇规则、敌我识别规则等,建立并维护战区的空域结构和作战航线与空域,空域管制员排列组合空域协调措施步骤,并对战斗空间设定飞行规则。空域管制计划提供了经批准的空域协调措施详细具体的信息,伴随每日空中任务分配命令,制定每日空域管制指令,它是对空域管制计划的具体执行,即向指定空域内的所有航空器提供最大灵活性和最大空域使用范围,从而使所有参与联合作战的部队都能高效和安全地完成任务。每日空域管制指令可能类似,但即使最细微的变化也要向飞行员清楚地说明,并要求其在飞行中准确遵循和执行。作战空域具有很大的流动性和动态变化,"伊拉克自由"行动就是很好的例子,当时空域管制指令平均每日生成1200个空域协调措施,并且每天平均变化12次以上。

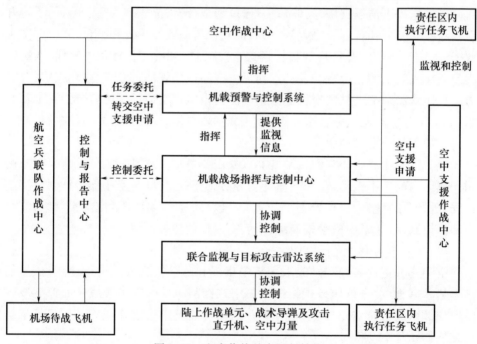

图3.11 空中作战基本运行结构

军民航的通信导航监视和空中交通管理(Communications, Navigation, Surveillance and Air Traffic Management, CNS/ATM)系统,是平时管制使用的一种程序,其设计宗旨是满足国际民航组织不断演化的航空运行规定。该系统目前基于卫星的自动化信息报告,在缺乏雷达覆盖和无法实现主动管制的区域,可明显改善空中交通,如飞越大洋的空中交通管制。在战术层面上,军民航管制系统将接入空中作战中心并建立协调关系,这样它将允许战区以外的作战飞行,基于民航管制系统的衔接过渡,从而顺利实现空中飞行交接和任务执行。航空器一旦穿过战区前沿并进入目标区域,如何维持对这些飞行的主动管制,需要建立新方法。在非战斗区域,主要由空中交通管制系统使用雷达识别或内嵌的广播式自动相关监视(Automatic Dependent Surveillance – Broadcast, ADS – B)功能的敌我识别器实施主动管制。但在战区环境内,使用雷达管制的可能性很小,而且出于保密性考虑,飞机通常关闭敌我识别器的内嵌自动相关监视或二次雷达应答机。这时每日生成的空域管制指令就十分重要了,执行空中任务分配命令的飞机将按照空域管制指令中确定的程序方法,保持好空中间隔和飞行,实施程序管制。虽然程序管制不如主动管制那么有效地使用空域,但能够在复杂战场环境下实现对航空器的管制,提供各种安全保障。

**2. 作战任务周期**

在战区空中作战中心内建立空中任务周期即一套作战过程安排,目的在于对空中部队与部队行动节奏进行控制,该周期分为6个阶段,具体情况如图3.12所示。

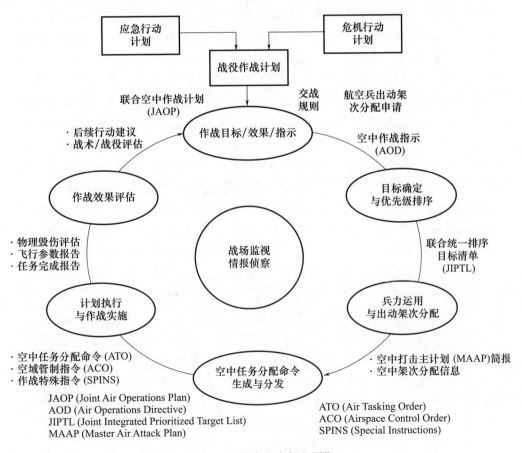

图 3.12　联合空中任务周期

1) 任务周期内容

阶段1:作战目标/效果/指示。本阶段联合部队指挥员向联合部队空中指挥员,提出宏观的作战指导原则、作战目标和作战效果要求,明确战役/作战任务与构想,设置空中作战的优先等级,确定打击目标的优先等级和空中兵力分配决心等。空军参战部队指挥员的参谋人员,根据本级与上级指挥员的作战目标、指导原则和各项要求,综合前期制订并提出的空中作战计划、交战规则、架次分配请求等诸多参考和影响因素,与联合部队空中指挥员一道制定空中作战指示即每日空中作战指导。

阶段2:目标确定与优先级排序。对预打击目标分析研究,通常由情报部门先行开展,由情报人员汇总所有来源的目标情报信息,经分析研究最终形成一个与空中打击任务相关联的目标数据库。本阶段,目标选择人员首先对所有被提名的潜在打击目标进行甄别、关联和筛选,确保目标一旦被攻击,就能创造出满足联合部队指挥员期望的效果,同时也将检验核实目标打击的效能标准(Measure of Effectiveness,MOE);其次,目标选择人员综合考虑联合部队指挥员期望的作战效果、相关作战优先顺序和时间要求等,对筛选确认后的打击目标进行优先等级排序,并经联合部队指挥员批准后形成联合统一排序目标清单。

阶段3:兵力运用与出动架次分配。本阶段工作主要包括:一是形成兵力运用计划。为达成作战效果,目标选择人员会对排序目标的预期打击效果进行量化测算与分析(包括使用致命和非致命武器打击),得出目标打击的武器使用数量及运用计划(主要内容:建议瞄准点、武器系统和弹药、引信、目标识别和特征描述、目标打击目的、目标摧毁概率以及附带损伤考虑等)。二是制订空中打击主计划。空中打击主计划是制定空中任务分配命令的基础,包含空中任务分配命令的关键信息,也称为空中部队运用计划或空中任务分配命令的框架。完整的空中打击主计划将所有可用资源与目标排序清单上的目标相匹配,并充分考虑空中加油需求,对敌防空压制需求及区域防空、情报监视与侦察和其他影响作战计划的因素。三是完成空中架次分配。基于批复的兵力分配决心,作战计划人员将按照武器系统可用类型,为每项具体的空中作战目标/任务,分配飞机出动的架次总数。

阶段4:空中任务分配命令生成与分发。本阶段主要是基于本级与联合部队指挥员指导原则、作战目标、目标排序清单、空中打击主计划,作战计划人员制作生成空中任务分配命令。同步空中任务分配命令生成,完成空域管制和区域防空等配套任务的指令和作战特殊指令等制定。这些命令/指令被及时分发给相关部门和空中任务部队,支持其迅速开展任务规划、作战仿真和部队演练等战前准备。这些空中作战指示、空中任务分配命令、空域管制指令和作战特殊指令,可分别从不同层面为战役和战术级作战提供具体的指导。

阶段5：计划执行与作战实施。在本阶段联合部队空中指挥员，对空中作战可用的航空装备/力量的作战行动进行指导。由于空中作战的战场处于快速动态变化中，作战行动过程中的飞行报告、时敏目标发现、初始战斗损伤评估等，都可能导致对空中任务分配命令的计划调整。为此，在执行命令期间，空军参战部队指挥员及其作战参谋必须针对各种变化做出快速反应，如调整作战行动优先等级、针对已发现的时敏目标和运动目标等，进行重新选择和动态打击等。

阶段6：作战效果评估。本阶段的效果评估分为战术和战役两级，其中战术评估是完成战役评估的基础。战术级作战评估的过程包括：为战斗损伤评估制订预先计划、收集战斗毁损评估和弹药评估所需信息数据，以便迅速提出再次攻击的建议，并快速做出对现行作战行动有影响的决策。战役级评估则运用效能标准，衡量作战行动是否达成本级与联合部队指挥员的作战目标，是否取得预期效果。需特别指出，尽管作战效果评估是空中任务周期的最后阶段，但它实质上贯穿整个周期，要为周期全过程的决策制定与支持以及后续周期提供重要的输入。

2）时间节点要求

世界主要国家军队其空中作战采用72h的空中任务周期，这是个非常标准的业务流程，具体情况及工作阶段内容，如图3.13所示。

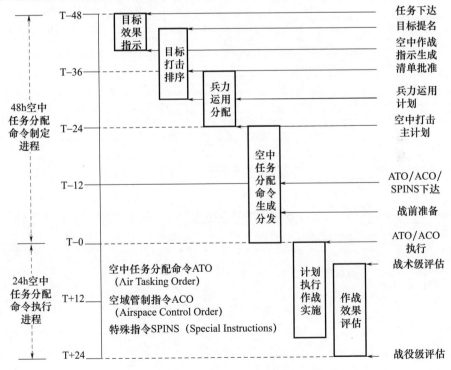

图3.13 联合空中任务时间节点

通常,拟制详细作战计划应在作战行动执行(T-0时)前48h开始,作战目标/效果/指示和目标确定与优先级排序两阶段的工作可并行展开;周期启动12h内,应完成空中作战指示的制定与发布,目标排序清单得到联合部队指挥员批准;周期启动24h内,应完成空中打击主计划制订;周期启动36h内,空中任务分配命令、空域管制指令、作战特殊指令等应下发至相关部门和空中任务部队,确保其有足够的时间开展作战准备;T-0时刻作战行动发起,战术级作战效果评估也随即同步展开;当本轮周期结束时(T+24时),空中作战中心的战略处的作战评估组,将根据收集汇总的战术评估结果及其他相关情报信息,形成并提交战役级作战效果评估报告。

## 3.2 用空管制原理

战区空域典型使用高度示例,如图3.14所示,空战场上由低空到高空充斥大量用空武器系统,现代空战场联合空域管制问题凸显,需要建立一套完善的体系流程和强大的支撑技术系统,才能确保用空秩序与火力打击空域协调有序,这样才能形成真正的多军兵种联合作战能力。

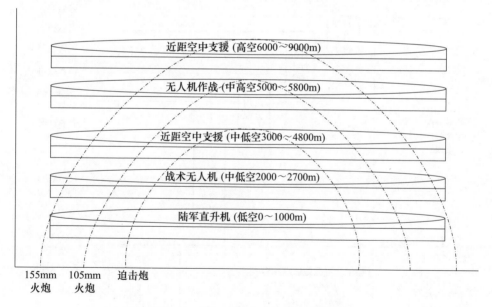

图3.14 战区空域典型使用高度示例

## 3.2.1 空域管制方法

空战场联合空域管制方法,是主动管制和程序管制的组合,提供对空战场空域最大灵活性的管理与控制。其中,主动管制方法依赖于指定空域内的飞行监视、数据链通信、敌我识别等,实现对指定空域提供交通引导与空域告警提醒服务,并由指定空域内具有权限和责任的机构,通过电子信息系统完成。程序管制是一种程序性管制方法,其依赖于预先商定和颁布的各类指令与程序,来确定空域管制的通用标准和规则,这类管制通常由授权的空域管制部门为以下目的颁布指令:消除冲突并激活空中交通管制区域、空域协调措施、火力支援协调措施和防空作战协调措施等,实现对空域的精细管理与使用控制。

**1. 空战场主动管制方法**

图3.15 所示为空战场主动管制原理场景。通过雷达系统、数据链或敌我识别询问装置等,获取空中受控类管制对象(各类有人驾驶作战飞机)的位置和态势,依据空中任务分配命令的兵力出动计划、航线、空域及飞行计划等,实施对飞机的空战场主动管制。利用空地数据链或语音链路,地面管制员可向飞行机组(飞行员)提供空中交通咨询、飞行引导、目标指示和告警服务,引导飞机避开危险区域,协调地空火力,组织飞行避让与空中机动,防止误击误伤。目前,主动管制方法与平时的空中交通管制方法基本类似。但相比平时空中交通管制方法,空战场主动管制是在对抗、复杂电磁环境下实施的,并与空中作战兵力出动的领航引导战术控制相结合。

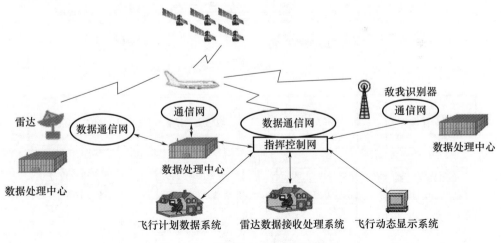

图3.15 空战场主动管制原理场景

主动管制属战术层级的指挥与控制活动,通过汇集各类空管一次/二次雷达、防空雷达、警戒雷达、机动部署雷达、自动相关监视信息及数据链等情报源信息,对接收各种雷达情报进行分类融合处理,实现区域内目标统一标识,提供辅助目标识别。接收来自军航空中交通管制系统的飞行情报和来自民航空中交通管制系统飞行电报,采用以数据中心为核心的飞行情报(飞行电报)管理服务机制,提供飞行情报(飞行电报)分发服务,并对所收集的军民航飞行情报或飞行计划进行统一解算,形成统一的飞行计划数据,并在空中交通显示器上基于生成的作战飞机运动趋势,对航空器进行调配。其主要调整航行诸元,包括高度调整、速度调整和方向调整三种。其中,高度的使用是空中交通活动区别地面交通活动的根本特征,反映了航空器在垂直空间的位置分布和移动特性,是航空器飞行的重要参数;高度也是反应航空器飞行动态的重要指标,是管制员观察、分析的重要对象,还是进行决策和实施指挥的关键参数。

图 3.16 所示为空战场主动管制网络及系统互联情况,通过管制网络实现对空战场空域态势的融合处理,生成战区一张空域态势图和空中目标运动趋势图及飞行计划状态列表信息。在空中交通监视显示器上,通过雷达引导方法的综合运用,改变了传统的交通管制方法,丰富了管制员的调配手段,为航空器配备不同的高度层、建立垂直间隔成为最基本、可靠、有效的间隔航空器和调配飞行冲突的方法。这里不再详细介绍,可参考前期出版的《信息化战争中的航空管制》学术专著[18]。

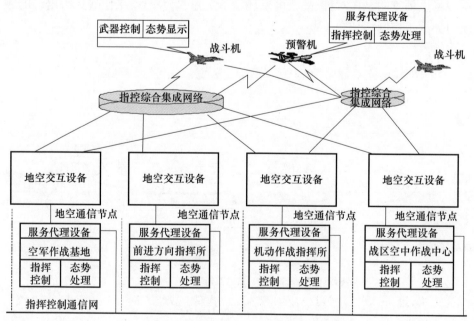

图 3.16 空战场主动管制网络及系统互联情况

**2. 空战场程序管制方法**

程序管制依赖于预先商定和颁布的命令与程序的一种空域管制方法,包括几何空间、使用时间和武器管制状态的动态管理与状态转移,实现对空域使用协同控制。通常情况下主动管制降级或不适用时,如与敌交战区或敌方的空域内,程序管制则是一种随时能提供服务的备用程序方法。通常由授权空域管制部门提供程序管制指令,增加空域用户作战的灵活性。程序管制措施应简单,易供所有部队使用,并能通过空域管制指令和空中任务分配命令或空中作战的特殊指令进行发布,这些指令与命令文件中通常还需要整合旋翼、固定翼、火力及无人机的作战空域。图 3.17 所示为陆上部队作战采用的程序管制方法[19]。

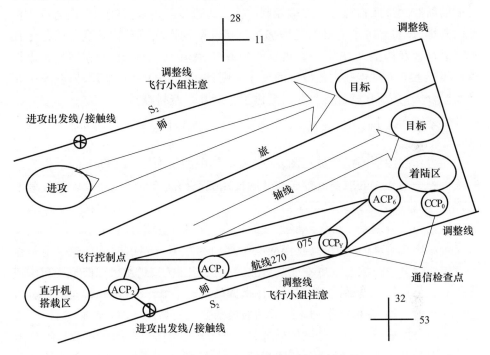

图 3.17　陆上部队作战采用的程序管制方法

为保证战术计划的顺利实施,陆军可制定军种适用的标准化程序管制方法,如空中走廊、进攻轴线、飞行控制点、战斗空域等。空中走廊是为己方飞机的飞行而限定的空中航线,可避免己方部队对己方飞机的射击,空中走廊可用作战斗航空兵分队在前方弹药与燃料补给点、待战空域和战斗空域之间的通道,空中走廊也用于解决炮兵发射阵地与空中交通飞行之间的冲突。进攻轴线是一个全面前进路线,进攻轴线符号可以形象地表明指挥员的意图,如躲避高楼林立区域或未知的敌防空阵地。当进攻轴线用于攻击航空兵作战时,它可提供全面的机动指导，进攻轴线还可细分为多条航路。飞行控制点是一个易于识别的地面位置或电子导航装置点，用于对空中机动过程实施必要的控制，飞行控制点通常设置在每一个飞行航路或空中走廊的方向转折点上，以及任何被认为有必要对行动进行指挥与控制的点，飞行控制点通常在确定固定陆军飞机航线、低空通行航线和最小风险航线时使用。战斗空域是一个指定区域，攻击直升机可在此区域内实施机动并向指定作战区域发射弹药或打击临时目标。开火区域设置在敌人前进路径上，以集中所有武器的火力包围并歼灭敌人。在多个用户同时使用空域的情况下，陆上部队需制订详细计划和空域协调措施，以防止作战空域相互冲突。通信检查点是飞行控制点的一种，它需要各长机将通信检查点报告给执行任务的航空兵部队指挥员或终端控制站。火力进攻阵地是实施战术火力进攻任务的阵地，设置该阵地的目的是增加被支援部队的作战机动性。观察所是士兵观察或指导及调整火力的处所，观察所装备有所需的通信装备，观察所也可以设置在飞机上。通过这些预先设定的程序规则，可防止各类空域使用冲突、空中相撞及联合火力之间的误击误伤等，提供了一套基本控制遵循。

### 3.2.2 空域管制原则

联合作战中依照指挥员意图，一个高度集中的水面、水下、陆上和空中发射的武器弹药与起飞的航空器等必须共同使用战区作战空域。为不影响作战效能发挥，空域管制必须遵循以下原则。

（1）空域管制是一种保障服务性的指挥与控制，空域管制部门没有赞成、反对或否定作战行动的权力，只有作战决策部门和军事行动指挥员有权决定是否采取作战行动。空域管制更不涉及对敌交战权、开火权、武器状态控制权和作战任务的决策权等，空域管制部门只是在指挥员决定采取作战行动后，向指挥员所组织的军事行动，提供能根据作战行动而灵活变化的高效空域管制服务，使军事力量在联合作战行动中充分发挥效能，满足空域使用需求。战区作战行动决策权和空域管制权都集中于联合部队指挥员，依托联合作战指挥与控制系统开展业务工作。

（2）区分参与联合作战的各军兵种空域使用的优先次序。空域管制部门在向各参战部队提供空域服务时，应充分考虑各作战单元的任务性质、机型特点、出返航航线及其他相关因素，在有限的时间内，抓住重点，区分主次缓急，积极协调，科学安排空域用户及调配相关用空行动，及时组织处于次要地位的任务行动进行避让。此时，必须制定出科学合理的空域使用优先安排次序。

（3）在保持各军兵种对空域使用灵活性的同时，使空域使用的通用性最大化。为了解决各空中作战单元对空域的需求量大且时间集中的问题，空域管制部门在配置或协助其他部门划设作战专用空域之外,本着便于战时空域的动态分配和使用,从降低空域管制的复杂性出发,应更加注重空域使用的多重性和通用性,简化空域类型,降低协调复杂度,提高战时空域的利用率。

(4) 调配各作战单元空域使用的矛盾冲突。空战场空域用户密集,航空兵部队之间、航空兵与各类地面部队之间空域使用矛盾最突出。空域管制部门需根据空域用户的需求和任务特点,合理分配空域使用,保持空中作战飞行、作战支援性飞行及地面部队火力的军事效益平衡,确保作战单元顺利达成各自的战斗目的。

(5) 将空中自扰、互扰和相撞事件降到最低。现代空战场上航空器数量多,机型杂,各种飞行活动交织进行,同时地(水)面直瞄火力点、间瞄火力点等星罗棋布,摧毁力大。空域管制部门应全面掌握战区用空行动,了解己方兵力部署和防空火力分布状况,对各类用空行动实施严密监控,并准确识别航空器属性,强化协调工作的有效性,及时做好用空情况通报工作,将误击误伤和相撞事件降至最低。同时,加强与其他军兵种协调,尤其空地协同作战时的空中支援作战、火力支援空域协调等,不仅掌握飞机的飞行计划情况,还需掌握其他火力的作战计划。

(6) 保持管制指挥不间断。现代战场环境恶劣,空域管制系统不仅面临敌人强大的火力"硬摧毁",还会面临敌人的电磁干扰"软杀伤",如果管制自动化系统瘫痪、通信中断、雷达迷盲、导航错位,管制指令传输渠道不畅或对空管制不及时,势必引发空中秩序混乱,造成飞行冲突,直接影响作战整体效能的发挥,甚至影响作战的成败。由此空域管制部门需提高自身的抗毁能力,确保管制指挥的不间断。尤其保持联合部队之间的管制通信网络的畅通性,是实施战区联合空域管制的载体与依托。

### 3.2.3　空域优先等级

通常情况下当多个参战部队需要进入同一空域,执行不同的任务时,空域使用优先级就会变得不清晰。上级指挥员的指挥与控制,通常是根据参战部队行动先后顺序下达命令。然而在实际作战过程中,尤其战场态势的变化,使得难以按照原先计划执行。这时参战部队指挥员经常不遵守行动顺序而实施作战,这些相互矛盾的优先级和需求,往往会导致空域进入混乱。在战斗地带毗邻区域或战区纵深区域,空域管制部门在指挥员授权下行使对空域的管制指挥权,但在战斗地带,空域管制部门一般不对空域进行控制,由参战部队自己掌握空域态势,实施空域协调。具体的空域管制指挥权限与作战控制优先级关系如图3.18所示。

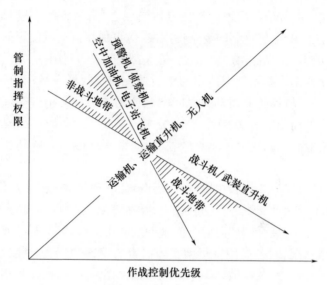

图 3.18　空域管制指挥权限与作战控制优先级关系

**1. 空战场飞行空域调配优先级**

平时的飞行调配是指按照规定,对航空器在横向、纵向、垂直方向上的飞行间隔进行调整,其工作目的是解决飞行冲突,保证飞行安全。飞行调配的基本方法包括垂直间隔调配、纵向间隔调配和横向间隔调配。空战场飞行空域调配是从联合作战大局出发,维护空中秩序,使作战飞行计划、支援保障飞行计划、联合火力计划顺利实施,避免空中相撞或己方火力误击误伤,防止防护能力较弱的航空器遭敌打击,便于己方防空火力消灭敌方空中威胁,分配飞行空域、作战航线、空域使用高度和时间段等,调度军兵种飞行活动,纠正空域使用空间、时间和规则程序上的偏差。其具体可分为计划调配和临机调配。管制员或指挥员依据空域管制指令、任务性质、航空器性能、飞行人员水平及飞行区域的天气地形等,正确选择调配方法,将空中交通空域和作战空域进行整合,充分考虑战区空域结构、进出作战空域及机场的飞行方法等,以及保密、通信、导航、监视和管制自动化系统的保障能力等因素,确保空战场飞行空域得到充分利用。

**2. 联合作战外围区域内空域调配优先级**

战斗地带毗邻区域、作战策应区、作战支援区、战区后方或者后方纵深地带空域调配的一般顺序是:防空作战、战斗飞行;专机飞行;重要任务飞行;紧急转场飞行;综合演练;特殊任务;转场飞行;民航飞行;训练飞行等。需要强调三点:一是防空空域运用,优先于其他任何空中活动;二是正常飞行让执行紧急或者重要任务的航空器、战伤航空器或有故障等异常情况航空器;三是油量多的飞机让油量少的飞机。当上级指挥与控制机构有特殊要求时,调配次序可根据作战任务性质和要求随时变化,以充分保障己方作战任务的顺利实施。

**3. 联合作战主要作战区内空域调配优先级**

主要作战区实际上是战斗地带,其空域管制应当按照下列原则妥善进行调配,序号越小空域运用优先级越高,序号越大空域运用优先级越低。

第一优先级:①参与防空作战任务的航空器和防空兵力,根据空域管制指令,确定航空器与防空兵力的优先级;②为作战部队提供指挥与控制支持的航空器,包括预警指挥机、通信中继飞机与指控飞机、电子战飞机等;③执行专机和重要任务的航空器。

第二优先级:①用于或者直接用于攻击敌方作战飞机和地(水)面导弹、远程火力等,根据空域管制指令,确定航空器、地(水)面导弹、远程火力的空域优先级;②参与作战行动,并进行空中加油、空运、空投(降)、搜索救援活动的航空器;③第一优先级中没有包括的电子战飞机。

第三优先级:①用于支援进攻作战行动的航空器和地(水)面导弹、远程火力打击力量,根据空域管制指令,确定航空器、地(水)面导弹、远程火力的空域优先级;②为支援紧急作战行动进行空中侦察的航空器;③不包括在第二优先级中的参与空中加油、空运、空投(降)、搜索救援活动的航空器;④为支援紧急战斗进行航路航线设施和机场设施检查以及修复的航空器。

第四优先级:①直升机和战术导弹、远程火力,根据空域管制指令,确定直升机、战术导弹及远程火力的空域优先级;②执行军事任务的民用航空器;③用于检查飞行活动的航空器;④已经达成相关国际协议的国外航空器。

第五优先级:①部队指挥员或其代表、联合部队指定的对国家安全至关重要的民间人士,或者对武装部队具有重大影响的人员乘坐的航空器;②为了安全防护而撤离的非军用飞机。

第六优先级:①经允许参与军队紧急行动的民航飞行活动;②与航路航线设施和机场设施相关的检查飞行。

第七优先级:其他作战行动需求。

在战术活动级别上指挥员必须检查潜在冲突,考虑风险:①间瞄火力对空中飞行的影响,主要影响的是无人机、战斗机/固定翼攻击飞机、有人驾驶旋翼飞机、加油机/空运/民航飞机等;②空中飞行相互之间的影响,调配相互之间的飞行计划冲突。

### 3.2.4 管制协同决策

**1. 空域管制军民航协同**

战争期间,战区内的民航机场,直接担负战备飞行保障任务。因此,需要依托军民航平战转换与联合运行机制,加强军民航管制协调,组织召开军民航管制协调会和其他协调会议,传达有关作战政策和规定;明确联合作战统一管制下的军民航工作任务,加强请示报告和飞行情况通报与指挥协调;了解各类飞行计划和用空计划的空域使用、实施方法和时限要求,解决军民航飞行矛盾,防止误击误伤民用航空器;有效组织民航飞行避让,为军事行动的顺利实施提供最大的作战空间,为民用航空飞行提供可靠的安全保证。

**2. 作战空域使用协同**

为提高联合作战打击强度,通常需同一时间、同一空域大量高密度集中使用空地火力。为了适应复杂的空战场环境,要求所有空域使用者,在执行作战任务时,必须熟悉空战场空域态势和周围空域环境,根据作战任务,严格按照既定的突击航线和高度飞行,执行指挥与控制系统发出的指令,紧密沟通,互相协调,为成功实施联合作战行动提供有力保障。

**3. 联合作战空地协同**

为有效夺取制空权,降低误击误伤的风险,达成空地之间作战协同,保障昼、夜间及各种气象条件下军事行动,空域管制部门依据作战计划、战区管制通用程序,对战区空域进行合理分配,规划空中禁区、危险区和限制区,辅助划设防空识别区、空中走廊、巡逻待战区等,明确地面防空武器的攻击地带和高度范围,同时派出机动管制分队随陆上部队行动,综合运用管制手段和方式,及时实施对空管制协调和通报,减少空地之间的矛盾,提高空地作战力量空域使用的灵活性。

**4. 国际空域使用协调**

为解决国际空域使用问题,战前需与所涉及的国家预先进行有关领空及国际航路使用等事宜进行协调,得到这些国家在空域使用上的支持,提供固定穿越航路。例如伊拉克战争中,美军曾出动 B-1、B-2、B-52 轰炸机对巴格达等地进行空袭[20],这些轰炸机主要部署在英国的费尔福德空军基地和印度洋上的迪戈加西亚岛,从英国费尔福德基地起飞的 B-52 飞机,每次均为双机、四机或八机编队飞行 6~7h,跨越欧亚若干个国家进入战区实施轰炸。从印度洋迪戈加西亚岛起飞的飞机,也需飞越印度洋和几个阿拉伯国家,使用和穿越数十条国际航路、限制区。为此战前美国国防部的国际空域使用协调工作组与所涉及国家预先协商,为远程空中火力打击和后勤支援开辟畅通渠道。

## 3.3 管制阶段内容

### 3.3.1 空域管制筹划

联合部队空中指挥员负责解决作战空域内的空域管理、空中交通管制、终端

## 第3章 空中作战用空管制

仪表进近管制、导航设备使用等相关事宜;联合部队海上指挥员负责适用于作战区域内的国际水域上方的舰队空中作战,开展水域上空的空域管制协调事宜;联合部队陆上指挥员负责特定作战地域内、指定协调高度以下的空域管制,开展空地联合火力打击空域协调。其具体内容:就空域、空中交通管制、火力应用与导航方式等事宜,向联合部队指挥员、参战部队、军种与支援部队提供协助。平时和战时空域管制权限与规则适用等级,如图3.19所示。

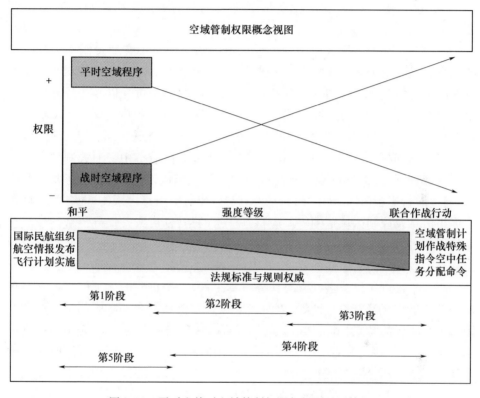

图3.19 平时和战时空域管制权限与规则适用等级

可以看出,随着战争的开启,空域管制从平时转为战时,平时适用的空中交通规则将被战时规则替代。战时更多围绕作战效能和任务实施空域管制,强调效率及可接受的安全风险等级;平时更多强调空中交通安全性。平时与战时空域管制着力点不一样,所以采用的规则和方法也不一样。

从平时转入危机(准战时状态)时期,即第1阶段,它以平时空域程序为主,并加强监视和飞行管制;当战争开启,从平时和准战时状态全面转入战时体制下的空域管制,即第2阶段,此时以战区空域管制计划、空域管制指令、作战特殊指令和空中任务分配命令为基准实施空域管制;当战争进入稳定状态,已取得制空权,空中作战支持后续行动,这时可考虑人道主义需求、国际组织等飞行需求,即进入第3阶段时,可给予民航部分空中交通管制主动性,民航航班可在战区统一管制下实施飞行;当战争进入后期,为战后重建和秩序恢复做准备,即第4阶段,此时可考虑将空中交通管制权从战区逐步移交至民航,逐步恢复常态化的平时空域管理;随着态势发展最后进入完全的战后重建阶段的空域管制,即第5阶段,这时以民航为主实施空中交通管制。这5个阶段,在战区联合部队指挥员主导下,制定空域管制方案并确立每个阶段的目标、步骤及管制策略与具体方法[21]。

联合部队必须与战区所在国家或东道国的民航空中交通管制部门建立协同,定期会议,围绕空战场联合空域管制问题开展有效协商。制定战前空域管制方案应尽可能全面和详细,内容包括从平时到战时的全过程以及作战计划的后续阶段空域管制、应注意的事项等,并将东道国或战区衔接的国际空中交通管制系统,纳入空战场联合空域管制中进行统一筹划,并明确联合部队行动所需的各类空域,并获取空域进入权和建立空域协调措施。民航空中交通管制部门纳入战区空域管制中,重新调整战区空中航路航线,规定应遵循的作战任务指令和要求,通过航行通告(Notice to Airmen,NOTAM)或航空信息出版物,向各类空域用户通报信息及控制区域范围等。应特别注意的是,针对太空反导拦截的作战空域使用,要制定专用的反导作战空域管制方案,建立快速的通报程序,满足反导作战高时效性和高时敏性的要求。

当战争接近尾声或进入常态任务行动之后,一个重要的事项就是建立与东道国的战后空域管制对接计划,以便将空域管制权从联合部队顺利移交给东道国。这个阶段的特点,就是从持续的作战行动转变为稳定的行动,东道国或其他的部队与支援组织,可能申请更多的空域和机场的进入。空域管制这时应明确非联合部队、民用航空器的空域进入标准和协调事项。为减少后期的工作复杂性,联合部队指挥员需要部署开展跨机构的协调,建立具有关键里程碑的空域管制转换方案,各相关方面对该方案进行协调并达成一致意见。

### 3.3.2 管制计划指令

根据危机识别与上级决心,从战前转入作战直前准备阶段及战时状态下,需根据联合作战任务制订空域管制计划指令[22]。进入稳定作战行动之后,空域管制的关键任务是建议、批准、修改和发布空域管制指令,形成空战场空中交通和空域的行为规范。在联合部队指挥员领导下,空域管制部门与参战部队一起制定空域管制指令,并提出推荐的空域协调程序,由联合部队指挥员批准,以及在空域管制指令中予以发布。如得到批准,这些协调措施就通过空域管制指令、空中任务分配命

## 第3章　空中作战用空管制

令或特殊指令向整个联合部队颁布。空战场不断增加的间瞄火力单元,一般难以直接协调控制,空域协调措施是程序性的管制方法,不能阻止这些火力进入空域,这时只有通过火力支援协调措施来限制这些火力的使用。为有效整合火力与空域管制,空域管制部门应确定哪些空域协调措施必须同火力支援协调措施进行集成,哪些活动必须得到空域保护,由此需在空域管制指令制定中进行明确。

**1. 空域管制计划制订考虑因素**

空域管制计划是为作战地域内的空域协调设立的程序和组织方案。为提供有效的程序,空域管制计划和区域防空计划必须与联合部队指挥员的作战计划和命令相统一,并还要考虑到国际或地区空中交通管制程序,这是有效支持空中作战和加强部队任务协调达成指挥员目标的根本要求。在制订空域管制计划时,要综合考虑对作战命令的支撑程度、对东道国和多国的注意事项、对作战变量和任务变量的理解、对军航和民航空域管理能力与程序的熟悉情况、对敌我双方兵力及位置的掌握情况等。空域管制计划中必须明确平时和战时之间有序衔接的方法,指明作战地域内待使用的空域协调措施和火力支援协调措施,以及如何分发和执行这些措施,包括各参战部队特有的作战术语或兵力行动图形示意等。在制订空域管制计划时,还需充分考虑任务时间限制、前期准备、可用的军种部队或职能部队,并要开展作战态势评估。关注点包括战区空域管制与空中交通管制、防空作战协调措施、火力支援协调措施的整合与协调一致。一般由战区联合部队空中指挥员,协同各参战部队指挥员共同制订该计划。空域管制计划还明确联合作战指挥与控制系统,执行空域管制任务的具体平台程序、网络接口及通信频率、空域请求与审批信道等,明确联合部队各级指挥与控制机构承担空域管制的职能,定义相应层级的空域管制部门,概述空域管制过程,以及明确界定委以各部队的职责(授予权力情况),待联合部队指挥员批准之后,就可以向战区各级指控节点和参战部队发布该计划。

**2. 空域管制指令生成与更新**

实际上空域管制计划只是提供了一种一般性的管制原则与方法,需要有关指令进行补充和明确指示要求,这个指令就是空域管制指令,它根据具体的空中任务分配命令中的兵力出动安排和航线设计,制定具体的空域配置方案和使用限制与约束要求,它指定了在规定的时间段内具体贯彻执行的管制程序和规则,提供了得到批准的空域协调措施和火力支援协调措施的细节,它既可作为空中任务分配命令一部分颁发,也可作为单独文件颁发。根据空域管制部门的协同,明确建立军事行动的作战空域规则,并向所有参战部队和指控节点通报生效时间及空域组成,如空域管制指令中可包含对具体空域协调措施和火力支援协调措施(航线、防御地带、协调措施线、空投区、搭载点、受限制区域等)的细节描述、兵力行动空域作业图形及规则描述。空域管制指令典型内容包括简介、空域管制授权、空域管制区、空域活动及空域规则等。

通常情况下,空域管制指令每日发布,内容包括启用或撤销程序管制的措施、更新主动管制的范围、机载应答机模式/编码管理要求,调整不合适的空域管制程序,以及根据空中任务分配命令新建立的各种空域协调措施等。通过空中指挥员授权,将特定的空域管制权下放给参战部队指挥员,此时有关部队指挥员将制定各自受领分区的单独空域管制指令。空域管制指令分发后,自生效时间起开始执行,各指挥与控制节点根据空域管制指令,指导所属部队执行用空规定。

### 3.3.3 空域结构规划

**1. 管制责任区划分**

讨论程序管制和主动管制时需明确空间边界。由于空域是一个空间连续体,但每个战区和每次作战的监视、识别和通信设备的最低性能要求均有所不同,需结合军事和民用航空规定以及联合部队指挥员意图与可接受的安全风险水平等,划分出空域管制责任区域,如图3.20所示。

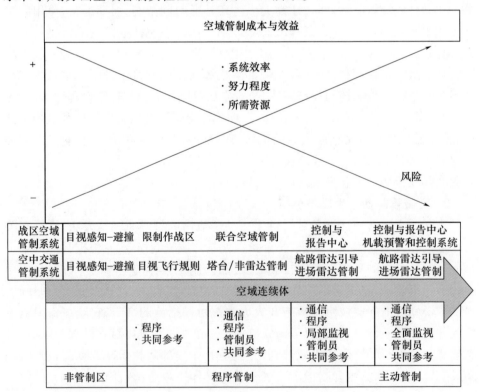

图3.20 空战场联合空域管制责任区划分

空域管制与空中交通管制具有相类似的管制责任区划分,非管制区通常由航空单位或飞行员自主安全负责,采用目视感知-避撞策略。程序管制一般用于限制作战区,或与敌交战区、通信和监视覆盖不完整的区域,它与平时空中交通管制的程序管制有一定区别,平时侧重于对安全间隔的程序性控制,而空域管制则是以防止误击误伤为重点的程序性控制,通常这两种管制对指定空域建立程序性规定、规则和通用性报告要求,有时可在局部具备一定的通信和监视能力下,实施作战用空、空中交通咨询与通告协调。主动管制是在通信和监视全面支撑下,利用联合作战指挥与控制系统,如空中作战中心、控制与报告中心、机载预警和控制系统等,实施对作战飞机的主动管制,类似于平时空中交通管制的机场塔台、进近和航路管制中心的雷达引导与控制。

**2. 空战场空域划设**

作战空域在结构上存在高、中、低、超低空及近海远海的空间布局。空中部队密集程度上有的空域作战兵力兵器众多,有的稀疏;在作战需求上,有的空域用于遂行空中进攻作战,有的用于截击防空作战,有的用于火力摧毁作战,有的用于空运作战物资和空投作战力量;在威胁程度上,有的空域完全在己方控制之下,有的暴露在敌方的火力打击范围之内,且不同的作战空域受到敌威胁的程度处于不断变化之中。空战场空域划设影响因素如图3.21所示。

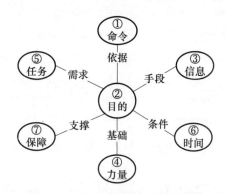

图3.21 空战场空域划设影响因素

(1)命令因素。命令是上级指挥员和指挥机构对作战企图分解,是建立空域管制和划分空战场空域的核心因素要求,决定空域管制部门系统配置、职责、任务、措施和采用的方法及管制行动的展开实施,其对空域调配和整合具有规范性的约束,并对后续的管制计划和管制指令具有指导性的影响。

(2)目的因素。空战场空域规划设计的其他因素,都紧紧围绕着目的因素展开,对空战场空域资源配置起着"龙头"和"牵引作用"。目的要素决定空间、时间、力量、行动等要素的综合运用,必须要采取积极有效的措施,确保目的因素对空战场空域资源配置的主导作用。

（3）信息因素。空域态势信息相当于空域管制部门的"眼睛"和"耳朵"，其为军兵种开展作战筹划提供空域约束条件，更为空战场空域临机调配提供基础支撑，如果没有空中目标的识别与监视、指挥与控制数据、空域申请、空中机动、空域管制部门同空域用户之间通报等信息的探测、接收、分析、处理、整合、分发，那么空战场空域态势难以形成战区一张动态图，空域配置和划分便无处着手。

（4）力量因素。空中、陆上及海上联合火力配置和部署、规模和数量等是实施空战场空域资源配置的重要考虑因素，决定空战场联合空域管制的工作重点，以及管制矛盾发生的可能位置和影响范围。例如战斗机出动架次、批次和使用机场，哪里的地地导弹阵地对敌攻击、攻击波次和导弹发射数量，空战场空域资源使用的矛盾可能是导弹发射地域和弹道恰好穿过战斗机飞行航线，管制的重点是调整战斗机飞行航线或者飞行时间，防止误伤己方飞机。

（5）任务因素。联合空中作战任务分配和目标，直接决定空战场空域配置的内容和重点。例如，空中进攻作战和空中防御作战，空中进攻作战的空中资源主要是轰炸机、歼轰机、空中加油机、预警指挥机、电子战飞机、巡航导弹等进攻作战兵器；空中防御作战的空中资源主要是歼击机、预警指挥机、电子战飞机、战役战术防空导弹及高炮等防御作战兵器。显然由于作战任务的不同，运用的作战力量资源有很大不同，空战场空域配置特点和重点也不同。

（6）时间因素。按照作战过程，时间因素可分为作战准备、战争初期、战争进行中、战争收尾、战后重建、和平时期等阶段。在每一个阶段，敌我双方空中资源的运用都有所不同，甚至有很大的差异，关注的重点也不一样。例如，在作战准备阶段主要是制定空战场空域资源配置方案，为指挥员运用空中资源提供决心资料和建议等，但在战争进行中，双方交战激烈，作战空域内布满了各种各样的武器系统、作战力量和支援保障力量，空战场空域资源配置重点从管制准备到管制实施，从做计划到对空域资源实施管制指挥。

（7）保障因素。空域配置保障包括技术保障（情报、通信、导航等）、后勤保障、人力资源保障和设备保障等。高素质管制队伍通过稳定可靠的技术保障、先进的管制设备和扎实的后勤保障，能够实时感知空域态势，及时调配空域资源，准确实施管制指挥和组织地面保障，为实施空战场空域资源配置提供可靠支撑。

**3. 任务航迹规划**

随着现代航空器的不断发展和战争烈度的不断提高，人工规划的粗糙航迹已难以满足实际应用需求。同时，随着信息获取、传输和处理手段发展，可获得的信息越来越多，越来越逼近实时空战场态势。通过卫星、侦察飞机、探测系统、雷达系统、指挥与控制系统等手段可以得到飞行环境中其他航空器的信息、己方火力运用情况、可能存在敌方威胁和障碍物的确切信息等,如目标位置、高度、速度、敌我双方火力威胁情况(火力类别、阵地位置、覆盖范围、占用高度、发射时间等)、障碍物情况(种类、特点、高度等)。任务航迹规划是在综合考虑航空器到达时间、油耗、威胁以及空域环境等因素的前提下,为航空器规划出最优或满意的飞行路径,以保证完成飞行任务,并安全返回相关作战基地或机场。航迹规划通常与任务规划系统联系在一起,在制定空中任务分配命令时实施并需要得到空域管制的辅助支撑。在任务规划系统中,需考虑飞行任务、地空环境和气象等条件制订任务计划,包括确定航空器执行任务的批次,每次飞行的航空器种类、机型和架数、挂载弹药类型,每架或每一作战单元具体任务对象、达成目标及其往返机场的作战航线等内容。其中确定航空器的作战航线,是任务规划系统支撑完成兵力出动计划制订的主要功能之一。任务航迹规划过程涉及的因素很多,并且这些因素常常相互耦合,改变某一因素往往会引起其他因素变化,因此需综合协调多种因素之间的关系,因任务需要可以对某些因素进行取舍。

任务航迹规划通常需满足一些基本要求:一是需要考虑安全性要求,即在战区环境中需要尽量减少航空器遭受毁伤的可能性,确保航空器安全的方式主要有以下三点:①使航空器远离各种威胁源,包括远离己方和敌方的火力威胁,可建立低风险航线或空中走廊,保证航线飞行安全。②保持航空器与航空器之间的安全间隔,包括航线与航线之间的间隔和同航迹不同高度层配置的航空器之间的间隔。③躲避敌方电子探测,降低飞行高度,利用地形遮挡和地面杂波降低被敌方侦测到的概率。二是需要考虑航空器的物理性能限制,对于高速飞行的航空器,其机动能力受到最大转弯角、最大爬升/俯冲角、最小航迹长度、最低飞行高度及过载等限制,因此在航迹规划时,必须要考虑到航空器的实际性能参数,确保航空器能够完成预定飞行动作。三是需要考虑飞行任务要求,具体飞行任务通常会制约航迹的距离、到达时间、进入目标空域或地域的方向,通常体现在以下三个方面:①航迹距离约束,飞行任务通常要求航空器在某一时刻或之前或之后到达指定作战位置。由于航空器最大、最小飞行速度均有明确的限制,航迹的长度必须不大于某一距离,且航迹距离最终取决于航空器的载油量和耗油率等,对此必须运筹分析,满足要求。②进入方向制约,执行某些任务时,要求航空器从特定的航向接近目标。例如突防作战通常是从敌防空最薄弱的方向接近目标,空投武器弹药必须从己方控制区进入空投区域等。③航迹协同要求,多机种、多机型、多批次航空器联合执行任务是联合作战中经常性事件,航迹协同要考虑多方面的因素,如某任务要求航空器从不同的方向同时到达指定位置,或者要求航空器按同一航迹不同高度梯次到达目标位置,在执行任务中,如果某航空器遇到故障或威胁需要改航,其他航空器必须做相应调整。因此,整个作战单元的预计到达时刻与原定预达时刻并不完全相同,而是在飞行过程中相互协调、影响,综合造就航空器到达给定位置的时间。四是需要考虑实时出动要求。联合作战进程推进,敌我态势和空域环境不断变化,使飞行计划常需临时更改。例如,战斗起飞,出航查找不明空情;又如,执行紧急救援任务等,在这些情况下不可能预先在地面上规划好满足要求的航迹,因此这时的任务航迹规划,必须能够实现对任务航迹进行在线规划和实时更新的能力。

### 3.3.4 作战管制实施

**1. 规划配置战区作战空域,制订战区空域管制计划**

空中作战中心汇集各参战部队空域需求之后,对其兵力行动方案进行归纳,建立战区空域结构图,实施空域使用调配,若发现矛盾则协调各军兵种作战行动的具体空域使用需求,更新生成战区空域结构,制订空域管制计划。根据作战任务需要,一般需在主作战方向和重要目标区划设空中禁区、空中限制区、飞行控制区和空中走廊,划设航空兵进出安全航道及规定各类飞机进出方法。空域管制计划制订流程如图 3.22 所示。

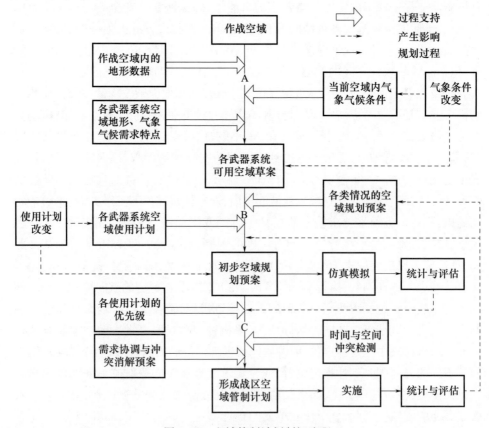

图 3.22　空域管制计划制订流程

# 第3章 空中作战用空管制

根据空中作战计划安排,生成战区空域结构,是空域管制的一项重要内容。其需要根据各军兵种作战特点、武器性能和部署,以及作战样式、作战任务、战场环境、自然条件以及保障能力等情况,解读各参战部队的作战任务及计划方案,协助制定空中任务分配命令,最终形成一张战区的空域态势图。该态势图中的空域边界通常应与联合作战责任区的界线相一致,并立足保证联合作战任务的顺利实施,并使规划的各类空域具有最大的通用性及管理的简捷性,这样既有利于减少飞行冲突,又有利于实施敌我识别。

**2. 根据空中任务分配命令生成空域管制指令**

图3.23所示为空域管制指令生成的工作流程。在战区空域管制计划基础上,细化建立不同时期的空域管制指令,基于空中任务分配命令中的兵力出动计划,编制空域管制指令或飞行计划草案(初始化),根据作战进程推进生成空域管制指令初步预案(精细化)、仿真评估和生成具体的用于调整更新空域管制计划的空域管制指令预案(完善化)等,实现联合作战空域使用的协同安排,为空中作战提供辅助支撑。

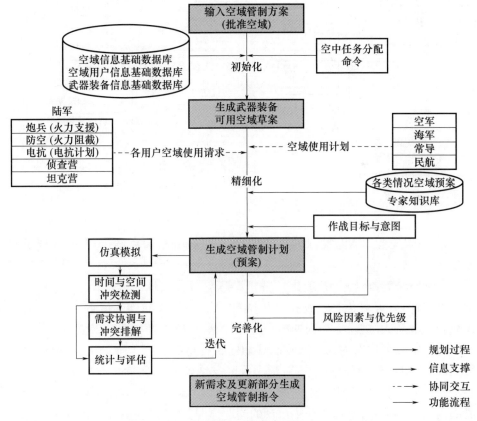

图3.23 空域管制指令生成的工作流程(见彩插)

**3. 根据空中任务分配命令调整及临机协调,优化空域管制计划,更新空域管制指令**

根据作战进程监视作战空域态势并及时发现问题、化解矛盾、更新空域管制计划安排。优化调整空域管制计划主要业务流程包括监控协调空域管制计划执行(持续化)、发现问题更新完善空域管制计划(精细化)、仿真评估和生成有关的空域管制指令(完善化)和选择批准空域管制指令(优选化)等,如图 3.24 所示。

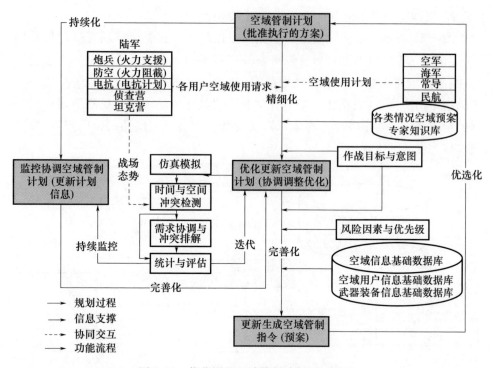

图 3.24 优化调整空域管制计划(见彩插)

**4. 空中任务周期结束,对空域管制计划进行分析和总结,为下一周期做好准备**

整理空域管制计划(条理化)、分析讲解空域管制计划(统计化)、统计对比空域管制计划(经验化)等,查找问题和差距,形成解决问题的措施,为下一阶段作战做好准备,并规避上一周期内出现的问题,具体流程如图 3.25 所示。

对空中任务周期内的空域管制计划的执行情况进行整理分析,形成有关的数据报告;根据整理分析清单,对整个战区空域管制的业务活动进行总结,生成各类统计数据图表;统计对比空域管制计划(经验化),根据计划和实施阶段生成的内部预案信息,统计作战中出现的问题,并与实施的空域管制计划进行对比

## 第3章 空中作战用空管制

分析,总结效能统计指标,更新空域预案专家知识库及管制规则,为下一空中任务周期内的空域管制实施提供支撑。

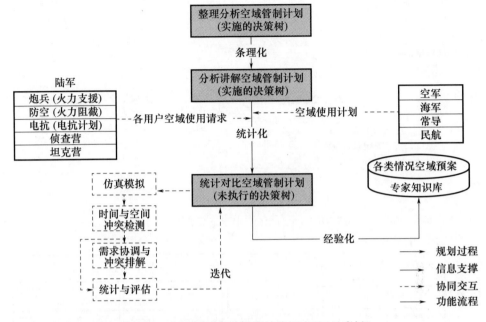

图 3.25 空域管制阶段性总结分析流程(见彩插)

**5. 战争开启之前,组织战区净空与禁航**

净空是指在战区上空某一特殊空间范围,禁止与作战飞行任务无关的一切飞行活动;禁航是指在作战区域上空禁止与作战行动无关的航空器飞行的临时措施。空域管制部门组织净空禁航必须依据空中作战指示和意图,以确保任务飞行的飞机及时升空和安全返航。按照空中作战需求,空域管制部门制定净空及禁航预案,明确战区净空禁航目的、要求、范围、时限、措施等内容。遵照联合部队指挥员下达的命令,对外发布航行通告,按规定的时限和范围组织净空禁航。适时调整/关闭部分航路航线,接管或接替民航空中交通管制,指挥民用航空器避让、备降或返航。通常应在规定的时限和范围内组织净空禁航任务,其流程如图3.26所示。

**6. 作战行动过程之中,参与实施作战协同**

空域管制辅助制定空中任务分配命令,统筹战区航空器/地地导弹、防空导弹、高炮、巡航导弹等作战用空需求。根据各参战部队作战计划,调整空域使用,或者根据空域使用矛盾,协同作战计划,并明确实施作战行动通报的内容、时机、方法和手段等。参与实施作战协同应紧紧围绕联合作战企图,在时间上、空间上

131

和行动上统一调配。空域管制部门之间必须建立协同通报关系,积极做好军种内部协调和军兵种之间协调工作,如图 3.27 所示。

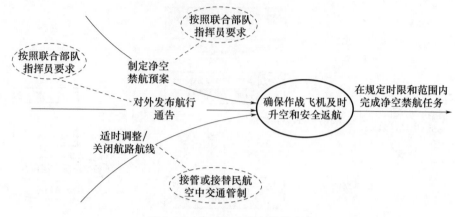

图 3.26 战区空中净空禁航流程

| | | 时间上 | 空间上 | 行动上 |
|---|---|---|---|---|
| 军种内部协调 | | 军民航协调 | 空域用户协调 | 空地协同 | 国际空域协调 |
| | | ①组织召开军民航空域管制协调会和其他协调会,加强请示报告和飞行情况通报;②按照要求执行战区空域管制方案,了解各类飞行计划和对空发射计划的空域使用实施方法和时限要求; | ①要求所有空域用户执行战区空域管制计划,执行作战任务时必须熟悉战场作战空域态势和周围空域环境;②根据作战任务,仔细筹划作战用空和建立空域协调措施,严格按照既定的空域协调措施实施作战活动;③执行空域管制指令并实现各参战部队之间的紧密协调,化解空域使用冲突 | ①对战区空域进行合理配置,建立各种空域协调措施;②明确飞行员执行空中任务分配命令应执行的各类空域管制指令,并建立简单的空地协调用语;③明确防空作战、空域管制的一体化空地集成,并对陆上作战和海上作战的空域进行集成,实现空地协同作战 | ①战前需进行大量的空域协调,将战区涉及周边国家地区的空域进行规则建立、计划协调及信息通报;②涉及盟国与友好国家的空域使用,需制定有关的协议与备忘录;③将空中作战跨国家地区的空中交通管制系统整合起来,实现战区内外空域的衔接与统一 |
| 军兵种之间协调 | | ③按照战区空域管制计划组织民航飞行并防止空中相撞、误击误伤,有效组织飞行避让 | | | |

图 3.27 作战协同主要内容

### 7. 监控空中动态,实施空中临机管制调配

战区航空器类型众多、飞行活动频繁,作战飞行、非作战飞行、地面对空射击活动在有限的时间和空间内相互交错重叠,空中冲突与矛盾突出,空域管制部门要按照各自分工,尽可能采用主动管制方法,基于可靠的监视与识别手段,准确掌握空中飞行动态,及时查证不明空情,确保己方作战飞行任务的顺利完成,具体内容如图 3.28 所示。

# 第 3 章 空中作战用空管制

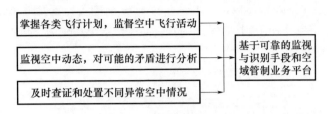

图 3.28 基于主动管制的空中临机调配

掌握各类飞行计划,监督飞行活动,重点监控作战任务飞行动态及重点航线、飞行空域和航段的航空器,密切监视空中动态,消除可能的空中飞行冲突和偏差。对空中飞行矛盾和空域使用矛盾进行综合分析,按照预先确定的空域管制调配原则,实施空中调配。密切开展军民航协同配合,防止民用航空器误入战区空域,并防止空中相撞和误击误伤。同时战场情况多变,需及时查证和处置不明异常空情,辅助空中目标识别,防止敌空中偷袭等。

## 3.4 空域协调措施

空域协调措施是空战场空域类型库与规则库的集成,其提供了一套空域组件,用于快速制定空中任务分配命令及军兵种之间、军种内部作战的空域协调方法。本节将重点总结外军常用的空域协调措施和方法[23-25],对其特点及使用规则进行简单介绍,供国内该领域研究参考。

### 3.4.1 交通协调

**1. 空中走廊**

空中走廊(Air Corridors)是专用于航空器飞行的双向或限制性航线,其种类和协调方法如表 3.2 所列。

表 3.2 空中走廊协调方法

| 序号 | 协调措施 | 协调方法 |
|---|---|---|
| 1 | 空域协调措施——空中走廊 | 最小风险航线 |
| 2 | | 临时性最小风险航线 |
| 3 | | 交通走廊 |
| 4 | | 交通航线 |
| 5 | | 低空航线 |
| 6 | | 特殊走廊 |
| 7 | | 标准陆军航空器航线 |

空中走廊空间物理结构如图 3.29 所示,建立空中飞行安全通道,设定进入条件和有关周边空域使用限制,确保己方航空器飞行安全及战场空间可靠进出等。

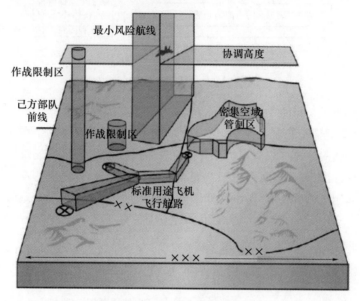

图 3.29　空中走廊空间物理结构

（1）最小风险航线。它是有边界的临时走廊,适用于高速固定翼航空器以最小已知风险低空穿过战斗地带。使用对象包括己方或友方的固定翼航空器,由空域管制部门设置,最小风险航线是根据已知的威胁建立的。其目的是用于穿越己方或友方部队行动的前沿线,近距空中支援航空器在目标地域附近通常不使用最小风险航线。如图 3.30 所示,最小风险航线是穿越己方部队前沿的一种空域协调措施,设置最小风险航线要考虑敌方的威胁、己方部队的作战行动、已知的火力支援区的位置及地形条件等。

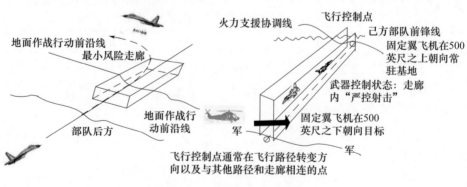

图 3.30　最小风险航线示意

## 第3章 空中作战用空管制

(2) 临时性最小风险航线。为地面行动提供直接支援时,在运输航线或前沿地域后方边界与其作战地域之间,建立的一种临时的有边界的空中交通航线。其目的是为直接支援地面作战的航空器提供临时性最小风险航线。划设使用对象是己方或友方航空器。由空域管制部门建立,对于短期任务需要激活临时性最小风险航线时,其边界可能不在当前的空域管制指令中。

(3) 交通走廊。在后方区域预先建立的双向走廊,己方航空器将以最小风险,穿越有关的防空作战区域。其目的是保障己方或友方航空器以最小风险穿越己方防空火力,划设使用对象是己方或友方航空器。由空域管制部门建立,预先计划的运输走廊,将在空域管制计划中发布,包括它们的水平和垂直边界,通常不提供空中交通管制服务。

(4) 交通航线。交通航线是指在前沿地域内建立的有边界的临时空中走廊。其目的是保障己方或友方航空器以最小误击误伤风险,通过前沿地域的己方防空区域。划设使用对象是己方或友方的航空器。由空中作战中心与下属指控节点协调设立。运输航线可单独建立,或与运输走廊共同建立。建立运输航线,应指定水平或垂直边界。激活运输航线时,要向空域管制部门提出申请并得到批准。

(5) 低空航线。低空航线是指在前沿地域内建立的有边界的临时空中走廊,是一种双向航线。其目的是保障己方或友方航空器,以最小误击误伤风险通过前沿地域上方低空区域。划设使用对象是己方或友方航空器。由空域管制部门设置,建立时应当避开武器自由射击区和基地防御区。

(6) 特殊走廊。特殊走廊是指为满足特定用空武器作战需要,可预先建立空中走廊。其目的是用于无人机系统、战术导弹系统、多管发射火箭系统和巡航导弹系统等程序化空域协调措施。由空域管制部门设置,建立特殊走廊应指定标识或指示符、水平垂直边界、激活周期和用户对象。

(7) 标准陆军航空器航线。其通常是指位于陆军部队旅作战地域的后部,建立在协调高度(Coordinating Altitude, CA)之下的航线,用于陆军指挥员进行战斗支援和战斗勤务,支援空中机动飞行的空域措施,如图3.31所示。划设使用对象是己方或友方航空器。如果该航线高度等于协调高度或其之下,由于协调高度之下空域主要由陆军部队负责管制,对此该航线由建立者负责管理。若未建立协调高度,则由空域管制部门在合适的陆军部队指挥员请求下,建立一个空中走廊。若在协调高度以上则由空域管制部门设置,并主要由战区空中作战中心负责管理。

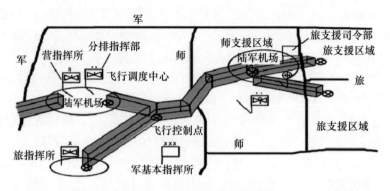

图 3.31　标准陆军航空器航线

**2. 空域管制区**

隔离措施是由指挥员建立用于保护己方或友方部队的一种措施,其种类及方法如表 3.3 所列。

表 3.3　空域管制协调方法

| 序号 | 协调措施 | 协调方法 |
| --- | --- | --- |
| 1 | 空域协调措施——隔离 | 协调高度 |
| 2 | | 协调高度层 |
| 3 | | 高密度空域管制区 |
| 4 | | 禁飞区 |

（1）协调高度。协调高度是用高度来区分不同用户空域使用,并作为不同空域管制部门职责区分的一种空域协调措施。其目的是区分空域管制边界,区分不同空域管制部门职责范围。通常由战区联合部队指挥员设立协调高度,主要用于空军和陆军部队的空域协调,协调高度以下空域可由陆军的空域指挥与控制体系进行管制,协调高度以上空域由空军部队的空域管制部门或空中作战中心直接进行管制。协调高度在空域管制计划中确定,用于使固定翼飞机和旋翼机保持相应的作战区域,由制定指控节点负责管制,如图 3.32 所示。当固定翼飞机或旋翼机穿越协调高度时,应当向负责该地域管制的相关空域管制部门报告。在攻击或接近敌地面部队的情况下,航空器高度不受协调高度限制。

使用对象是空域用户和空域管制部门。由防空部队、陆军航空兵指挥员或下级空域管制部门申请,由战区空中作战中心的空域管制部门建立。当穿越协调高度或通过协调高度射击时,所有的空域使用者应与适当的空域管制部门进行协调。协调高度可在空域管制部门之间进行转换,它不应视为参战部队间的分界线。协调高度不指定"陆军"空域或"联合部队下属空军部队"空域,所有的空域都属于联合部队指挥员管理。如果某个陆军部队被空域管制部门,赋予管理协调高度以下空域任务,那么该陆军部队有责任根据联合部队指挥员指定空域使用优先等级和有关规则控制该空域,正如某个联合部队下属空军部队受领协调高度以上空域管制的任务一样,必须按照联合部队指挥员要求来管理空域。

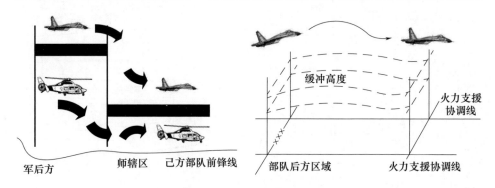

图 3.32 协调高度使用示意

(2) 协调高度层。协调高度层是在固定翼航空器不常飞行的高度以下确定的高度层,该高度层以下空域主要用于直升机此类的旋转翼航空器飞行。其目的是提供固定翼和旋转翼航空器的垂直间隔。使用对象是固定翼和旋转翼航空器。由防空部队、陆军航空兵或下级空域管制部门申请,由战区空中作战中心空域管制部门建立。建立协调高度层,应指明高度层信息并特别指明是参考性的还是强制性的。

(3) 高密度空域管制区。它是大量、多种武器及空域用户集中作战使用的空域,并对此建立特定的空域管制,由指定的指控节点负责管制。其目的是可以让陆军和海军特遣部队指挥员,限制其他空域用户使用与当前作战行动无关的空域。限制空域使用,是因为要保证大量密集火力支援地面行动。通过这样的空中交通协同,可有效地防止并减少在高密度空域管制区内飞行。高密度空域管制区,由地面参战部队或两栖作战部队提出空域请求,用以支援确切的并且通常是持续时间短的地面联合作战行动。陆军的师和军参谋部门的指挥所、两栖特遣部队指控节点,一般都有能力控制一个高密度空域管制区。防空部队和陆军航空兵,也可以在有限时间内控制一个高密度空域管制区。

高密度空域管制区内存在各种各样的航空器和武器系统,管制区相关信息必须纳入空中任务分配命令和空域管制指令之中,如图 3.33 所示。划设高密度空域管制区应当考虑以下几个方面:航空器进出高密度空域管制区的快捷飞行程序;在高密度空域管制区内及其临界区,需协调火力支援、防空武器控制命令或状态;在高密度空域管制区内及其临界区,需严密监视敌方部队移动位置;建立进出高密度空域管制区和目标区的最小风险航线,必要时还需提供空中交通咨询服务。在仪表飞行条件下,还必须考虑空中交通管制的程序和规定等。

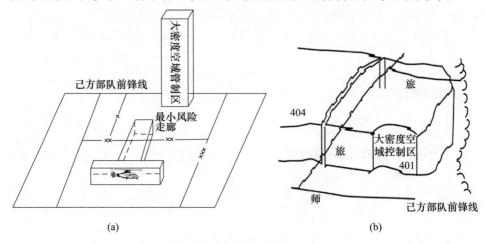

图 3.33　高密度空域管制区示意

(4)禁飞区。禁飞区是为特殊目的划设的指定范围空域,除得到指挥员或指控机构的特别授权,航空器不允许在此空间内飞行。禁飞区程序用于强制实施对外发布的禁止飞行区域规则,因为禁飞区会影响空中作战,禁飞区的使用必须权衡指挥员的各种需求。使用对象是区域内所有的参战部队。

**3. 空中参考措施**

空中参考措施是预先建立的,用于标识指挥与控制的地点或者空域体,航空器不需要协调即可经过或穿过该点或区域,其协调方法如表 3.4 所列。

表 3.4　空中参考措施协调方法

| 序号 | 协调措施 | 协调方法 |
| --- | --- | --- |
| 1 | 空中参考措施 | 缓冲区 |
| 2 |  | 定位参考点 |

(1)缓冲区。缓冲区是指专门为各种空域协调措施之间,提供缓冲的区域。缓冲区为各种空域协调措施之间,提供最小安全空域。使用对象为所有空域协调措施。由空域管制部门在制订空域管制计划、空域管制指令时建立。

(2)定位参考点。定位参考点是预先建立的参考点,以该点为参考确定目标的位置。定位参考点一般在制空作战时使用,常用于掌握锁定为目标和未锁定为目标的空中威胁,以及通报目标位置方位的一种协调措施。一般情况下,战区只需要设置一些定位参考点来作为基准点,以确定其他位置点的有效性及空间位置方位。定位参考点并不是要提供详细的目标指示,而只是一般性的位置参考信息，主要供联合部队下属的空军参战部队指挥员参考。当联合部队下属的空军参战部队指挥员和航空器，共同使用定位参考点作为参考时，空域管制部门应予以标记和信息发布。

### 3.4.2 作战协调

**1. 防空协调措施**

防空协调措施是区域防空指挥员计划、协调和使用的位置标识区，以提升识别、探测和跟踪敌方空中威胁与导弹威胁，实施防空作战而设立的协调措施。防空协调措施方法如表3.5所列。

表3.5 防空协调措施方法

| 序号 | 协调措施 | 协调方法 |
|---|---|---|
| 1 | 空中防御措施 | 联合交战区 |
| 2 | | 战斗机交战区 |
| 3 | | 防空导弹交战区 |
| 4 | | 防空导弹低空交战区 |
| 5 | | 近程防空交战区 |
| 6 | | 防空导弹攻击区 |
| 7 | | 安全航道 |
| 8 | | 防空武器自由交火区 |
| 9 | | 防空作战行动协调区 |
| 10 | | 基地防御区 |

对防空作战行动来说，需要进行空域协调措施优化，以减少对高效作战行动的限制，并可降低误击误伤的概率，如图3.34所示。

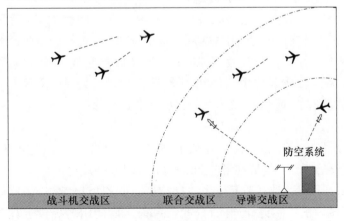

图3.34 联合防空作战示意

(1) 联合交战区。在防空作战中规定有范围的空域,多个防空系统(地对空导弹和航空器)在此间同时用于打击空中威胁。联合交战区是防空反导作战中使用的一种武器开火区,联合交战区可以根据任务计划用途,为空域使用者提供一个空间位置区域,注明该区域内的作战活动要素和用途。联合交战区的作战行动涉及运用和整合多个防空系统,目的是同时打击作战区域内的敌目标。联合交战区内的敌目标,可以根据己方武器系统的性能进行打击排序,如可指定战斗机主要打击敌机,与此同时指定防空导弹主要拦截同一区域内敌导弹威胁。但成功的联合交战区取决于主动识别己方、中立方和敌方航空器。联合交战区内的主动管制,可确保根据全面态势感知,实时分配打击任务;但在程序管制下,所有的防空系统在实施全面的联合交战行动之前,必须能够在高度复杂环境中,精确辨明敌方、中立方和己方航空器。如果不能满足这些条件,应为防空导弹和战斗机交战划分独立的作战区域。联合交战区行动,需要有高效的指挥与控制,在海上作战期间,通常在联合交战区内使用主动管制。使用对象是己方空军航空器、海军航空器和防空导弹等。由防空部队申请,区域防空指挥员负责建立。

(2) 战斗机交战区。陆上与海上防空区域,有效的战斗机交战区域行动,主要依赖空域管制系统的灵活性,联合部队指挥员能使用战斗机快速应对,处置任何位置的敌方空中威胁。战斗机交战区和防空导弹交战区,使敌方面临两种不同类型的武器系统攻击,大大降低敌方生存概率。空域管制对战斗机作战行动不应过于限制。

(3) 防空导弹交战区。在防空中规定有范围的空域,通常运用地空导弹进行交战的区域,打击空中威胁目标。防空导弹交战区通常用于防空反导作战,使用对象是远程地空导弹,未经批准,禁止任何己方航空器在此区域内飞行。由防空部队申请,区域防空指挥员负责建立。

(4) 防空导弹低空交战区。在防空中规定有范围的空域,通常使用近程地空导弹,在该交战区打击空中威胁。防空导弹低空交战区通常用在末端防空反导作战中。针对任务计划要求,防空导弹低空交战区为空域使用者提供了地空导弹系统交战区位置。使用对象是近程地空导弹,未经批准,禁止任何己方航空器在此区域内飞行。由防空部队申请,区域防空指挥员负责建立。

(5) 近程防空交战区。防空作战中规定有范围的空域,由近程防空武器(如高炮或弹炮结合系统)负责在此空间内打击空中威胁,它可建立在远程或中近程防空导弹交战区范围内。近程防空交战区,通常是针对高价值设施而设立的局部防空区域。出于制订计划的目的,它可为空域使用者提供近程防空系统的交战区位置。近程防空通常隶属陆军野战防空,其交战区可能无法实施集中管制。使用对象是近程防空武器,未经批准,禁止己方航空器在该区域内飞行。由防空部队申请,区域防空指挥员负责建立。

(6) 防空导弹攻击区。战术指挥员在战术指挥中,指定的一个 10°或者更大的以目标方位角为中心线的扇形区域,延展到地空导弹最大射程。其目的是指定防空导弹的攻击区。使用对象是地空导弹。由区域防空指挥员负责建立。

(7) 安全航道。在防空作战区域内,设置一条连接空军基地、陆军基地,或基地防御区到临近航路或走廊的双向飞行航道,该航道也可被用于连接临近的被激活航路或走廊。其目的是用于保证己方航空器在防空导弹交战区内飞行的安全。适用对象是己方空军、海军和陆军航空器。由区域防空指挥员建立,建立时指定安全航道宽度和空间位置范围。

(8) 防空武器自由交火区。防空武器自由交火区是指为保护除空军基地的关键设施而设立的一种防空区,武器系统可以在此区域对任何未被主动识别为己方的目标进行射击。防空武器自由交火区也是一种许可性的临时空域限制,通常针对高价值设施的防御,在此区域内对指挥与控制权限的约束有限。出于制订计划的目的,该区域可以为空域使用者提供武器自由射击的位置。区域防空指挥员负责明确武器交火状况。适用对象为敌方航空器。由防空部队申请,区域防空指挥员负责建立。

(9) 防空作战行动协调区。建立一个协调区域,在该区域内需要基于防空作战任务进行有关方协调。对急迫和紧急作战,在该区域内空域管制部门可授权不遵循既定的空域管制程序。但空域管制部门在授权之前,必须告知所有受影响的防空部队和空域用户。当形势需要快速部署和使用部队时,并且尚未批准或建立空域协调措施时,可建立一个临时的空域管制系统,负责临时的防空作战空域管制。当联合部队指挥员将电子战和压制敌防空系统的作战计划集成进来时,可建立一个电子战协调单元来实施该区域的行动协调。电子战的恰当集成,可防止空域管制能力降低,确保主动管制有效。电子战集成失败,可能会降低空域管制系统效率,降低主动管制功能实现,降低识别飞机能力,加重对程序管制依赖。因此,需要充分的计划,防止电子战对己方防空系统、空域管制系统作战能力的影响。

(10) 基地防御区。建立在空军、陆军作战基地或机场周围的防御区域,限定为作战基地提供保护的近程防空武器系统火力范围。基地防御区会确定特殊的进出航线和敌我识别程序,如图 3.35 所示。

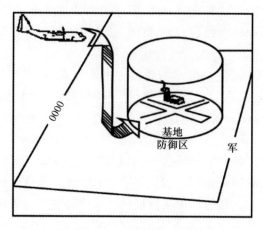

图 3.35 基地防御区示意

**2. 机动控制措施**

机动控制措施是由受援/支援的指挥员在地面上建立的责任线,以支援己方部队的行军和机动行动。陆军、海军和两栖部队指挥员,使用机动控制措施定义责任线,以支援己方部队行军和机动,其协调方法如表 3.6 所列。

表 3.6 机动控制措施协调方法

| 序号 | 协调措施 | 协调方法 |
|---|---|---|
| 1 | 机动控制措施 | 分界线 |
| 2 | | 己方部队前沿线 |
| 3 | | 联合作战地域 |
| 4 | | 联合特种作战地域 |

（1）分界线。分界线是描述地面区域的控制线,用于方便友邻部队、编队或作战地域之间的协调和冲突消解。在地面战斗中,分界线是规定友邻部队或编队责任区的一种控制线。分界线明确标明作战单位的作战地域,在各自分界线之内,除非特别限制,作战单元可以不需要和相邻部队协调,执行火力打击和机动任务。适用对象为陆上作战部队,任何一个指派了作战地域的指挥员,都可为下属作战单位建立分界线,该分界线将被所有参战部队所认可。

（2）己方部队前沿线。该控制线标明在特定作战时间段,己方部队最前沿的位置。己方部队前沿线,通常包含隐蔽行进部队的前沿位置。在己方部队前沿线和火力支援协调线之间的作战区域,通常是己方地面火力近期的预计机动位置,同时也是空中支援作战中心执行联合空中遮断作战的位置,如图 3.36 所示。在陆上作战中,指挥员和友邻部队联络,主要根据明显的己方部队前沿线及沿着线进行作战活动,进行协调和通报。适用对象为己方部队,由联合部队指挥员建立。

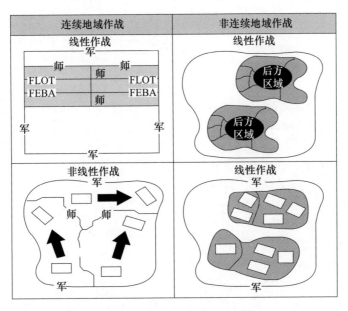

图 3.36　己方部队前沿线示意

（3）联合作战地域。联合作战地域由战区联合部队指挥员,或下属部队指挥员,划定的陆上、海上和空中的作战区域,联合部队指挥员在此作战空间内,实施军事行动以完成具体的作战任务。联合作战地域通常用于作战部队之间进行任务协调和冲突消解,并能够降低对友邻部队的误击误伤风险。适用对象为区域内的联合部队(通常是联合特遣部队)。由联合部队指挥员负责建立,空域管制部门负责发布。联合部队指挥员通常负责一个联合作战地域。联合作战地域内外所有空域使用者保持密切联络和协调,并将及时准确的信息传输给空域管制部门。有效的联络和协调直接影响战役或战术行动的顺利进行。联合作战地域是战场作战区的一种,实际上战场作战区是一种为军事作战实施划分的功能区域,包括但不限于责任区、交战区、作战区域、联合作战地域、两栖目标地域、联合特种作战地域,如图 3.37 所示。

（4）联合特种作战地域。由联合部队指挥员,指派给联合特种作战指挥员进行特种作战活动的一个陆上、海上或空中区域。联合特种作战地域,通常用于特种作战部队和常规部队进行任务协调与冲突消解,能够降低对己方部队误击误伤风险。适用对象是联合特种作战部队。联合特种作战地域,通常建立在陆上和海上参战部队指挥员的作战地域内,可建立作战地域使用的空间和时间限制,并为加快特种作战节奏提供支持。

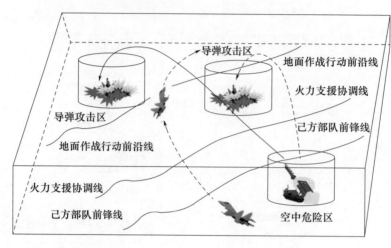

图 3.37 联合作战地域示意

### 3. 限制作战措施

限制作战措施是联合空域协调措施的一种。限制作战空域是为特定行动保留的空域,在此区域内一个或多个空域使用者的作战行动将受到限制,其协调方法如表 3.7 所列。

表 3.7 限制作战措施协调方法

| 序号 | 协调措施 | 协调方法 |
| --- | --- | --- |
| 1 | 限制作战措施 | 机载指挥与控制区 |
| 2 | | 限制作战区 |
| 3 | | 近距空中支援待战地域 |
| 4 | | 空中战斗巡逻区 |
| 5 | | 空投区 |
| 6 | | 电子战区域 |
| 7 | | 着陆区 |
| 8 | | 搭载区 |
| 9 | | 侦察区 |
| 10 | | 特种作战区域 |

(1) 机载指挥与控制区。它是专门为实施战场指挥与控制的航空器设置的专用空域。其目的是用于实施战场指挥和控制。适用对象为作战指挥航空器和陆军战场指挥飞机。

(2) 限制作战区。该区是为满足特殊作战态势或需求而确立的有限空域,在该空域内,一个或多个用户的行动也受到限制,如图3.38所示。设置限制作战区域的目的,是通过限制飞机进入指定地面区域或空域来帮助减少其与地面进攻之间的冲突,避免重复行动及误伤。典型的使用是限制飞机在战术导弹系统发射区域和目标区域、无人机发射和回收区域上空,或者空降空投区域进行活动。

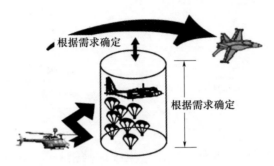

图3.38 限制作战区示意

(3)近距空中支援待战地域。它是为紧靠己方部队的旋转翼和固定翼航空器指定的盘旋待战区域。其目的是,近距空中支援空域可以作为非正式的空域协调区,为等待目标或任务的直升机或固定翼飞机提供一个盘旋的区域。发挥近距空中支援进攻和防御战术优势,提升近距空中支援战术摧毁、破坏、压制、打击、延迟敌方部队的作战效能。适用对象为武装直升机或对地攻击机。

(4)空中战斗巡逻区。空中战斗巡逻区是为支援空中作战,而实施的空中反击作战活动区。它是在目标地域、受保护部队、战斗空域等关键地域,或防空区域内提供的航空器巡逻区域。空中战斗巡逻区的目的是在敌机抵达目标前,进行拦截或摧毁。适用对象为执行空中战斗巡逻的己方制空战斗机。

(5)空投区。空投区是用于空投空降部队、装备或补给品的特定区域。空投区的主要优势,在于不能建立着陆区或机场时,或者着陆区或机场的使用花费巨大或存在时间限制、安全风险、政治敏感和地形障碍时,使用空投区进行军队与物资投送。适用对象为执行空投任务的己方航空器。

空投区通常分为战术空投区、方形空投区、圆形空投区和随机空投区4种类型。战术空投区,是指作战中没有经过详细严格的侦测地域,用于支援机动性强的地面部队。当使用战术空投区时,空域管制部门负责飞行管制指挥。方形空投区,如图3.39所示,它是由起始点A、着陆点B和预先确定的飞行航线构成的区域,各空投点位于飞行航线下方,其周围散布有着陆点。如果预先在地面设置"T"或"Z"形标志,或用无线电设备进行定位、识别和引导,空投精度会进一步提高。

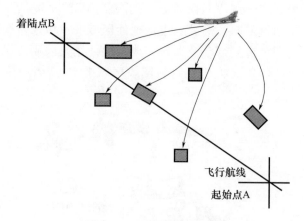

图 3.39 方形空投区示意

圆形空投区,如图 3.40 所示。圆形空投区是指具有多条进入航向的区域,其半径长度是着陆点到矩形空投区任一直角端点的距离。

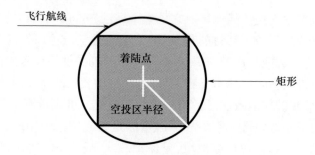

图 3.40 圆形空投区示意

随机空投区,只要满足空中投送货物和装备的最低要求即可,空投区的形状可以任意设定,但着陆点总是要靠近空投区的中心。

(6) 电子战区域。电子战区域是为实施电子作战的航空器专门设置的空域。目的是实施电子作战,防止干扰己方部队。

(7) 着陆区。着陆区是用于航空器着陆的指定区域,是空中突击行动的首选限制作战空域。它的主要优点是,可以在靠近火力支援的作战区域内设置着陆区。适用对象为陆军航空兵各种旋转翼航空器。

(8) 搭载区。搭载区是空中回收陆军部队的划设区。其目的是空中突击行动的首选限制作战空域。适用对象为陆军航空兵各类直升机。

(9) 侦察区。侦察区是专门为实施侦察的航空器设置的空域。其目的为实施侦察活动提供专用空域。

(10) 特种作战区域。特种作战区域是专门为特种部队实施特种作战任务创建的有边界的空域。它是特种部队活动首选的限制作战空域,特种部队作战区域,应受到保护以避免火力打击,以免造成误击误伤。

### 3.4.3 火力协调

火力支援协调(简称火力协调)措施主要由陆军或两栖部队指挥员建立,以协助己方部队迅速打击目标并保护己方部队的一种措施,其协调方法如表3.8所列。

表3.8 火力支援协调措施协调方法

| 序号 | 协调措施 | 协调方法 |
| --- | --- | --- |
| 1 | 火力支援协调措施 | 空域协调区 |
| 2 | | 火力协调线 |
| 3 | | 火力支援协调线 |
| 4 | | 自由射击区 |
| 5 | | 禁止射击区 |
| 6 | | 限制射击区 |
| 7 | | 限制射击线 |

空域协调区、火力协调线、火力支援协调线、自由射击区、禁止射击区、限制射击区等方法示意,如图3.41所示。

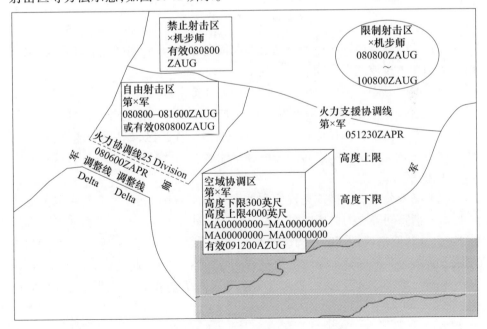

图3.41 火力支援协调措施方法示意

## 1. 空域协调区

空域协调区通过时空分割的方法，解决空域使用冲突，包括正式的空域协调区和非正式的空域协调区。正式的空域协调区(一个盒状三维空域)需进行详细的计划安排，如图 3.42 所示，实现空中交通或空中作战与舰对空、对地，地对空、对地的作战火力协同，防止误击误伤。

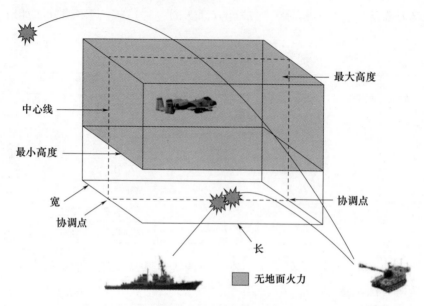

图 3.42 空域协调区示意

非正式的空域协调区一般可通过调配横向、高度和时间的分隔来建立，保障地对地和空中投放武器之间的安全间隔，具体方法如下：

(1)横向分隔。横向分隔是对两个相邻的打击目标进行协调。该空域协调区对于空战任务应足够大，以便在目标上方执行任务，而对支援火力应足够小，以限制其火力范围。将目标打击区域划分成多个作战区，如果该分隔措施以方格坐标描述，辅以方格线、参考经纬度和特征地带，可增强该分隔措施的可读性，如图 3.43 所示。

(2)高度分隔。该措施允许航空器在穿过空域协调区时，地面间瞄火力持续打击。消除间瞄火力的影响可通过"stay above"或"stay below"高度限制方法来实现，计算航空器在间瞄火力影响弹道之上或之下的安全间隔时，空军派驻陆军旅或营级部队的联合末端攻击控制员/机载前沿空中控制员(Airborne Forward Air Control,AFAC)，使用火力表来计算航空器跨越空域协调区时的火力高度投影，如图 3.44 所示。

# 第3章 空中作战用空管制

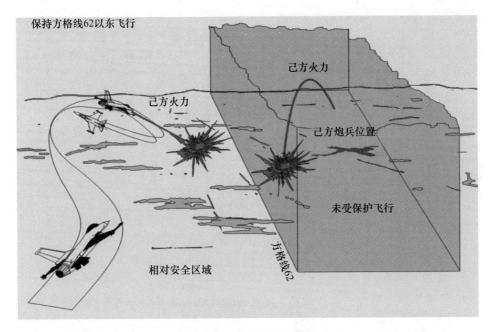

图 3.43 横向分隔示意

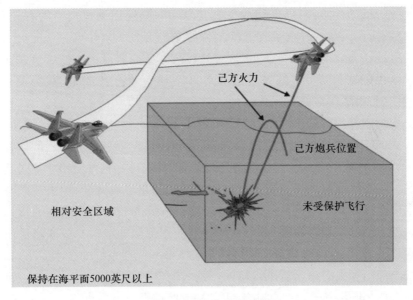

图 3.44 高度分隔示意

（3）高度和横向分隔。当航空器和火力单元的打击目标，同在空域协调区或航空器需跨越的空域协调区时，综合使用高度和横向分隔是一种常用措施。

149

这需要航空器保持在间瞄火力弹道的上方或下方,如图 3.45 所示。

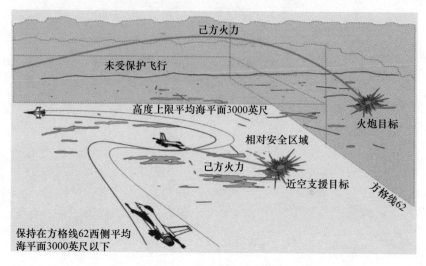

图 3.45　高度和横向分隔示意

（4）时间分隔。该分隔措施需进行细致的协调,当航空器必须在间瞄火力弹道或火力范围附近执行任务时进行应用。地面火力的攻击时间,必须与航空器的航线飞行进行协调,确保作战飞机安全和间瞄地面支援火力的有效利用。这时,空域协调区是一种块状或走廊式空域,在空域协调区中己方地面火力可以适当地保证己方航空器的安全。经协调后,己方航空器可进入空域协调区。空域协调区由陆军旅防空空域管理/旅航空单元或空域管制部门与火力单元协调后申请使用,由陆军地面指挥员建立。

空域管制部门在陆军地面指挥员的要求下,尽可能建立正式的空域协调区。定义正式的空域协调区的关键信息,包括空域高度上限、高度下限、区域各边界的坐标、宽度和有效时间。当情况紧急或协调时间有限时,可使用非正式的空域协调区。陆军地面机动指挥员请求建立非正式的空域协调区,用来请求空军的近距空中支援或陆军的直升机火力支援,该请求需要营或更高级别的指挥员批准。两种类型的空域协调区,都应在派驻到陆军部队的空军有关联络员协助下进行构建,以确保这两种空域协调区满足航空器和武器系统的技术需求,相应的空域管制部门和火力单元需进行协同。正式的空域协调区,可以在旅一级部队（以数字式或非数字式）建立,用于近实时地保护己方航空器飞行安全,防止误击误伤。

**2. 火力协调线**

火力协调线是一条控制线,在该线以外或建立该线的参谋机构确定的地域

## 第3章 空中作战用空管制

范围内,常规的间瞄地(水)面联合火力支援手段可以随时开火,而无须进行额外的火力协调。建立火力协调线的目的是加快用地(水)面火力来打击协调线以上区域的目标速度,省去与目标所在的作战行动区上的地面指挥员协调环节。适用对象为该线外,常规间瞄火力可对敌方目标随时开火,因此在跨越该线时,航空器应与相关单位进行协调。火力协调线通常由陆军旅/师指挥员建立,有时在两栖作战时,也可由两栖机动指挥员建立。考虑到初始时的敌方位置、己方机动和航空支援火力等,通常将火力协调线建立在地理地貌特征明显的地带。

**3. 火力支援协调线**

火力支援协调线是由适当的地面或两栖部队指挥员,与上下级、支援及相关部队的指挥员进行协调后,在其分界线内建立和调整的控制线,如图3.46所示。

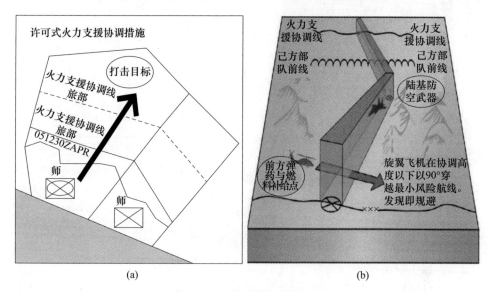

图3.46 火力支援协调线示意

火力支援协调线便于在该协调线以外区域快速打击临机目标。适用于所有空基、陆基和海基武器系统使用任何类型弹药形成的火力,打击地(水)面目标。火力支援协调线也是一种许可型的火力支援协调措施,许可区域一般在协调措施应用范围之外。适用对象为攻击该线以外的作战目标时,需与所有受影响部队的指挥员进行协调。火力支援协调线的建立和调整,应由适当的地面或两栖部队指挥员控制,并与上下级、提供支援和相关的指挥员进行协商。如果可能,火力支援协调线应沿着明显地貌特征建立。火力支援协调线应用于空地作战中,常设在地面上。但在一些特定条件下,如沿海地带,火力支援协调线可同时影响陆上和海上区域。火力支援协调线以外作战区域的打击协调活动,对空中、地面和特种作战部队指挥员尤其重要。特殊情况下,即使没能开展协调工作,也不能排除战场紧急需要这种越过火力支援协调线打击目标的行动。如果协调工作不利,将会增加误击误伤风险。通常火力支援协调线由陆军火力支援分队申请,陆军指挥员建立。

**4. 自由射击区**

自由射击区是一个专门指定的区域,如图 3.47 所示,任何武器系统无须与建立该区域的指控节点额外的协调,就可以向该区域进行射击。自由射击区的运用,加快了联合火力打击,促进了航空器弹药的快速投放。但这些火力需遵守相关的交战规则,定义一个自由射击区并不意味着可在此区域进行无限制的火力攻击。自由射击区可由授权的部队指挥员进行建立,自由射击区应建立在地理特征明显的位置上,建立时应指定坐标参数。

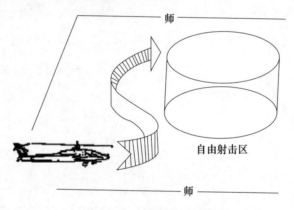

图 3.47　自由射击区示意

**5. 禁止射击区**

禁止射击区是指禁止火力进入的某个指定区域,或用于禁止联合火力进入的某个区域。但有两种例外:当建立该区域的指控节点根据个别任务需要,批准在禁止射击区内运用联合火力时,还是可以进行射击的;当禁止射击区内的敌方对己方部队实施攻击,受到攻击的指挥员认为需要立即对己方部队施加防护,并只以保护部队所需的最低限度兵力做出反应时,可以射击。适用对象为敌方目标或己方部队。任何规模的部队,都可以申请建立禁止射击区。如果可能,禁止射击区建立在可识别的地形上,它还可以用一系列的网格或圆心加半径来定位。

**6. 限制射击区**

限制射击区是一个附加了特定限制条件的区域,在其内部,超出限制条件的联合火力,若未与建立该区域的指控节点进行协调,则不能进行投射。按照规定的限制条件,用于控制进入某个区域的联合火力。适用对象为在该区域内,己方

## 第 3 章　空中作战用空管制

部队需与相关作战单位进行协调。一组陆上机动部队或更大规模的作战梯队,可建立限制射击区。通常,限制射击区建立在可识别地形上,或根据网格坐标或圆心加半径方式,确定范围。为了适应作战行动的快速变化,可使用召唤式限制射击区,即在该区,虽限制进行特定射击,但可根据紧急需要,召唤特定火力进行射击。召唤式限制射击区的范围、位置和限制条件等,都是预先安排就绪的。

**7. 限制射击线**

在两支正在会合的己方地(水)面部队之间,建立一条控制线,用于阻止火力跨越该线。用于防止误击误伤,避免对正在会合的己方部队实施打击。通过该线时,己方部队需与相关作战单位进行协商。指挥员一般在收缩部队后,建立限制射击线,在可能的情况下,该线建立在可识别的地形上。在会合行动中,该线通常更靠近处于驻止状态的部队,这样可以使会合部队的机动和联合火力支援,获得更大程度的行动自由。

### 3.4.4　特殊协调

**1. 无人机飞行**

无人机为遥控或自主航空器,为指挥员提供执行侦察情报监视、目标截获、战斗损伤评估以及特种作战能力。无人机系统包括飞机、地面控制站和支援分队。无人机可在机场、舰船或发射回收场地进行发射与回收,与其他航空器一样,无人机作战飞行同样需要化解空域使用冲突。图 3.48 所示为无人机飞行剖面示意。

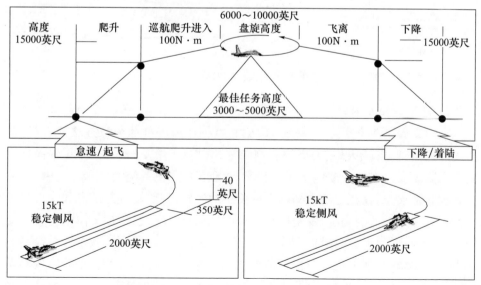

图 3.48　无人机飞行剖面示意

无人机系统一般配备有甚高频/高频(Ultra High Frequency/Very High Frequency,UHF/VHF)无线通信,可同其他空域用户一起协同化解飞行冲突。对于无人机飞行的地面操控人员与其他空域用户之间未配备直接通信的,此时需建立程序性空域协调措施,并作为空战不可或缺的一部分,通过空中任务分配命令、空域管制指令或特殊指令进行信息分发,传递至相关航空兵部队、地面部队和指控节点,要素包括飞行任务、空间位置、飞行高度、作战区域、敌我识别(Identification Friend or Foe,IFF)频率及代码等内容。

为解决作战区域内无人机和有人飞机之间的空域使用冲突问题,通常办法是建立无人机的限制作战区,该空域具有明确的边界范围,其边界按要求覆盖无人机作战飞行的全部空间区域。此外,还可以建立无人机飞行航线,其航线转换高度(Transit Altitudes)可由空域管制部门根据飞行任务和空域管制指令确定与批准。空域管制部门负责将无人机飞行状态,通知到所有受此飞行影响的其他有关部队,无人机作战空域示意如图3.49所示。

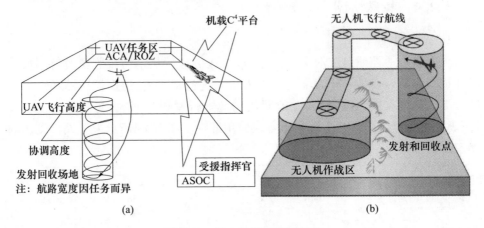

图 3.49　无人机作战空域示意

### 2. 常规导弹发射

火力支援是指支援陆上、海上、两栖和特种作战的部队与敌方交战,内容包括使用迫击炮、野战火炮、火箭弹和制导导弹以及空中支援飞机、海军水面炮火支援手段。火力支援作战包括无人机和战场预警监视系统的使用。其中,火力支援的间瞄火力,存在对己方部队空域使用的潜在风险,在发射地点和作战目标位置附近相对较低的高度,发生冲突的可能性最高。对此,指挥员需整合火力支援协调措施,以便迅速与目标交战,同时保护己方部队。陆军空域指挥与控制的火力支援协调,在陆上机动营指挥所的火力支援军官到各战术层级的作战参谋分队的所有层级之间进行协调,确保通过整合火力支援的任务,消解空域使用冲突。其中,常规战术导弹打击的空域协调相对比较复杂。

(1) 发射场地。常规战术导弹系统(Army Tactical Missile Systems,ATACMS)发射位置确认之后,将相关信息随同态势和状态传送至火力支援协调中心,然后火力支援协调中心将信息传送至空域管制部门。位于基本指挥所的空域管制部门,针对常规导弹发射位置建立作战限制区,并对作战限制区划设加以协调,限制区呈长方形(如长10km,宽5~7km,绝对高度约为离地10km),常规导弹作战限制区的实际划设,取决于距离作战目标远近及作战态势、预期作战目标、作战效果等。

(2) 发射位置。为提升作战效能,可基于预期目标位置和交战区估算与预先协调出作战危险区(Position Area Hazard,PAH)范围。常规战术导弹系统一般采用"打了就跑"的战术,即从计划位置发射后移至另一计划位置,以提高部队的作战生存能力。针对所有计划性的常规导弹发射任务的危险区,应在空域管制指令中发布,空域管制员需提供动态危险区管制程序。常规导弹的火力指挥系统,根据导弹部队规模和部署情况、预期飞出高度以及导弹弹道估算危险区,其估算的信息通过火力指挥系统传输至火力支援协调中心或有关指挥机构。

(3) 发射危险区形状。该危险区的形状不一定是圆形,其与作战部队部署中心点之间的距离为3~10km。常规导弹的作战危险区的协调高度通常为10km,如图3.50所示。

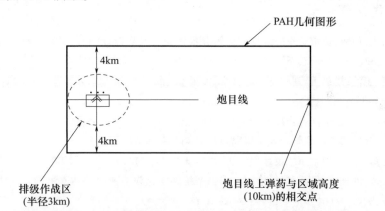

图3.50 常规导弹作战发射危险区示意

(4) 目标危险区。如图3.51所示,无须建立发射危险区与落点的目标危区(Target Area Hazard,TAH)之间的导弹航线。战术导弹具备高空航线特征,其空中运动轨迹不同于炮弹,相比之下战术导弹航线与高空固定翼航空器航线类似,最大高度不超过30km。战术导弹在发射危险区与落点危险区之间的总飞行时间为3～6min。

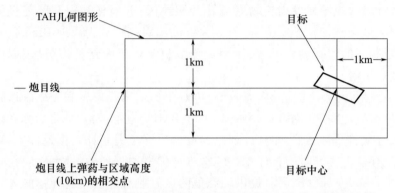

图3.51 常规导弹作战目标危险区示意

## 参考文献

[1] 杨雪生,何明,黄谦.作战筹划的运筹分析框架与模型设计[J].军事运筹与系统工程,2018,32(2):10-13,65.

[2] 刘良,王鸿,杨章勇.联合作战规划相关概念实践思考[J].军事运筹与系统工程,2018,32(4):35-38.

[3] 知远防务.空中联合作战筹划流程手册[R].知远战略与防务研究所,2017.

[4] 尹强,叶雄兵.作战筹划方法研究[J].国防科技,2016,37(1):95-99.

[5] 知远防务.美国空军战役计划手册[R].知远战略与防务研究所,2000.

[6] 王文普,刘光耀,杨慧,等.指挥与控制系统网络化作战能力评估方法[J].指挥控制与仿真,2015,37(5):1-4,11.

[7] 潘冠霖,蔡游飞.作战选项分析方法研究[J].军事运筹与系统工程,2012(3):19-22.

[8] 郜越,汪敏,闫晶晶.面向服务的作战计划生成[J].指挥信息系统与技术,2011,2(6):10-14,22.

[9] 谢苏明,毛万峰,李杏.关于作战筹划与作战任务规划[J].指挥与控制学报,2017,3(4):281-285.

[10] 陶景,于淼.联合作战筹划中的态势评估[J].国防科技,2018,39(4):119-122.

[11] 周海瑞,刘小毅.美军联合火力机制及其指挥与控制系统[J].指挥信息系统与技术,

2018,9(1):8-17.

[12] Joint airspace management and deconfliction[S]. Air Force Research Laboratory. 2009.

[13] Joint operation planning:Joint publication 5-0[S]. USA Joint Staff. 2011.

[14] Command and control of joint air operation:Joint publication 3-30[S]. USA Joint Staff. 2014.

[15] Countersea operations:USA Air Force. AFDD3-04[S]. 2005.

[16] Joint fire support:Joint publication 3-09[S]. USA Joint Staff. 2014.

[17] Command and control of joint maritime operation:Joint publication 3-32[S]. USA Joint Staff. 2006.

[18] 陈志杰,周琦,柳新. 信息化战争中的航空管制[M]. 北京:电子工业出版社,2008.

[19] 朱永文. 陆军战术空域管控程序方法研究报告[R]. 空军研究院,2013.

[20] 王长春. 对美军伊拉克战争中国的空域管制研究分析[R]. 空军研究院,2019.

[21] 蒲钒,朱永文. 联合作战空域管制业务流程研究分析[R]. 空军研究院,2019.

[22] 王晓军,石剑琛. 外军战区空域联合管理[M]. 北京:国防工业出版社,2014.

[23] 孙振武,王大伟,等. 美军战场空域控制[M]. 济南:黄河出版社,2010.

[24] 马嘉呈,姚登凯,赵顾颢. 三维战术训练空域规划方法研究[J]. 航空工程进展,2017,8(4):375-380,400.

[25] 王建平,李燕,武兆斌,等. 陆军战术空域管制相关问题研究[J]. 火力与指挥控制,2017,42(12):184-188.

# 第4章 空地联合用空协同

陆军部队在复杂、不断变化的环境中实施联合地面行动,其作战空间包括物理域(陆上、空中、太空)及信息域等。联合部队指挥员赋予陆军部队作战地域(Area of Operations,AO),其大小满足他们完成作战任务并保护部队所需。空域为作战空间的一部分和重要组成,对陆军来说,其对取得作战胜利至关重要。陆军部队使用作战地域上方空域,进行信息收集、投送直瞄火力和间瞄火力、实施防空和导弹防御(Air and Missile Defense,AMD)、获取空中支援、实施作战保障等。从某种意义上说,空域并不属于作战地域内的单个部队,陆军作战地域上方的空域管理,仍在联合部队指挥员的权限范围内,其他军兵种尤其空军仍会对陆军作战地域上方的空域提出需求,这些需求包括实施联合空中作战、实施区域防空作战、投送联合火力、开展民用航空作业等。担负其他作战任务的指挥员,也有权在陆军作战地域上方的空域内进行计划和执行作战。由此担负此类任务的各级指挥员必须相互协调,避免造成误击误伤和相互牵制影响。本章根据联合作战需求,针对战术层级的陆上作战空域管制及陆军空域指挥与控制问题进行探讨,并对空地作战杀伤盒构建、应用及管理进行研究分析,对外军典型空域管制系统装备进行概要介绍。

## 4.1 作战场景视图

### 4.1.1 空地作战场景

海湾战争中空地联合作战取得了巨大成功,总结经验可以看出,美空军和陆军在陆战场上空采用协调高度进行管制职责区分。在作战地域内,协调高度之下的空域管制由陆军空域指挥与控制体系承担,协调高度之上的空域管制由战区空中作战中心统一负责,如图4.1所示。

如图4.2所示,陆上联合作战典型作战区域划分,主要包括作战纵深区域、用兵纵深区域、接触作战区域、前线支援区域、作战支援区域及战略支援区域等,实现将整个陆战场前沿与后方划分为不同的作战功能区域,从而为实施不同作战行动提供辅助规划。在现代陆战场上实现"以空制地"将是今后一种十分重要的联合作战样式,敌我双方将在整体防卫、整体防空、远程火力、精确情报监侦、信息/电子/网络/宣传等诸多方面进行全面对抗,陆上战场不再是地面火力主宰的战场,而是复杂的立体攻防战场[1]。

协调高度以上
(空中作战中心负责管制的空域)
协调高度以下
(陆军任务部队负责管制的空域)
无人机限制
飞行区
近距空中支援
待战空域
无人机巡逻
空域
空域管制
协调区
后方分界线
火力支援协调线
前方分界线

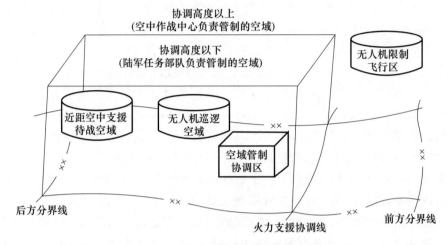

图 4.1　空地联合作战管制责任区分示意

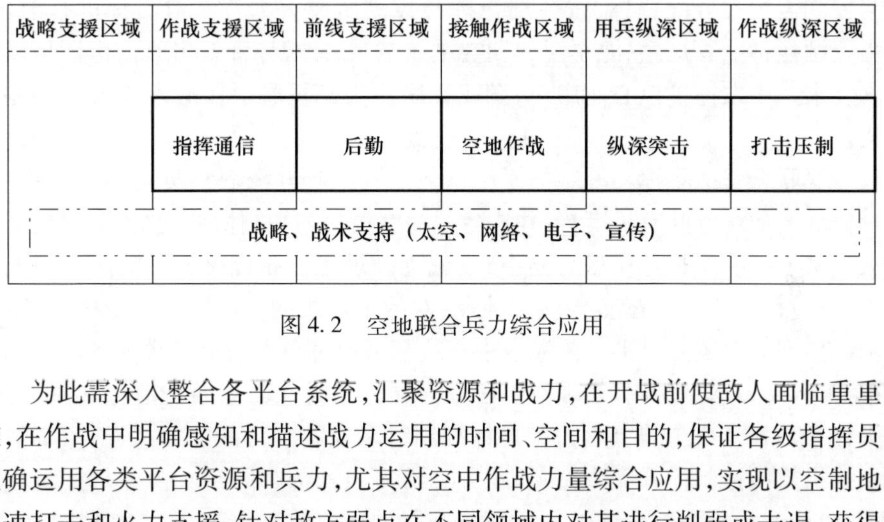

战略支援区域
作战支援区域
前线支援区域
接触作战区域
用兵纵深区域
作战纵深区域
指挥通信
后勤
空地作战
纵深突击
打击压制
战略、战术支持（太空、网络、电子、宣传）

图 4.2　空地联合兵力综合应用

为此需深入整合各平台系统,汇聚资源和战力,在开战前使敌人面临重重困难,在作战中明确感知和描述战力运用的时间、空间和目的,保证各级指挥员能正确运用各类平台资源和兵力,尤其对空中作战力量综合应用,实现以空制地的快速打击和火力支援,针对敌方弱点在不同领域内对其进行削弱或击退,获得持续性作战优势[2]。联合作战是与信息化战争相适应的基本作战形式,联合火力是联合作战主要手段和样式。联合火力是在联合作战中运用两个以上军种火力,创造预期效果以实现共同目标。联合火力运用通常包括以下 8 项原则:①围绕作战目的,谋划具体作战效果。陆战强调火力计划与作战计划深度融合,要求将联合火力放到整个作战背景中考虑,始终以作战目的为出发点和归宿点。

②及早拟制并不间断修订火力计划。战场态势快速变化,要求联合部队指挥员明确火力效果并下达指示后,就应立刻着手制订火力计划,并随战场变化不间断修订。③保持灵活性。战场瞬息万变,要求指挥员加强预测工作,确保自己拥有应对意外情况的备选手段,满足战场多变的火力需求。④综合运用各种侦察手段,达成对战场态势单向透明。基于效果的作战前提是战场态势全维感知,由此要求及时明确侦察需求,确保侦察分队针对性作业,并将侦察信息迅速分发到火力单元。⑤重点打击心理目标和系统节点。心理目标是与军民士气密切相关的人和物,系统节点是在敌作战体系中起支撑和关键作用节点。直接打击这两类目标可迅速达成期望效果,缩短作战进程,减少作战消耗。⑥使用最有效的火力手段。要求深刻理解作战任务,考虑目标的重要性与特征、预期毁伤效果及可用火力资源等,强调运用非杀伤性的火力手段,减少附带损伤。⑦快速高效协同。联合火力在任务、时间和地点上追求更高层次的同步,越来越倾向于运用火力直接达成战术、战役甚至战略作战效果,突出时敏目标打击任务。⑧确保自身安全和生存。民众难以接受战场大量人员伤亡,因此在运用联合火力时一项重要原则是确保自身安全。通常联合火力由情报、指挥与控制和火力资源等组成。情报包括一线分队、特战分队和技术侦察等,主要提供及时和准确的目标情报。指挥与控制需合理分配目标,按计划指挥与控制所属火力资源对目标进行射击。火力资源包括陆军炮兵、海军舰炮和空军航空兵、常规导弹打击等。指挥与控制在联合火力中发挥了核心作用[3],图4.3所示为美军联合作战指挥与控制体系结构。

美军联合作战指挥与控制体系中嵌入了军兵种互派联络员机制,实现将各军种作战的战场空间有机衔接,并构建了一套指挥与控制协调网络,实现战场联合火力集成。在军兵种作战协同中,空域管制承担了联合火力支援协调的部分职能,通过作战空域的配置与使用控制,对战术层级的作战行动进行协调,防止误击误伤与火力重复打击。所涉空中作战都可通过空中请求互联网络(Web Air Request Processor,WARP)实现空中任务分配命令的互联互通与信息共享,实现空中任务分配命令与陆上火力打击计划制订和实施的协调。经过近50多年联合作战指挥与控制体系优化完善,细分完善军兵种部队的空域指挥与控制和空域管制[3],并已成为整个陆战场指挥与控制的重要业务内容。高级野战炮兵战术数据系统(Advanced Field Artillery Tactical Data System,AFATDS)承载了美陆军空域指挥与控制的主体业务[4],它能够与攻击直升机和主战坦克等具有数字通信能力的武器系统直接联网,为其提供战术态势感知、火力请求处理和空域使用协同,如图4.4所示。

# 第4章 空地联合用空协同

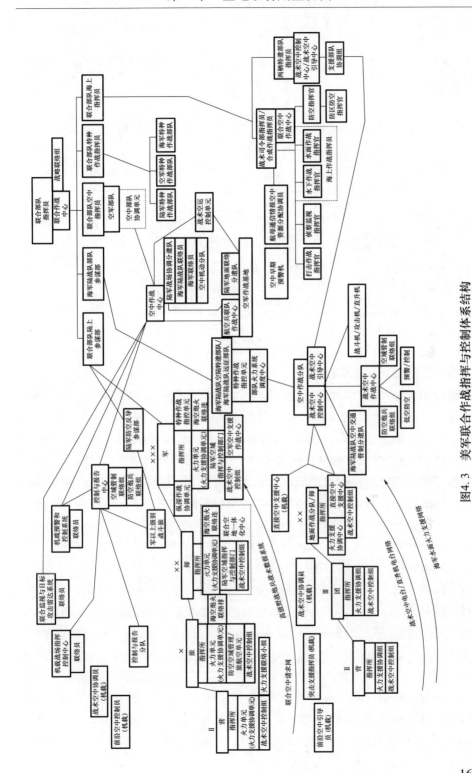

图4.3 美军联合作战指挥与控制体系结构

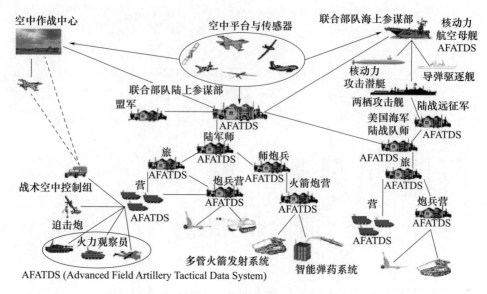

图 4.4 高级野战炮兵战术数据系统

高级野战炮兵战术数据系统主要能力:①指挥员指示发布,可实施用户定义的作战指示传递,管理作战目标选择标准、高价值目标和目标攻击参数等。通过使用任务安排、任务优先选择和弹药限制条件,该系统将传感器到射手连为一体。②作战地图显示能力,使用地图引擎和数字地形高程数据,为地面火力支援部队提供所有己方/敌方部队作战坐标图、火力支援协调措施、空域协调措施、射程扇形和弹药飞行路径等视图显示。标绘近实时的组合目标覆盖图,使指挥员以合适的视角查看当前的作战环境及各种作战限制措施。③火力支援计划及攻击分析。使指挥员能将数个联合自动化纵深作战协同系统(Joint Automated Deep Operations Coordination System,JADOCS)的作战目标管理员联系起来,与不同射手共同分析火力支援方案。火力支援方案按类型和作战单元显示兵力、任务所需弹药,还能在目录面板上显示与兵力交战的目标类型和目标编号。④空袭列表(Air Support List,ASL)和空域管制指令管理。其能管理各参战部队建立的空中打击列表,并能根据战场情况实现将输入数据转变为联合战术防空请求;管理员能用红、黄和绿等颜色显示需求、已批准的联合统一排序目标清单、作战飞行航线及作战的战斗毁伤评估结果,能接收空域管制指令并以视图方式进行显示。⑤与任务指挥系统及情报系统/数据库的接口。空地数据链提高了该系统的数据链接能力,使其能够与所有采用了联合作战扩展应用协议报文服务的设备、平台和传感器进行网络链接。⑥兼容的精确打击套件。其能使用目标网

## 第4章 空地联合用空协同

格位置与精确打击套件软件相结合,使用户能接收经过校准的目标经纬度、网格编码和目标高度、网格单元信息及标识等,并结合联合弹药效能手册和附带损伤评估工具等,在单一的软件平台系统上进行精确的目标打击规划与任务规划。在伊拉克战争中,借助升级版的高级野战炮兵战术数据系统,实现了陆军与海军陆战队数字化火力协同,实现精确火力打击,自动执行误击误伤检查和附带损伤作战评估。

### 4.1.2 近距空中支援

近距空中支援作战作为空地作战的三大主要作战样式之一,如图4.5所示,其诞生于第一次世界大战,并先后经历了基于语音、基于数字通信辅助及网络化支持的近距空中支援作战[5-6]。

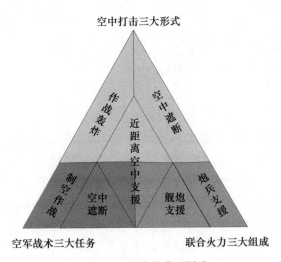

图4.5 空地作战典型样式

近距空中支援采用固定翼和旋转翼飞机,针对靠近己方部队的敌目标实施空中打击行动,其需要将每一次空中行动与己方地面火力和机动进行周密协调与整合。近距空中支援是联合火力支援的关键组成,要求地面部队和空中支援部队进行周密计划、协调和推演,从而才能实施安全有效的近距空中支援作战。一般受援指挥员在陆上、海上、联合特种作战地域或两栖目标区域范围内,确定近距空中支援火力打击目标及优先顺序、作战效果及时限,召唤空中部队来摧毁、压制、抑制敌方部队行动,进而确保己方部队的机动,并控制作战地域和重要水域等,其作战流程如图4.6所示。

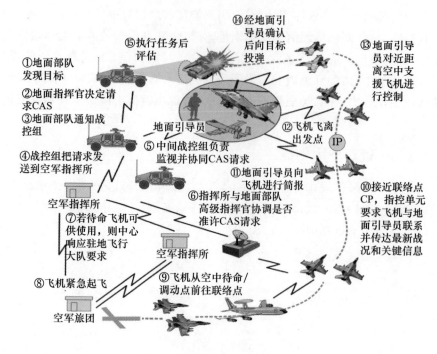

图 4.6 近距空中支援作战流程

近距空中支援流程主要分为:计划与申请→准备→实施→评估 4 个阶段。陆上部队发现目标及其动向,陆上指挥员决定申请近距空中支援,并通知空军派驻参与机动作战的战术空中控制组。战术空中控制组派遣联合末端攻击控制员前往目标区域侦测,获取目标位置及战场态势信息,反馈到战术空中控制组,战术空中控制组与陆军机动部队火力单元共同起草近距空中支援计划与请求,及时通过指挥与控制信道申请。空军派驻陆军的军或师空中支援作战中心,视情对近距空中支援申请进行协调和监控,尤其在空域协调措施建立上开展系列协调,空军的空中作战中心与陆军的作战地域指挥所协调并批准行动。空中支援作战中心协调并派遣作战飞机前往控制点,在接近控制点前空中支援作战中心协调近距空中支援飞机,与联合末端攻击控制员取得联系,并向飞机传达最新战场情况和关键任务信息。联合末端攻击控制员与空中支援飞机建立联系后,向飞机通报任务信息,飞机从控制点飞往攻击点,此期间联合末端攻击控制员对飞机进行末端引导,联合末端攻击控制员需与飞行员协同发现并确认打击目标。目标确认后,联合末端攻击控制员向飞行员发送攻击指令,授权攻击,近距空中支援飞机投送弹药攻击目标。最后进行毁伤效果评估,联合末端攻击控制员与空中支援作战中心协调决定是否实施二次打击,若不需要则空中支援作战飞机退出攻击。

## 4.2 空地作战关系

### 4.2.1 协同观念

从现代战争视角看,在联合作战中使用"近距空中支援"描述新型空地作战关系已经不贴切。因为其暗含了单边的支援关系。实际上,联合作战中空中部队和陆上部队行动日益融合,从而建立起伙伴关系。采用"近距空中打击"描述空军与陆军并肩作战更为准确[7-9]。目前组织实施空地作战,只要有可能,空中部队应对敌方机动部队实施自由的纵深打击,割裂敌方战场的前后作战空间,迟滞敌方机动部队在战役层面的机动,阻止敌旅级或更大规模部队的进攻行动,从而在割裂的战场空间内,使己方部队以更小规模、更分散的战斗单元,寻找和定位敌方战斗单元,实施联合打击。目前,空地作战典型观点如表4.1所列,这些观点是特定空地作战思想的具体体现。所有这些情况中,取得空中优势是前提条件。

表4.1 空地作战典型观点

| 空地关系 | 地面主角 空中跑龙套 | 地面主角 空中配角 | 都是主角 伙伴关系 | 空中主角 地面配角 | 空中主角 地面跑龙套 |
|---|---|---|---|---|---|
| 受援部队 | 地面部队 | 地面部队 | — | 空中部队 | 空中部队 |
| 典型 空中行动 | 近距空中支援 和空中遮断 | 空中遮断 | 空中遮断 和直接打击 | 直接打击 | 战略轰炸 |
| 空中部队 主要贡献 | 作为一种 打击支援火力 | 夺取制空权 塑造战场 有利态势 | 核心力量 | 快速打击 与击杀 | 主导战局 |
| 将来 可能关系 | 偶尔 | 有时,特别在打击 非常规部队时 | 经常 | 经常 | 有时 |

**1. 地面力量起决定作用,空中部队起加强作用**

这种理念认为,在空地作战中,空中部队为处于近战状态的己方地面部队,提供加强火力以弥补其地面火力不足,空中部队对胜利起决定贡献,通过近距空中支援和空中遮断作战实现。各种空射火力效果和陆基火力,尤其炮兵火力效果没有根本性区别,空地双方关系就是一种直来直去的替代关系。空射火力相对于火炮与火箭弹而言虽然有着特定优势,但如果没有空射火力,陆基火力也可以填补它的空缺。这种替代关系可能时断时续,要以地面部队的需求为准,地面部队在激烈战斗中或其他紧急情况下,召唤空中部队来临时弥补地面火力不足,也可能长期召唤空中部队。空中部队作为"飞行火炮"形象地比喻了此种情况,虽然航空兵认为空中部队可穿越战区和深入敌后方作战,发挥更大作用,但此类空地作战中,仍以配合作战为主。

**2. 地面力量起决定作用,空中部队起补充作用**

这种理念认为,即使己方地面部队最终扮演了击败敌方的主角,虽然地面部队将最后给敌方以致命一击,但航空火力影响敌人的方式是地面部队所不能复制的。空中部队能远在火炮射程之外,打击纵深的敌方部队,这一理念确立通过空中遮断来影响陆上部队的近距作战,在敌方部队机动之前削弱或使之不能机动,以使其在地面被击溃。空中遮断不能完全消除对近距空中支援的需求,但对顺利转换战场的态势平衡,起到了越来越大的作用。

**3. 共同决定胜负,双方是伙伴关系**

这种理念认为,空地关系在总体层面上是相对平等的,然而在战术层面上,行动却可以是双方以频繁、常常不可预知方式互为主体和补充。有时地面是主旋律,空中部队支援地面的机动;有时则与此相反,转换发生在这两种情况之间。因为空地联合作战的作战方法,既不是以空中为中心,也不是以地面为中心,所以对于传统的指挥协调关系来说,通过单纯指定军种指挥员为受支援方或支援方已不能切合作战实际了,此时必须突破部队固定编成结构和传统指挥与控制结构,构建联合空地一体化作战组织体系。

**4. 空中部队起决定作用,地面力量起辅助作用**

这种理念认为,以空中部队为中心的方法来进行空地作战。因为空中部队能够给敌方地面部队以致命性的打击,同时将己方部队伤亡的风险降至最低,所以空中部队应是消灭敌人的最主要手段,同时地面部队要对这一手段起促进作用,形成陆上战场空中作战(Battlefield Air Operations)和直接打击作战(Direct Attack)概念,如在己方地面部队支援或者完全没有得到其支援时,就可以对敌方地面部队进行直接的空中打击,此类攻击行动与空中遮断的不同之处,在于由空中部队决定在何时何处和如何利用空中部队打击敌地面部队。此类空中部队占支配地位的作战方法包括:一是空中部队仅靠一己之力消灭敌方地面部队,在这一作战主旋律下,将己方地面部队分成小规模的轻型分队,为空中打击进行侦察和指示目标;二是在地面部队可能提供支援的情况下,为迫使敌方采取在空中打击之下更为脆弱的防守态势,地面部队的部署要摆出能进攻的态势威胁敌方。

**5. 空中部队起决定作用,地面力量收拾残局**

这种理念认为,空中部队能够通过打击敌方发动战争的潜力而取得决定性胜利,以致陆军派不上大的用场。这是20世纪20年代和30年代人们所热衷的战略轰炸的观点,认为空中部队能够如此有效地打击敌方重心,以致敌国迅速瓦解,所以空中部队能够单独获得胜利。根据这一理论观念,对敌方首脑、基础设施、指挥与控制系统和其他非军事目标进行密集轰炸,就可获得战争的胜利,己方地面部队除了保护机场和占领敌方投降地域,很少有事情可做。

在上述空中部队与地面力量关系的可能范畴内,在未来战场上他们之间将会是一种什么样的关系?实际上,在过去的一个世纪战争中,除了一些反对意见,夺取制空权和战略轰炸一直是空中部队作战的主流观点,空对地打击并不是空中部队参与消灭敌方地面部队的唯一方式,而夺取制空权对地面战场的作战支撑则是至关重要的,其能大大削弱敌人的战斗力,针对敌野战部队的空中打击虽然稍逊一筹,却常常对军事胜利有着决定性的影响。

### 4.2.2 空地系统

世界主要国家军队,20世纪70—80年代为应对地面威胁,发展了一套空地联合作战理论及作战方法,构建了联合空地一体化中心与陆上、空中参战部队的决策机构同处一地,以达成受援机动部队指挥员的作战目的与意图[10-12]。美军该指控中心与其他有关系统的控制与协同构成中,其中陆军是最高的作战集团,师一级设置联合空地一体化中心,负责控制师属空域。独立的军或战区陆军或联合部队陆上指挥员担任陆上作战部队指挥员。联合空地一体化中心旨在通过快速执行和批准联合火力,并消除空域冲突来支持和实现师一级的作战行动。这是一个模块化和可扩展的中心,可根据师指挥员、提供支援的空中部队指挥员的指示,整合和同步师作战地域内的火力与空域管制。

**1. 联合空地一体化中心的席位设置**[10]

联合空地一体化中心编组参谋人员,主要是火力、防空和导弹防御、空域管制及空中支援作战中心、战术空中控制组和有关参战部队派驻的联络人员等。这些人员分属于师不同的作战部门和部队,按照作战需要派驻到联合空地一体化中心,并按业务流程进行编组,为师提供空地联合作战指挥与控制,具体席位设置如图4.7所示。

(1) 火力人员编组。①目标确定官:对进入联合空地一体化中心的每一个作战对象与目标进行分析,根据指挥员指示确定有效性,并向联合空地一体化中心主任提出建议。②火力控制士官:负责管理高级野战炮兵战术数据系统的数据库,管理可用于实施的火力选择,此外,还要监督火力任务的执行、联合火力请求和火力支援协调措施的启用情况等。③火力支援士官:根据需要协助联合空地一体化中心主任和火力控制士官工作,辅助进行火力支援请求协调。

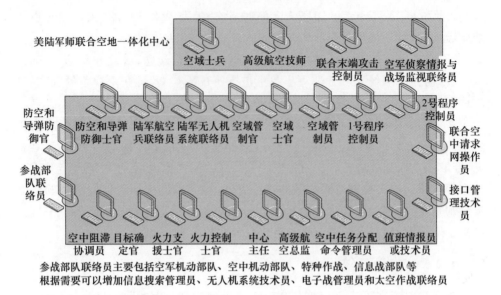

图 4.7 联合空地一体化中心席位设置

(2) 防空和导弹防御人员编组。联合空地一体化中心内的师防空和导弹防御人员,负责提供指定作战区域的师防空作战空域态势图,它们通过战场传感器建立的链接,来同步和生成战术防空态势,负责同步防空和导弹防御作战,协助空域管制人员解决紧急的空域使用冲突。

① 防空与导弹防御官:负责监督联合空地一体化中心内的防空和导弹防御作战和人员工作,并与空域管制官密切合作,解决当前和防空作战计划中的空域使用冲突。

② 防空和导弹防御士官:协助防空和导弹防御官保持对传感器覆盖范围的态势感知,通过辨别己方部队与敌方或未知的空中平台,包括无人机系统平台,从而确保正确识别己方。此外防空和导弹防御士官要维护防空作战态势、武器控制状态、交战规则、传感器覆盖范围和预警系统等。在作战期间,防空和导弹防御士官可接收来自师防空空域管理/旅航空单元发来的最新防空措施和空域协调措施请求等,与联合空地一体化中心空域管制人员协调空域措施启用,更新战术空域一体化集成系统的师属防空作战相关的空域管制计划与指令。

(3) 空域管制人员编组。师一级的空域管制部门负责陆军空域指挥与控制有关工作,为师的作战行动提供空域协调支援。空域管制部门要与上级、下级和有关的空域管制部门建立协同关系,以消除空域使用冲突。空域管制部门根据联合部队指挥员的空域管制计划、空域管制指令及其他的作战指令,以及陆军战区、军、师指挥员的优先事项与风险指导等,完成作战地域空域管制任务。通常

## 第4章　空地联合用空协同

根据军种作战主次,赋予指定协调高度以下空域,由陆军师统一负责空域管制与协调。师空域管制部门向联合空地一体化中心派驻空域管制官、空域士官、空域士兵、陆军航空兵联络员、陆军无人机系统联络员等岗位人员,履行师属责任空域内的空域管制职责。

① 空域管制官:负责整合指定空域内所有师的空域使用者,协调师作战地域上方空域请求。师的空域管制包括对野战炮兵、陆军航空兵、无人机系统、防空炮兵和电子战系统的空域使用,进行用空计划排序并确定空域优先级和重点。空域管制官确认并批准本师的紧急空域协调措施请求,并与空中支援作战中心的空域管制员密切合作,整合所有师属空域内飞行的联合作战空域使用者(包括近距空中支援和空中遮断作战的航空器),还要确保与当前陆上行动整合共享空域管制信息。空域管制官在空域士官支持下,确保当前所有相关作战行动单元都可定制到动态的空域管制态势图,以查看战场空域整体使用与配置情况。

② 空域士官:整合当前作战空域使用情况,维护空域管制的师一级作战态势图,并根据要求协调师空域管制部门制订用空计划。空域士官与联合空地一体化中心其他人员进行协同,确保空域协调措施能动态满足所有任务和空域使用者的需求,并且所有的空域协调措施都被纳入战术空域一体化集成系统的空域管制态势图中。空域士官还要建立空域协调措施,以支持紧急的联合空中作战、地对地火力、陆军航空兵和其他空域使用者的作战行动,从而满足师属空域动态管理与协调要求。空域士官根据既定的空域优先级和风险指导,确保这些措施与其他空域使用不发生冲突。

③ 空域士兵:负责操作战术空域一体化集成系统,并使用该系统的通信设备来维持数字和语音通信。空域士兵与防空和导弹防御士官、联合空地一体化中心内的陆军航空兵联络员,以电子和程序方式跟踪作战地域内的所有陆军飞机。虽然防空和导弹防御士官主要负责己方部队目标识别,但空域士兵可以协助联合空地一体化中心对己方部队的识别工作。空域士兵按照指示与飞机保持通信以及提供更强的程序控制。空域士兵还可以协助空域士官和用空计划制订人员,集中编制用空计划并消除其中的空域冲突,然后提交给上级以及提供定制本师作战地域内的空域管制指令,并利用陆军战术空域一体化集成系统发布空域管制态势图。

④ 陆军航空兵联络员:联合空地一体化中心不指挥或引导陆军航空兵行动,然而它需要将陆军航空兵力量整合到师属空域内。联合空地一体化中心的陆军航空兵联络员,可以是一名航空任务生存能力官(Aviation Mission Survivability Officer,AMSO)或一名陆军航空兵军官,是负责与陆军航空兵旅进行协调

的主要代理人,可以将旋翼机、战术无人机和小型无人机的空域活动,与师的作战行动集成为一体。当授权联合空地一体化中心主任使用陆军攻击航空兵力量,打击师作战地域内的临机目标时,该航空兵联络员直接与陆军航空兵旅协调,就航空兵作战力量运用,特别是将攻击航空兵纳入由联合空地一体化中心协调的任务,提供即时建议。联合空地一体化中心的陆军航空兵联络员必须保持对陆军航空兵力量的态势感知,为其空域使用开展即时空域请求。

⑤ 陆军无人机系统联络员:为陆军航空兵联络员提供帮助的无人机联络员,通常是该师的无人机系统军官,对奉命支援本师作战的陆军无人机系统负有监督职责。该无人机系统联络员将无人机系统纳入师属空域中,并为无人机作战的动态情报,收集需求,协调空域,为联合空地一体化中心的空域管制员提供解决与无人机系统作战、火力和其他空域使用的冲突识别支持。

(4) 空中支援作战中心派遣人员编组。该中心为受援地面部队指挥员(通常为师指挥员),提供空中支援行动的指导和战术航空兵控制职能,它隶属于战区空中作战中心,负责协调和控制师属空域或空中支援作战中心指定空域内的空中作战任务,其是战区空中控制系统(Theater Air Control System, TACS)的一个战术级节点,并与陆军的火力单元和空域管制部门配置在一起,构建陆军师的联合空地一体化中心。其主要职能:对本师管制空域或空中支援作战中心指定区域的空中部队进行程序控制;处理即时的空中支援请求;协调空中支援任务执行,如近距空中支援、空中遮断和打击协同与侦察(Strike Coordination and Reconnaissance, SCAR),并根据需要指派和指挥攻击飞机到陆军旅或营级部队内的联合末端攻击控制员手中,实施空对地打击;作为联合空中请求网(Joint Air Request Net, JARN)和战术空中指挥网的网络控制站,提供空对地作战支持;协调其他任务领域,包括侦察情报和战场监视、压制敌防空系统、电子战和人员营救等;根据敌人和己方部队配置,监控战斗序列、师的火力打击重点,并根据指挥员的分配,决定使用近距空中支援等。空中支援作战中心的配置是灵活的,其可派驻人员到联合空地一体化中心担负特定任务,具体的派遣人员编组如下。

① 高级航空总监:联合空地一体化中心内的空军资深军官,是联合空地一体化中心和战区空中作战中心之间的主要业务联络员,协助师陆军航空兵联络员和师战术空中控制组,就空中部队的适当整合向师指挥员提供咨询,并通过陆军联网指挥渠道,协调空中支援以及与陆军派驻到战区空中作战中心的战场协调分遣队保持沟通。

② 空中任务分配命令管理员:负责接收和分析空中任务分配命令,以确定和跟踪支援地面部队的空中任务。联合空地一体化中心内,空中任务分配命令

## 第4章 空地联合用空协同

管理员要选择最合适的满足预期效果的空中作战任务,并将这些任务推荐给高级航空总监,是空中支援作战中心与陆军火力单元进行协调的主要操作员,保持对地面战斗态势感知,与恰当的陆军师有关部门和部队进行协调,以便批准联合战术空袭紧急请求并确定其优先次序,根据优先次序向联合战术空袭紧急请求分配空中任务,与战区的空中作战中心的近距空中支援值班官联络,以便执行空中任务分配命令。

③ 空域管制员:负责同空中支援作战有关的空域指挥与控制职责,与师空域管制部门、火力单元及陆军航空兵和战区空中作战中心密切合作,制定空域协调措施、火力支援协调措施等,优化空中部队的火力和空域使用,对空中支援作战中心控制的所有任务保持态势感知,并在陆军空域士官协助下,为联合空地一体化中心控制的所有火力打击任务消除空域使用冲突,审查目标位置,协调任务航线和目标空域,确保将所有适用的控制措施都纳入空域管制指令中,并集成到通用作战态势图上。当战区航空兵力量进入或离开师属空域时,空域管制员要协助其进行协同,并确保地面火力和空中支援力量不会发生冲突,在陆军空域管制官的支持下开展工作,协助管理师属空域,协助师火力单元批准师属空域之外可能对战区航空兵力量构成威胁的师火力,绘制所有相关的危险与特殊用途空域,为值班情报员或技术员提供支持。

④ 联合空中请求网操作员(Joint Air Request Operator,JARNO):对指定频率进行网络控制,管理即将到来的即时空中支援作战请求,也是数字和语音即时联合战术请求的主要接收人。在收到联合战术空袭请求后,审查请求的完整性和准确性,然后向联合空地一体化中心主任或目标确定官确认批准或不批准。此外,还要跟踪陆军旅战术空中控制组和机动部队的联合末端攻击控制员位置,传递指定飞机的状态、威胁警报和防空警报等级,记录任务报告和物理设施毁伤评估,并与接口管理技术员保持同步,从而确保所有即时的联合战术空袭请求都输入空中请求处理网络。

⑤ 接口管理技术员:负责管理空地部分通信数据链并排除故障,以及为联合空中请求网操作员提供支持,确保空军派驻陆军旅或营级部队的战术空中控制组和联合末端攻击控制员的作战任务数据链路符合规定,激活过滤器,评估链路有效性,监控航迹交换。确认和确保按要求丢弃航迹,以及在接收到指示时,在链路上发送数据链路消息,为陆军旅或营的战术空中控制组和联合末端攻击控制员提供航迹编号等。

⑥ 1号程序控制员(Procedural Controller,PC):负责对师属空域或指定区域内的飞机进行程序引导控制。1号程序控制员要与空军的控制和报告中心或机载指挥与控制平台进行作战协调,如机载预警和控制系统或联合监视目标攻击

雷达系统、机载战场指挥与控制中心。1号程序控制员接受飞机移交,向报到飞机简要介绍情况,并对空中支援作战中心控制的所有飞机保持态势感知,与指定飞机进行通信联络,并向机组人员提供作战态势信息。

⑦ 2号程序控制员:与1号程序控制员一样,负责对师属空域内的飞机进行程序控制,但是2号程序控制员更关心师所属空域内的飞机,因为这些飞机正在从师属空域飞出去,或向报到飞机简要介绍情况,并确保飞机在离开时主动向有关指挥与控制机构进行移交。

⑧ 值班情报员或技术员:负责监控本师的作战区域,消除冲突或确认是否已经识别空中部队要打击目标,是否已确定紧急空中支援请求的目标。跟踪敌人和己方部队的部署,监控战斗序列、地面参战部队的火力打击重点,近距空中支援的分配与重点及天气情况等。让空中支援作战中心在空中作战之前和期间了解威胁,确保1号程序控制员将威胁情况和作战地域的更新情况转发给下属战术空中控制组、联合末端攻击控制员和机组,将战斗毁伤评估和其他相关任务报告数据记录到相应的数据库系统中。在任务规划方面,值班情报员或技术员要与师的陆军情报单元、战区空中作战中心的情报收集处以及位于航空兵联队作战中心、战术空中控制组的情报人员进行沟通,对来自多个源的信息进行融合,生成空中支援作战中心的通用作战态势图,与接口管理技术员合作,通过添加情报和数据链信息,为战术态势生成提供支持。

⑨ 高级航空技师:与高级航空总监一起监督空中支援作战,专注于空中支援作战中心技术方面的流程,确保联合空中请求网操作员、值班情报员或技术员和程序控制员有效履行其职责。

(5) 战术空中控制组派遣人员编组。该控制组与地面机动部队配置在一起的空军联络组。师的战术空中控制组有两项任务:一是就空中作战能力和局限性向地面指挥员提供建议;二是与空中支援作战中心的联合空中请求网操作员和程序控制员合作,对近距空中支援飞机进行引导控制。

① 联合末端攻击控制员:是受过培训具备资质的空军派驻人员,拥有指挥飞机并在紧靠己方部队的地方,引导空中火力进行打击的资质证书。指导从事近距空中支援的作战飞机行动,以及支援地面指挥员的其他空中行动。就近距空中支援的使用及其机动问题,向联合空地一体化中心主任提供建议,协调并提供作战地域内未分配给下属单位的师级近距空中支援任务的末端攻击控制。

② 空中遮断协调员(Air Interdiction Coordinator,AIC):负责处理师作战地域空中遮断任务,与联合空地一体化中心的目标确定官和特种作战部队火力联络员合作,以确定适合空中遮断的临机作战目标。该遮断协调员与空域管

制员共同批准空域,与空中任务分配命令管理员共同选择攻击目标清单选项,与陆军火力人员和空域管制官,共同建立和同步遂行空中遮断任务所需的控制措施。为保护己方部队,遮断协调员对所有提请执行空中遮断和打击协调、侦察任务的目标和飞机进行日常安全检查。当火力支援协调线移动,或战区空中作战中心发布新的空中任务分配命令,遮断协调员还要对其进行安全和重复检查。

③ 侦察情报和战场监视联络员:就侦察情报和战场监视能力的高效有力运用,向师指挥员提供建议,当战区侦察情报和战场监视资源正在执行支援师的特定行动任务时,此时需进行整合或消除冲突。战区空中作战中心的侦察情报和战场监视联络员,可被派遣到联合空地一体化中心内。如果得到战区空中作战中心的授权,侦察情报和战场监视联络员可以对有关资源进行动态调整赋予作战任务,并紧急应对战场有关情报与监视需求。

(6) 参战部队联络员。根据需要,陆军、空军及其他军种联络员,跨部门和政府间人员等可在联合空地一体化中心协同开展工作,将各类火力和空域需求统一整合到师属空域中。

**2. 联合空地一体化中心的系统配置**[10]

联合空地一体化中心系统是一个集成体系,配置如图4.8所示。该系统空域管制核心功能源于美空军的战区战斗管理核心系统,支持作战部队一级的空战计划拟制、修改和分发,包括空中任务分配命令和空域管制指令,共享战区空中和地面活动的相关通用作战态势图。

(1) 联合部队空中指挥员一级、空中支援作战中心的"战区战斗管理核心系统"情报和目标确定程序,可为精确打击火力、空中安全通道以及空袭实时警报等进行协调,提供协同技术支持;联合空地一体化中心内的战区战斗管理核心系统,设置岗位包括高级航空总监、程序控制员、空域管制员、空中任务分配命令管理员、联合空中请求网操作员、接口管理技术员和空中支援作战中心派驻的情报官或技术员。战区战斗管理核心系统"空中请求网络处理器",是供作战部队提交、处理和监控即时空中支援请求的应用程序。空中支援作战中心使用该程序分配作战飞机,响应即时空中支援请求,跟踪空中支援行动的空中任务分配命令、预先计划任务等。战区战斗管理核心系统的"基于网络的空域冲突消解"程序,用于构建和管理空战场四维(经度、纬度、高度和时间)空域,并确定空域之间是否存在使用冲突,它根据预计火力发射时间和航线飞行进行冲突消解分析,计算参数主要包括出发基地、预计出发时间、目标位置及最终着陆地点的预计时间。战区战斗管理核心系统的"执行状态和监控"程序,用来显示和管理空中任务分配命令及更新作战飞机的机载任务状态。

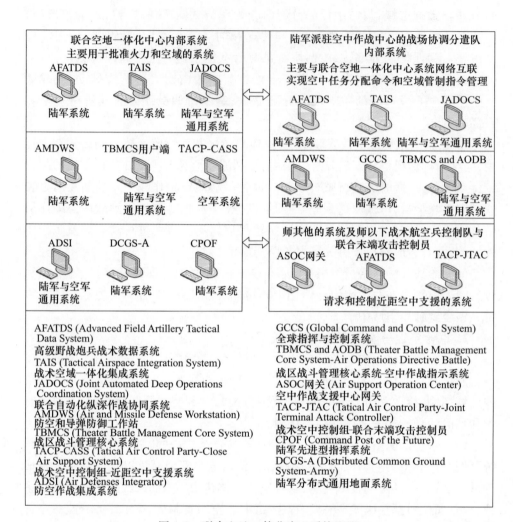

图 4.8 联合空地一体化中心系统配置

（2）联合空地一体化中心的火力与空域使用冲突消解系统。①联合自动化纵深作战协调系统对临机目标、高价值目标、高收益目标进行及时规划打击，其通过一套工具和接口，进行跨军兵种和作战区域的横向纵向集成，接收或导入空中任务分配命令和空域管制指令，最大限度地实现火力与空域使用整合。②高级野战炮兵战术数据系统，是一种多军种综合火力支援协调系统，负责处理火力任务、空中支援请求和其他信息，最大限度地使用火力资源。通过在火力支援渠道中管理、收集和传递重要火力支援数据，创建、存储和检查火力支援协调措施和空域协调措施。③战术空域一体化集成系统，提供自动化的陆军空域指挥与控制方案规划和增强的空域管制计划执行监控功能，用于处理空域管制请求并集成到空域协调措施中,用于拟制不同层级的陆军空域管制计划,并与相关指控节点的空域管制员协调,可与陆军战区作战指挥与控制系统、战区战斗管理核心系统、空中作战中心指控系统等链接,接入多源数据,融合生成战区统一的空域态势图,消解空域冲突,确保即时火力打击实施并避免误击误伤。

(3) 战术空中控制组的近距空中支援系统。这是一种引导控制飞机的近距空中支援、地对地野战炮兵瞄准系统,接收和发送来自前沿部署的联合末端攻击控制员的战术空袭请求,通过数据链及便携式无线电台,在飞机和地面指挥分队之间进行数字通信。

**3. 联合空地一体化中心的空域管制**[10]

联合空地一体化中心通过将该师的火力与空域管制员(空域、火力、航空兵和战术空中控制组等要素)同地办公,从而提高了师火力分配与空域管制能力,使其能够有效合作。空中支援作战中心和战术空中控制组人员,拥有联合部队空中指挥员的指挥授权,可控制空中部队空域使用,以支援该师或师属空域内的作战。根据空域管制授权,陆军空域管制员对师属空域使用者拥有更强的程序控制力,陆军和空军空域管制员与火力、陆军航空兵人员协同,可实时执行火力支援、火力打击与空域管制。陆军空域管制员可通过直接与空域使用者的沟通协调,或者在适当时机通过与防空空域管理/旅航空单元等协同,从而在程序上控制陆上战场空域的使用。师的空域管制部门和空中支援作战中心,通过联合空地一体化中心的人员整合和协调,共同控制师属作战空域。联合空地一体化中心对当前的空域使用情况进行评估,对空域管制计划、空域管制指令和当前的空域管制态势图进行必要的调整,形成动态更新的能力,为陆战场空域使用带来诸多优势。

(1) 形成反应迅速的师火力支援能力。联合空地一体化中心,确保了师空域使用控制、师指挥员明确的作战优先级及陆军作战风险指导等得到贯彻执行,通过连续不间断的合作,实现协调一致的火力打击,为师一级作战提供了强大支撑。

(2) 整合近距空中支援和空军部队作战的协同。联合空地一体化中心的空域管制员,协调进入师空域的每项空中任务,并消解空域使用冲突。在提供飞机航线指令之前,程序控制中要审阅预先计划好的空域和生效的火力打击任务,确定消解飞机飞往目标区域的航线冲突,如果需要还可以建立或激活非正式的空域协调措施,以便飞机安全地来往目标区域。一旦联合空地一体化中心消解了师属空域内的冲突,程序控制员就将飞机引导至联络点,然后将他们交给控制飞机的机动部队联合末端攻击控制员,联合末端攻击控制员消解空中任务与旅战斗队一级的火力、无人机系统和旋翼机飞行的冲突。任务完成后,飞机要根据联合空地一体化中心程序控制员的航线指令离开师属空域,之后联合空地一体化中心停用或取消为该任务激活的空域协调措施。

（3）整合陆上战场空域使用。陆军师成立空域管制部门，负责空域指挥与控制工作，该部门人员派驻到联合空地一体化中心，但他们没有权利对陆军航空兵分配任务；此外联合空地一体化中心内派驻的空军人员，也可以对师属空域的空中部队实施引导控制。联合空地一体化中心人员，共同实施师属空域的作战管制，按既定程序、空域管制计划和其他相关空域管制指令进行操作。旅作战地域内的陆军空域使用者，通常受该旅的空域程序控制。联合空地一体化中心空域管制员，不断与旅的防空空域管理/旅航空单元协同，确保对整个师作战地域的空域管制进行整合。当一个师将其部分作战地域划分给下属旅时，就会指定空域管制的职责。但师的空域管制部门，必须将整个师作战地域上的所有空域使用进行整合，并保留对空域的管制权。

## 4.3　空域协同决策

通过上述分析，联合作战军兵种指挥员进行空域管制协调，实现将陆军部队和空军部队及其他的空域使用者整合在一起，最大限度地发挥各种火力作战优势。指挥员们也明白，他们不是独立作战，而是在更大规模的部队编成内作战，在更大的联合框架内需要整合和同步其他行动与作战。陆军指挥员行使任务式指挥，控制陆军部队空域使用，陆军空域管制员指导空域的使用，如果联合部队指挥员将空域管制职责赋予陆军指挥员，那么陆军指挥员就要为作战地域内的空域管制负责。空域管制不会管理单个空域使用者的飞行航线或弹道，空域管制部门只是在作战计划和实施中，为飞行航线和弹道整合空域使用，管理风险。只有当两个或多个空域使用发生冲突时，空域管制部门确实需指挥改变飞行航线，就要与相应的指挥与控制节点进行协调。陆军与空军建立空地作战伙伴关系，实施军种之间协同与操作的标准化作业程序，采用先进信息系统做支撑，实现空域使用冲突及时消解，降低对联合作战行动的限制。

### 4.3.1　空域协同流程

陆战场上陆军的空域管制员，在空军的空域管制员协调下开展工作，空军和陆军都有各自的用于处理空域协调措施请求的自动化系统与申请表单，创建与激活空域协调措施的关键步骤与流程[13-15]，具体如图4.9所示。

首先对发来的空域请求进行审核，并评估与协调冲突，若不存在冲突则可批准空域协调措施请求；若存在冲突，则决定接受还是否决所请求的空域协调措施，并通知空域使用者。若空域协调措施被接受并且存在冲突，则要求该措施所属的空域管制部门，提供关于如何消解冲突的空域协调措施，如按照时间或空域纵向、横向或两者的结合来消解冲突。空域协调措施被激活并监视其是否合乎要求,在不需要时应及时停用。空地联合作战中,空军空域管制员和陆军空域管制员相互协同配合执行任务,不仅要消除空域协调措施的冲突,还要合作解决影响空域内的作战效率问题。实际上快节奏联合作战启用多个空域协调措施可能在一些情况下发生相互矛盾与冲突。通常情况下,空域使用者如联合作战地面火力、无人机系统、固定翼或旋转翼飞机等,存在未经事先批准进入空域的情况,或者如果一架飞机未能保持在空域管制规定的高度或位置,这时就可能会出现空域动态使用冲突。一旦发生此类情况,军种指挥与控制系统平台是可以监控和了解到的,此时程序控制员或空域管制员需临机展开协调,化解冲突,紧急修订有关措施,更新和显示当前与计划的各类空域协调措施,从而保持动态的作战空域态势图的完整性和有效性。

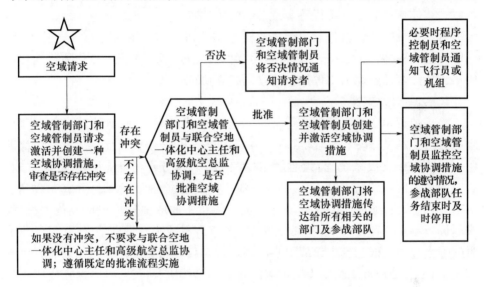

图4.9 空地联合作战空域协调措施创建与激活

## 4.3.2 火力召唤实施

空地联合作战打击流程中,可以使用多种火力组合[16-19]。在联合空地一体化中心内,实现多军种和多兵种的联合指挥与控制,其通过火力支援分队、联合末端攻击控制员等,接收火力召唤请求,一旦收到请求后,火力控制士官是第一个处理该请求的人,其将打击目标传输给负责分析目标、核实目标数据、确认目标并执行目标数据发布的各类军官。目标确定官审查可用攻击选项,空中任务分配命令管理员对用于打击目标的空中部队进行审核。空中支援作战中心派驻的情报员或技术员,查看目标区域是否存在自己的飞机及对己方的危险,陆军航空兵联络员评估火力打击武器对目标区域内的陆军飞机的影响,防空和导弹防御官评估对目标区域当前防空作战活动的影响,陆军和空军空域管制员评估当前空域的可用性等。如果请求的火力要求在作战地域外开火,还要整合当前火力实施同其他有关单位的作战协同。当审查完这些信息后,联合空地一体化中心主任将决定最佳攻击选项,进入诸如近距空中支援、空中遮断、压制敌防空或基于目标类型的临机目标打击任务流程进行处理。若选择地面火力打击该目标,则第一步是消解空域使用冲突,建立任务信息并以数字化方式发布,内容包括图形描述的弹药打击路径、相关炮兵阵地区域、炮目线方向和可能的弹药最大作战范围,在评估这种火力打击任务期间,陆军和空军空域管制员将创建与激活所需的空域协调措施,一旦消解了空域使用冲突,空域管制员就向火力控制士官和联合一体化中心主任提供答复之后,火力控制士官就将火力指令发送到执行火力打击单位并监督其执行直至完成任务,战场监视将尽快完成战斗毁伤评估,向联合空地一体化中心报告,以便对目标保持态势感知,为下一步作战行动提供决策支持。若任务完成则停用已建立的空域协调措施。

**1. 空中火力支援**

大多数近距空中支援请求是通过联合空中请求网实施,具体请求来自联合末端攻击控制员、作战分遣队或旅营级部队联合火力观察员,使用战术空中控制组–近距空中支援系统、高频通信、战术卫星网、语音或消息应用程序等。当联合空中请求网收到请求时,对应的处理流程即启动,分配目标编号并宣布收到了请求。空中支援作战中心派驻联合空地一体化中心的值班情报员或技术员,检查目标区域是否存在对空中部队的威胁,若发现有威胁则发出警报,并建议通过野战炮兵火力或战区空中作战中心协调执行对敌压制防空任务。如果需要压制敌防空,参与处理近距空中支援请求的人员则继续协调行动,以确保完成压制敌防空后,可以继续执行近距空中支援任务。

火力单元负责确保任何请求的火力,不会违反设定的火力支援协调措施。此外,若近距空中支援请求的目标位置不在请求者的作战地域内,则火力单元整合当前作战行动,消解与地面部队作战的冲突。联合空地一体化中心主任、高级航空总监和空中任务分配命令管理员紧密合作,确定将哪些航空兵力量用作攻击。空中任务分配命令管理员检查可用的作战飞机并与高级航空总监协调,当联合空地一体化中心主任可能设定将实施空中火力支援飞机其他更为优先的任务,则高级航空总监需要重新安排作战飞机进行支援。在确定航空兵力量时,联合空地一体化中心主任和高级航空总监要决定是选择陆军的还是空军的飞机实施任务。一般高级航空总监通知联合空中请求网操作员,将批准消息发送给请求者,空中任务分配命令管理员为作战飞机分配任务,陆军和空军空域管制员创建与分发空域协调措施,特种作战部队火力联络员核实目标区域附近是否存在特种作战分队,并提醒其有火力来袭,其他部队联络员也需要进行类似操作。若选择了地面火力实施支援,则火力控制士官,将数据输入射击指挥系统,检查空域是否有冲突,若有则陆军和空军空域管制员消解冲突,之后火力控制士官再将火力打击任务发送给适当的打击部队。

使用航空兵进行支援时,程序控制员要协调空军的控制与报告中心或机载预警和控制系统对支援飞机进行引导控制,并向机组提供任务、目标和交通指令的更新。然后联合空地一体化中心的程序控制员指示飞机联系联合末端攻击控制员执行火力打击任务。联合末端攻击控制员根据需要提供近距空中支援任务简报,并对近距空中支援飞机进行末端控制。在离开目标区域后,近距空中支援飞机向控制本任务的联合末端攻击控制员、程序控制员提交一份任务报告,最后若整个作战过程中激活了空域协调措施,则陆军和空军空域管制员停用有关的空域协调措施。

**2. 空中遮断任务**

在大多数情况下,对即时遮断任务的请求,从旅一级部队发送请求给师参谋机构,或通过使用联合部队空中指挥与控制系统等平台收集遮断任务请求信息。美陆军师一旦收集到空中遮断任务请求,就会启动联合空地一体化中心的目标确定官或联络员协调流程。目标确定官和遮断协调员通过审查目标类型、位置以及与地面部队的接近程度,开始分析目标对象,探讨用师掌握的建制火力或陆军航空兵打击目标。遮断协调员或协调联合作战空军部队执行任务,并探讨陆军地面火力的潜在打击可能。通常打击遮断目标是在联合作战空军部队支援下实施的,这就意味着联合作战空军部队拥有该任务决定权,并由空军部队决定是否支持该请求。若空中作战中心确定了具备实施该请求的空中部队,则联合空地一体化中心值班军官负责分配此任务并接受对目标打击的决定权和责任。若空中作战中心无法提供打击支持,则遮断协调员会研究其他作战方案。在目标打击决策中,空中支援作战中心派驻联合空地一体化中心的情报员或技术员要分析对空中部队的威胁,并将分析结果传递给遮断协调员。防空和导弹防御人员要监视可能影响遮断任务的敌空中威胁,并且空中任务分配命令管理员要研究当前已分配的空对地打击方案,包括重新调整近距空中支援。

如果战区空中作战中心不负责分配此遮断作战任务,那么遮断协调员和目标确定官,将潜在的攻击方案通报给高级航空总监,并与战区空中作战中心主任协调研究决定,批准或否决推荐的攻击方案。在高级航空总监的协调下,联合空地一体化中心主任确定具体攻击方案。若需要重新为近距空中支援力量分配任务,则遮断协调员要通知战区空中作战中心和空中任务分配命令管理员,然后空中任务分配命令管理员选择合适的作战飞机并赋予其任务,之后通知空军和陆军空域管制员消解空域使用冲突,激活支持该任务所需的空域协调措施。陆军航空兵联络员通知友邻陆军航空兵部队即将实施空中遮断任务,程序控制员担负对作战飞机的程序控制,并提供有关威胁情况、己方部队位置、该地区其他飞机以及重要的任务信息等。在目标被攻击后,空中支援作战中心派驻联合空地一体化中心的情报员或技术员要接收来自遮断协调员或程序控制员的飞行报告。不论何种打击方案,联合空地一体化中心人员都要消解空域使用之间的冲突,建立和发布必要的空域协调措施。目标确定官在发起地面火力打击之前要与空域管制部门协调,以便向其他空域用户提出建议,执行火力打击任务后,由前方观察员或信息收集平台进行作战评估,完成任务后停用空域协调措施。

**3. 压制敌防空作战**

压制敌防空作战,通常由战区空中作战中心执行,并由联合空地一体化中心进行支持。从战区空中作战中心、特种作战部队、联合末端攻击控制员等信息源处,获取压制敌防空作战请求,在联合空地一体化中心处理,目标确定官与火力控制士官密切合作,确定野战炮兵是否可行,火力单元还要确定压制敌防空作战不会违反火力协调措施或对己方部队造成威胁;空中任务分配命令管理员与战区空中作战中心协调,确定空中部队是否可用,或者近距空中支援或其他作战方案是否更合适该任务。在上述协调完成后高级航空总监或联合空地一体化中心主任确定任务,联合空中请求网操作员根据任务分配目标编号,陆军和空军空域管制员构建并激活空域协调措施。若采用地面攻击方案,则火力控制士官将任务发送到适当的火力单元,并监督执行直至完成;若选择空中攻击方案,则空中任务分配命令管理员为作战飞机分配任务,通过飞行报告来源评估作战效果。任务完成后,空军和陆军空域管制员停用必要的空域协调措施。

**4. 攻击临机目标**

临机目标是经联合部队指挥员确认过的目标或一组目标,需立即对此做出响应的目标,且它也是高作战价值、机会稍纵即逝的目标,或对己方部队具有高威胁性的目标。打击临机目标,第一步是作战实施之前要筹划好,要了解联合部队指挥员对打击临机目标的具体指示和标准,包括交战权限、冲突消解和同步的程序等。一旦发现预设好的临机目标,情报支持系统要查明作战危险并让有关机构知道这些危险。当联合末端攻击控制员、联合火力观察员或通过其他途径获知作战地域内发现临机目标,则分析是否利用地面力量、空中部队进行打击的可行性。若不行,则协调战区空中作战中心的动态目标工作组进行目标打击。实施过程中需空军和陆军空域管制员消解空域冲突。

**5. 战斗识别和对己方部队识别**

防空和导弹防御部队对战区弹道导弹威胁做出反应,当传感器探测到有导弹发射,防空和导弹防御工作站上会立即显示通知信息,并通过网络分发给所有作战飞机和地面部队。探测到未识别目标,第一步是确定目标是己方、敌方或中立方,一旦目标是敌方及威胁得到确认,通常陆军防空和导弹防御所属的防空炮兵协调员,就提供打击威胁的指示,如果必须在师属空域内进行打击,此时空域管制员必须快速消解空域冲突并向空域使用者提供建议。防空作战优先于其他大多数正在进行的任务,联合空地一体化中心立即激活所需的空域协调措施,并快速批准交战空域,使得防空系统能够快速打击敌方空中威胁。

**6. 实施防御性制空作战**

当在师属空域内发现敌方飞机,要通知联合空地一体化中心内的防空与导弹防御官,使其确保防空炮兵火力控制与战区空军的区域防空指挥员的一体化协同。防空炮兵火力控制官负责根据需要向区域防空指挥员更新防空态势,并准备好最佳的作战力量跟踪、识别和打击敌威胁飞机。当收到防空警报,联合空地一体化中心的防空与导弹防御官将敌机坐标输入"防空作战集成系统",并通知防空炮兵火力控制官。同时,目标确定官、空中任务分配命令管理员可共同确定可用的作战资源,以最有效方式识别和打击空中威胁目标。火力控制士官、陆军和空军空域管制员要评估防御性制空作战对其他作战影响,整合防御性制空作战计划与火力,根据需要消解与其他空域使用冲突。

**7. 战场医疗救护、人员营救等活动**

在大规模作战行动期间,联合空地一体化中心将负责整合作战空域使用,提升对各类突发事件的快速处置。当对地面或空中医疗后送、陷入敌后的军种成员或有人/无人飞机坠毁等救援提出需求时,联合空地一体化中心需建立消除火力和机动部队空域使用冲突的有效措施,以满足指挥员的战场医疗救护与人员营救行动需求。

## 4.4　典型系统装备

### 4.4.1　全军通用系统

联合作战指挥与控制系统发展,源于20世纪50年代美军各军种单一功能的指挥与控制自动化系统建设,其发展经历了各军兵种独立发展、体系综合集成和网络中心化等阶段[20-22]。海湾战争后,美军认识到未来战争将是信息化条件下的诸军兵种或多国部队的联合作战,其要求指挥与控制系统需具有支持一体化联合作战的能力,并于1992年提出用全球指挥与控制系统(Global Command and Control System,GCCS)概念取代沿用多年的全球军事指挥与控制系统(Worldwide Military Command and Control System,WWMCCS)概念[23]。全球指挥与控制系统是美军联合作战指挥与控制族,用来支撑包括战争动员、部署、兵力运用、作战、支援和情报等各项任务,具有强大的数据分析和信息融合共享能力,能为作战人员近实时提供粒度适宜的通用作战图像,满足从国家指挥当局到联合特遣部队各级指挥员的作战需求。该系统主要由联合全球指挥与控制系统(Global Command and Control System – Joint, GCCS – J)、陆军全球指挥与控制系统(Global Command and Control System – Amy, GCCS – A)、海军陆战队全球指挥与控制系统(Global Command and Control System – Maritime, GCCS – M)和空军全球指挥与控制系统(Global Command and Control System – Air Force, GCCS – AF)等组成[24-27],其框架结构如图 4.10 所示。

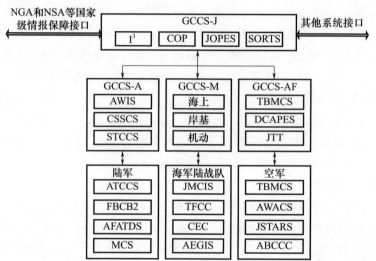

图 4.10  全球指挥与控制系统

182

# 第4章　空地联合用空协同

战区联合部队指挥员是联合空域管制的主负责人,其主导战场联合空域管制担负的主要任务包括:制定全面的空中交通管制方案,支援危急(准战时状态)下的行动与部署和空中交通管制;协调东道国、盟国民航空中交通管制系统,制定包括东道国、国际组织及有关国家的空中交通管制协调协议;将整个战区空域统一纳入战区联合空域管制中,指导拟订战区统一的空域管制方案、空域管制计划等;协调机场终端仪表飞行、进场着陆程序和离场程序等,包括协调作战使用的军用机场、民航机场及周边的航空运行保障设施,部署机场空中交通战斗勤务系统,检验、协调、校验仪表飞行进近着陆程序或审查公布各类飞行程序;协调国际航空组织、民航空中交通管制机构和非政府组织/民间志愿者组织等,执行人道主义空勤任务等。全球指挥与控制系统中,提供实施联合空中作战的主要功能,它是战区空中作战计划、辅助分析、任务规划与筹划的基本工具,并提供对战场空域进行管理与使用协调支撑功能。其中与空域管制相关的功能包括:①空战场时空大数据支撑模块,它包含丰富的武器装备数据、各类弹道、航迹数据和作战空域标绘与态势图,全球各地作战力量与作战资源数据,使指挥员与参谋人员依托该系统可以查询丰富的战场情报数据,为决策和计划制订提供详细的数据分析支撑,并具备建立通用空中作战图像和维持其准确性的能力,关联或融合来自多个数据源的原始数据,并把原始电子情报与跟踪数据关联起来,支持作战目标选择和作战空域协调。②具备作战计划追踪与分析,该系统中能够过滤和显示多达10万个飞行航迹的能力,提供在地图上显示任务航迹信息,并可以进行任务追踪与分析,实时查看空域协调措施,追踪空中目标位置和任务状态。③辅助决策分析,系统具备空域冲突分析、通信导航监视性能覆盖建模、空域状态显示与告警,能够为战区指挥员和参谋人员的联合空中作战指挥与控制决策提供支撑。

全球指挥与控制系统的核心功能是生成通用作战态势图,它为指挥员和参谋人员提供通用的战场空间地理描绘图像,具体生成流程如图4.11所示。其内容包括:①己方、友方和敌方陆上、海上、空中部队当前位置以及所有可用状态信息;②陆上、海上、空中部队所有的计划及机动方案信息。

同时,通用作战图具有接收、关联、显示通用战术态势图的综合能力,还能够应用于规划,生成战区叠置图或投影图,如气象和海洋图、战场计划、部队位置投影及空域配置图等。叠置图或投影图可包括己方、友方、敌方和中立部队的位置、设施和相关地点。通用作战图包含的信息涉及战术和战略层次的指挥。其中包括地理位置数据,其来源于联合作战计划和执行系统的规划数据,以及资源和训练管理系统的准备数据;情报(包括影像叠置图),其来源于全球侦察信息系统的侦察数据及气象和海洋系统的天气数据;核、生物和化学放射预报数据;

空中任务分配命令数据,主要是空中航迹、任务航线、作战空域及各类空域协调措施、火力支援协调措施等内容[28-29]。

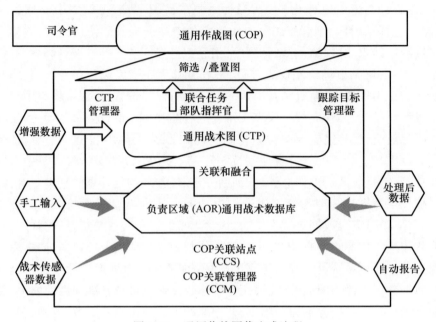

图 4.11　通用作战图像生成流程

### 4.4.2　空军管制系统

**1. 空军参战部队担负空域管制的主要任务**

空军空中交通管制系统,提供从本土通过中转和国际空域到达战区机场、卸载航空港、前沿部署简易机场及返回的全程空中交通管制战斗勤务与协调。在战争发起前后,前方战区和本土之间将建立横贯大洋或大陆的空中军事运输交通流,为实施各类空运空降和空中战略打击提供支撑,据此空军将集中力量提供所需的中转和远程部署的空中交通管制战斗勤务。在战区的作战区域或主要作战区,空军的空中交通管制系统主要部署在航空兵作战中心,担负机场进近雷达管制、机场塔台管制等战斗勤务,是战区战术空中控制系统的重要组成部分。联合作战区的空中交通和空域管制,一并整合到战区空中作战中心。

在伊拉克战争中,美英空域管制覆盖伊拉克、科威特、卡塔尔全境和波斯湾北部海域上空及沙特、土耳其部分空域。其中,沙特、科威特、卡塔尔对美英全领空开放,伊朗保持中立,因此战前美英联军已掌握战区空域管制权。为保障作战行动,2002年11月美空军在卡塔尔乌代德空军基地的联合空中作战中心履行战区空域管制部门职责,12月在沙特苏丹王子空军基地开设空域管制指挥和协

# 第4章 空地联合用空协同

调中心。在伊拉克战争期间,中央战区指挥员任命中央战区联合部队空中指挥员担任空域管制官,职责包括协调和综合利用空域管制系统、制订空域管制计划,满足紧急情况下快速部署军事力量的需要等,并从本土紧急征调400名军航管制员执行战区空域管制任务。同时,在管制设施设备上也给予了大量投入,上至中央战区作战指挥中心,下至各军兵种作战力量构成单元均装备空域管制系统。2003年3月20日,美军已完成各级空域管制系统之间的互联互通,并与机动作战部队之间通过无线网络链接实现了保密互联和信息速传,显著增强了部队的临机处置和联合作战效能。美英联军在伊拉克战争期间,其研制的战区战斗管理核心系统已实现空中任务分配命令和空域管制指令,对作战部队自动分发,"快速情报接收系统"加装至各作战飞机。作战指挥员对战场态势的掌握程度从海湾战争时的15%提高至90%,增强了战场态势感知和战机把握能力,空中任务分配命令传达时间由过去的数个小时缩短到5s,基本实现实时指挥与控制,约2/3作战平台是在升空待战时接收目标情报和攻击指令,从目标锁定到实施打击过程由从前几十分钟缩短为几分钟,实现快速打击、灵活控制。

**2. 部署通联联合部队的战区战斗管理核心系统**

1995年美空军研制了战区战斗管理核心系统,这是一个高度集成化的自动化系统[30-32],具体系统功能组成如图4.12所示。

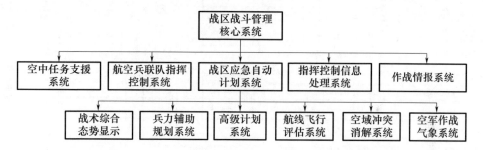

图4.12 战区战斗管理核心系统功能组成

战区战斗管理核心系统用于联合空中作战综合指挥与控制信息管理和任务活动进程监视。在战区中为空军及其他军种、联合部队提供标准化、安全、自动化的空中作战计划与执行管理。该系统包括一套适应网络中心战的空军作战指挥平台软件,负责对作战区域空中部队进行任务分配并制定空中任务分配命令,提供战区空域管制、空域申请、空域需求整合和空域冲突消解功能。通过各类情报、图像和信息,在空中作战中心及下属指控节点、派驻陆军机动部队的空中支援作战中心,生成战区统一的空中图像,能快捷、容易地进行任务计划管理与空域管制指令生成,如图4.13所示。

185

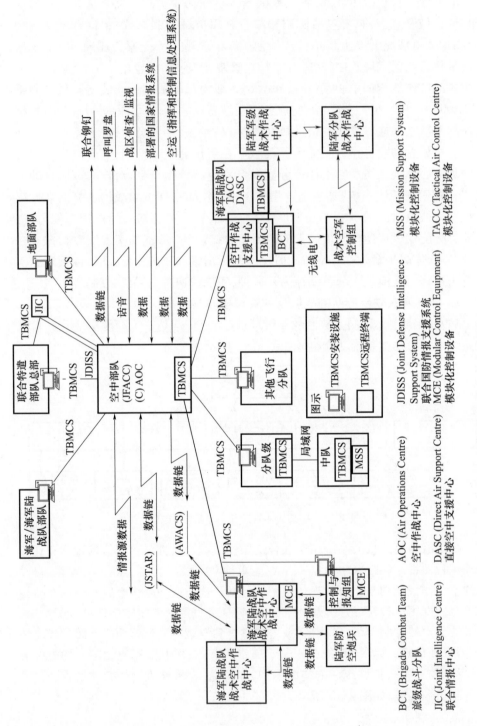

图4.13 战区战斗管理核心系统部署结构示意

**3. 配置了专用的空域冲突消解系统**

联合空域管理与冲突消解(Joint Airspace Management and Deconflication,JASMAD),是美军伊拉克战争之后研制的新空域管制功能模块,用于取代战区战斗管理核心系统内的空域冲突消解模块[33],其系统界面如图4.14所示。

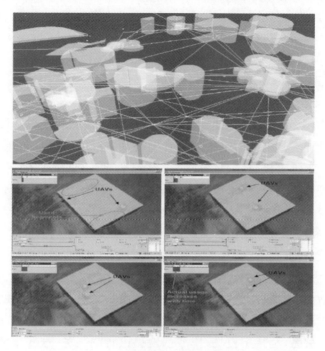

图4.14 联合空域管理与冲突消解系统界面

在伊拉克自由行动中,尽管采用了相当多的措施降低战场误击误伤风险,但空中和地面部队之间仍存在火力误伤,并导致13人死亡。这些事故部分原因是战场糟糕的态势感知以及空中指挥与控制跟不上造成的。地面部队移动速度迅速,许多情况下超出了空域管制能力范围而无法实时跟进正在发生的作战态势。从各种经验教训看,需对空域管制计划更新、空域冲突消解和信息共享等方面进行技术升级。无人机系统、远程火力、巡航导弹和空中传感器平台出现,亟须将这些平台整合到空域管制之中。对此研制联合空域管理与冲突消解系统时,全面升级了空域管制指令生成过程和空中任务分配命令的冲突消解过程,且在空中任务分配命令制定中,进行了更精密的冲突消解分析,其目的是建立单一的联合空域管制和动态冲突消解能力,以最大限度地减少冲突。同时,该系统还提供查阅空域协调措施的四维(三维空间+一维时间)视图,可显示纬度、经度和高度并提供时间基准,操作员能根据若干标准选择和排列空域内的变量,包括任务包、发射时间、到达目标时间、目标区域、高度区段和空中加油航迹等。空域管制员能输入航线(包括民航空域中的飞行航线)和作战区域,以加快空域协调措施创建与生成,最终将获得能消解冲突的空中任务包。该系统还以"近实时速度"传送空中任务分配命令,实际上也就是"前瞻"预览,在任务规划的同时,显示空域冲突消解情形。空中任务分配命令执行阶段,该系统将提供用于观察空域管制指令执行情况的空域图,制定空域协调措施并实时发布。此外,该系统还具备在空中任务分配命令执行过程中,提供重新规划和重新分配新的空中任务的功能,改变航线和预览航线更改,并分析对空域管制的影响等。

**4. 空军空中交通管制机动装备系统**

1) 空中交通管制塔台——AN/TSW-7

AN/TSW-7 是移动控制塔台[33],由现役空军部队和空军国民警卫队人员共同使用与维护。其主要由空中交通管制自动化系统、座机、高频/超高频无线电、紧急电话、紧急警报、疏散警报信号、晴雨表、录音机、望远镜、导航监测、光线枪和风测量等设备组成,用来提供机场交通管制服务,可为没有塔台的作战基地或在固定塔台不可用的情况下进行快速部署。虽然 AN/TSW-7 设备能力有限,但它能以最快捷方式提供所需的最低管制需求。

2) 着陆管制中心系统

AN/TPN-19 型、AN/MPN-14K 着陆管制中心系统[33],配置为一个完整的空域管制或地面进场雷达管制设备。该设备由空中交通管制员使用,用于在空中交通管制中目标识别、指挥调度飞机、引导防空走廊飞行和空域使用并与防空部队建立协调关系,为指定机场/作战基地提供管制服务,这些服务还包括提供各种天气情况通报。该系统能够识别在 200n mile(1n mile = 1852m)内装备二次雷达应答机的飞机,提供方位角和俯仰角信息并从 15n mile 开始引导进近着陆管制。着陆管制中心系统如图 4.15 所示。

图 4.15 着陆管制中心系统

# 第4章 空地联合用空协同

其中,AN/MPN-14K 装备机动精密进近雷达(Mobile Precision Approach Radar,MPAR)是一种可靠完全集成、数字化的高性能进近管制雷达,主要在终端区管制进入和离开机场的飞机,并可以在任何天气条件下引导航空器安全降落。

## 4.4.3 陆军管制系统

**1. 陆军参战部队担负空域管制的主要任务**

陆军空域管制称为陆军空域指挥与控制(Army Airspace Command and Control,A2C2)。目前,陆军在师及军以上部队设立建制空域管制部门,旅和营的空域指挥根据作战需要临时设置,它们通常与火力单元设置在一起,执行旅和营的空域管制任务。空域管制部门是陆军师及以上部队建制内的单元。军和师在其基本指挥所和战术指挥所中编有空域管制部门。模块化旅战斗队和支援旅(除了保障旅)都有一个临时的空域管制部门,称为防空空域管理/旅航空单元。防空空域管理/旅航空单元负责整合旅空域,包括防空反导以及航空兵指挥引导职能。陆军空域管制部门形成一个体系,实现对联合作战地域内的空域进行统一指挥与控制,为联合火力提供空域冲突消解职能。在伊拉克战争中,美陆军设立完备的空域管制部门,采取有效的空域协调措施,确保地面战争顺利进行。①实现联合部队之间的空域协调,为保证多国联合部队对战区空域的有序使用,战区空中作战中心对空域进行统一规划配置,划设空域管制责任区(Area of Responsibility,AOR),并明确陆军部队的管制职责,制定相应的空域管制规则。②实现作战部队空地之间的协调,战区空中作战中心根据作战计划,设置突击走廊、航线、空中禁区、限制区、待战区以及防空区等,明确地面防空武器攻击地带和高度范围,同时派驻空军有关联络员随地面部队行动,及时通报空域管制信息,减少空地之间矛盾,降低误伤风险。③实现作战空域用户之间协调,美军进攻巴格达时在高空有预警机、战略轰炸机和高空无人机,中高空有电子战飞机及无人机,中低空有对地攻击机、支援掩护飞机及反辐射飞机等,低空有A-10攻击机、F-15E作战飞机以及RQ-2战术无人机等,超低空有作战直升机和巡航导弹。为应对这种复杂战场环境,美英联军要求所有的空域使用者,在执行作战任务时,必须熟悉战场空域态势和周围空域环境,根据作战任务严格按照既定突击航线和高度飞行,并通过地面和空中的指挥与控制系统数据链传输信息发布指令,紧密沟通和互相协调,化解矛盾,从而减少误击误伤等事件的发生。

**2. 战术空域一体化集成系统[34-35]**

陆军战区空域指挥与控制典型装备,主要是战术空域一体化集成系统,它是美陆军作战指挥系统的核心任务系统之一,满足综合协调空域指挥和控制与空中交通管制的移动通信和数字化战场自动化管理,如图4.16所示。该系统向陆上指挥员提供自动化的空域指挥和控制规划与空中交通管制服务,通过诸如军用雷达、爱国者导弹防空系统、空中预警机、民航管制雷达等通信链路,获取各类远方空情信息,经融合综合处理后,生成经验证的空域态势图,并可按时段以二维或三维地图的形式显示近实时的作战态势图,根据这些态势图,操作员可以消解当前和计划的空域冲突,并将这些信息提供给位于陆军师和军指挥所的指挥员,同时提供给陆军航空兵、炮兵、防空兵指挥所等。

图4.16　战术空域一体化集成系统样式

战术空域一体化集成系统的主要任务包括综合与同步作战行动、解决空域冲突和实现空域指挥与控制的数字化和自动化信息共享。该系统与联合部队、多国部队及民航的空中交通管制系统具有一定互操作性,能将有关的联合空域管制、军民航空中交通管制系统联系起来,使陆军战术指挥员能够综合及同步所属战场三维空间内的所有作战行动。该系统能解决空域冲突,它可与每个陆军作战指挥系统交流、分享和协同空域信息,战术指挥员可与战场空对地系统之间进行近实时交互,及时解决作战空域冲突,增强作战的灵活性,提高作战效能。该系统还可实现自动接收传感器信息和数字化定位报告,处理战术数据链、传输控制协议数据链以及互联网协议、前方区域防空数据链中的空中位置跟踪信息,以数字方式接收和处理空域管制指令、来自战区战斗管理核心系统和各陆军作战指挥系统的相关数字化信息等。

**3. 陆军空中交通管制机动装备系统**

1）机动式塔台系统(Mobile Tower System,MOTS)

AN/MSQ-135是部署在机动车上的陆军型空中交通管制塔台,为师级和战斗旅终端空域提供轻型机场管制能力,该系统适于机场临时管制能力生成及应急作战使用,具有数字化空地通信、空中交通服务咨询系统和本地指挥网的连接,如图4.17所示。

# 第4章 空地联合用空协同

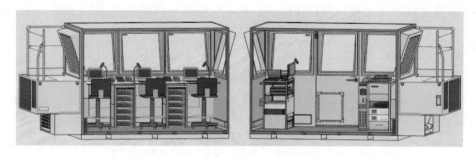

图4.17 机动式塔台系统

机动式塔台的主要配置包括：大尺寸的观察窗；为三名管制员提供本地天气数据和管制操作屏幕席位；提供通信电台，包括多波段电台、卫星通信和一个短波电台；空调；安装网络设备、计算机服务器、语音系统和安全系统；管制员及主任席位。

2）战术终端控制系统(Tactical Terminal Control System,TTCS)

AN/TSQ-198是针对战术航空管制小组(Tactical Aviation Control Team,TACT)任务需求，部署在高机动性轮式载具(High Mobility Multi-purpose Wheeled Vehicle,HMMWV)上的空中交通管制系统，配备4名管制员，24h一班，主要由通信设备、计算机系统、气象探测器等组成，支持航空器在着陆区、卸载区、装载区、前线武装和燃料补给点、机场和终端区的直升机作战空域中使用目视飞行规则的管制，提供空中交通管制咨询服务，如图4.18所示。

图4.18 战术终端控制系统

从美军空域管制系统装备发展情况看[36-38]，战场联合空域管制系统技术发展趋势与重点：①空域管制智能化。随着各军兵种武器装备发展，联合作战区域内航空器数量急剧增长，空域需求和空域使用特点各异，呈现多元化趋势，空域管制涉及多军兵种空域规划与协调使用，协同生成空域管制计划指令、高效探测

191

与消解空域冲突、调配有限空域资源、精细化控制空域使用进程等,其广泛采用了计算机技术、建模方法和自动化技术等,尤其是高效计算技术、数据处理技术的综合应用代表了今后空战场联合空域管制系统重点发展方向。②空域信息集成化。通过基于信息系统的一体化空战场联合空域管制,实现多军兵种信息互联互通以获得制信息权,为各作战单元提供权威和灵活的空域管制保障,是防止战场误击误伤的主要信息支撑,同时支持数据到决策应用。通过分析各级各类空域用户指控系统互联方式,研究建立多元异构战场空域运行信息分类和元数据描述方法,构建空域管制信息结构、数据管理、数据关系等,开发面向多军兵种系统和武器平台的空域数据交换格式,研制数据管理系统平台,开展海量空域数据分析与动态推理,通过感知、认知和决策支持应用,可为各级指挥员决策提供有力支撑。③综合态势实时化。联合作战空域内敌我态势、时空变化频繁,空域管制需实时掌握空中动态,形成战区空域使用情况总体描述。空域运行态势综合监视技术手段,提供接收融合各军兵种多源空域态势信息,结合飞行情报、气象、航行资料与数据、地理信息等,全面反映作战区域内己方各作战单元对空域的占用、释放及敌方作战空域情况、敌我态势变化等,实现空域运行态势的实时可视化发布,这是空战场联合空域管制不可或缺的内容。④构建战场数据通信网络。战场空域协调与空中交通管制系统承担的任务具有多样性、高复杂性、高灵活性、实时性等特点,数据链在其中完成多种条件、多种类型数据传输,单一数据链无法满足系统完整要求,且各种航空器上装备的数据链终端状况不同,整个系统需多种数据链协同配合共同工作。且数据链还需具有较强抗毁性和抗干扰能力,在战场空域管制与空中交通管制中,可用于防空武器部署,火力支援位置、打击目标分配、监视和火力支援协调,航空兵作战集结和编队地点、攻击走廊和空中加油走廊,空中航线协调等信息发布。作战飞机航迹监视和冲突检测所需的信息,可通过防空情报雷达网、数据链完成。民航飞机识别与航迹信息,可通过各类网络互联设备获取,也可以通过空管一次/二次雷达探测获取。地面站向航空器发布的地面管制信息、空中走廊信息、告警信息、飞行计划调整信息可通过数据链传递。战场态势和指挥引导信息传输可通过数据链实现。

## 4.5 杀伤盒及应用

杀伤盒(Kill Box,KB)又称杀伤箱、打击盒或杀伤区,是一个用于协调和整合联合火力打击的三维目标区域,它是一种火力协调措施,使空中部队能够打击地面目标,而无须与指挥员开展进一步的协调,也不需要联合末端攻击控制员进行特定引导控制。简单来说,在复杂战场上"敌""我""民"目标混杂,通常情况下利用空地立体火力打击需要复杂的协调措施,对敌我交混的目标需要高效的末端引导,但这种引导需要比较严格的流程和审批程序(如画各种协调线、经过各种审批、各项技术协调措施等),通常耗时较长,容易贻误战机。因此,当敌我区别明显时,己方目标比较少的区域,可以建立一个立方体的盒子状区域,在这个区域内不需要复杂程序,可进行限制较少的空地立体打击,以提高打击效益。实际上"杀伤盒"的概念,最初由美空军在 20 世纪 80 年代后期提出,在海湾战争(1991 年)的实践运用中得到完善,形成了相应的战术、技术和程序[39-40]。在伊拉克战争期间,杀伤盒发展了多个版本,形成了标准化的作战操作程序,并几乎被所有战场指挥员所运用。

### 4.5.1 位置标识需求

空地作战具有快节奏、强时效性、机会稍纵即逝的特点,加之地面火力、空中火力及远程火力交织,如何实施高效协同作战一直困扰各国军队。尤其随着飞机及其雷达系统、精确制导武器系统的升级,空中部队消灭敌方地面部队的能力一代胜过一代。空中部队在 20 世纪第二次世界大战的战场上,已经是一支打击陆军的强大力量,当时的战场上保持有效的制空权通常是取得战术和战役胜利的必要条件。然而当时空中部队的空地作战能力,仍然局限于特定方面,在夜间和不利天气条件下,地面部队在很大程度上不易遭受到空中打击,装甲车能够被空中打击但很难受到摧毁,为了保证对地面部队打击的精度,需要飞机降低高度并缩短开火距离,这给防空武器提供了机会,飞机的战损率达到了可怕程度。即使在有利条件下,打击地面目标的效果仍靠出动大量飞机,每杀伤一个目标需要出动很多架次飞机。但今天的飞机能力,已不可同日而语了,空中部队的夜间攻击能力有了极大提高,有时同白天相比,夜间可能更容易摧毁目标,并且由于制导武器的能力,不利天气条件下的攻击能力已经有了非常大的提升,精确制导武器还可以细致区分哪些目标可攻击或不能攻击,同时战场侦察与管理手段发生了多次技术变革,不仅打击有力,还迅速高效。随着技术的进步与推动,空中部队的地位和作用发生巨大变化,成为打击敌地面部队的重要力量,可以摧毁位于敌方地域纵深的军事集群,甚至钻入地下防御工事打击敌目标,高效的空中遮断能够通过削弱主要方向的敌人进攻,同样近距空中支援在战场上比以往更加高效。

在空地关系中经常采用"火力支援协调线"概念,进行作战协同与防止误击误伤己方部队,这一概念实际上是第二次世界大战中曾用的避免误伤轰炸线的替代,当时轰炸线通常设置在炮兵射程附近,但是要冒巨大的误伤风险。为了使空中攻击效果更好,地面参战部队可能在己方阵地几十米范围内设置轰炸线。

为了适应现代空中部队的作战能力提升,目前建立了火力支援协调线的概念,从陆军角度看设立火力支援协调线非常有意义,它能确保空中攻击和地面机动计划互为补充,但从空军角度看,设立火力支援协调线却有害无益,因为它需要地面部队指挥员来控制空中进攻,这种控制有时会迟滞己方作战行动带来作战损失。同时火力支援协调线需要很好地与地形特点相匹配,并需要精确的地理位置指示。由于复杂战场环境下,每一架航空器和所有士兵几乎是无法每时每刻都能获得精准位置信息的,对此发展空地作战典型控制措施就是"杀伤盒",其通过基于经纬度坐标的区域参考系统,实现像盒子的地面区域标识,告诉飞行员在其定义范围之内允许实施何种行动,采用这种三维坐标的杀伤盒在描述战场空间方面,相比传统的火力线更为有效,尤其是当前快节奏、动态性作战中更是如此。

### 4.5.2 基本概念定义

如图 4.19 所示,对应一种杀伤盒的基本定义与概况视图。

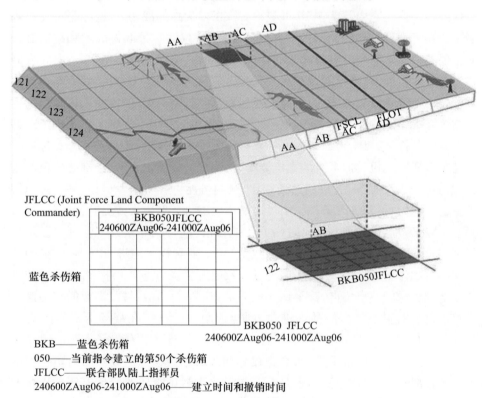

图 4.19 一种杀伤盒的定义

## 第4章 空地联合用空协同

在实际应用中,杀伤盒与陆军传统的火力支援协调线进行协同时有所冲突。美陆军条令要求保有相对较大的作战地域控制,以便陆军一个军能够控制、塑造战斗空间,运用建制内力量(陆军战术导弹和攻击型直升机)进行火力支援,据此陆军设立火力支援协调措施进行火力控制,如设立在军级或者联合部队陆上作战地域之内的火力支援协调线(Fire Support Coordination Line,FSCL),这些协调措施与陆军自身相容但是限制了其他军种的应用。因为根据协同要求,在火力支援协调线以内使用空中部队的作战效果不佳,所以陆军主导的协调措施,空中打击力量难以发挥作用。火力支援协调线具体示意,如图4.20所示。各种陆军作战协调线,侧重从平面作战的角度设立,以陆军行动为主,而空地立体作战的"杀伤盒"更多考虑多军种协同需求[41]。

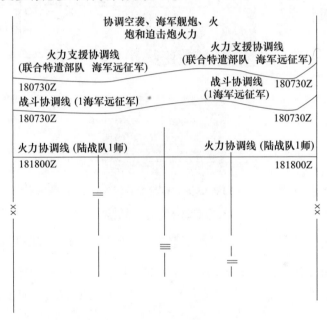

图4.20 火力支援协调线具体示意

杀伤盒概念最初在美陆军和空军具有一定争议,美各军种和联合条令中定义有很大区别。例如美空军作战条令的术语表中,将杀伤盒定义为:"联合部队用于整合和同步空中和地面作战、消解冲突的预先计划与联合协调措施,在不对称战场上方便运用联合火力。"而该术语在美陆军和海军、海军陆战队的条令中没有正式定义。美军联合条令将杀伤盒定义为:"能够及时、有效地协调和控制并促进快速攻击的三维参考区域。"可以看出,将杀伤盒作为重要联合协调措施,而联合作战术语中仅视其为一个空间区域。美各个战区在对杀伤盒的规则和应用又有所区别,如太平洋战区驻韩美军明确有两种限制和许可杀伤盒类型:

一种基本上是保护己方的限制火力区,另一种是将空中部队集中在指定区域的管制协调区。而在美欧洲参谋部中,杀伤盒是用于实现联合火力的空域管制区。在美中央参谋部中,杀伤盒作战概念运用于指示快速空对地攻击,近距空中火力支援协调措施以及地面部队所在地方,颜色编码用于指示杀伤盒的类型(如地面部队所在地区为绿色,限制区为红色,特种作战部队地点为黑色等),具体如图4.21所示。

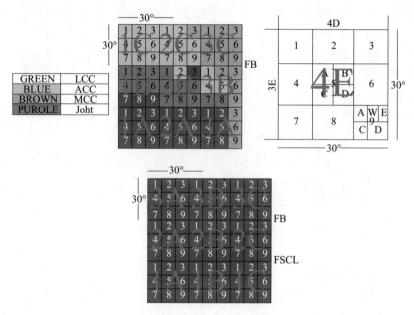

图 4.21 驻韩陆军(左)、欧洲参谋部(中)、中央参谋部(右)杀伤盒(见彩插)

在军兵种不统一的情况下,为联合作战增加阻力。由于美各战区军种对杀伤盒的基本概念、定义和坐标体系不统一,很容易在战时出现协同失调的问题。因此,为了进一步理清基本概念,增加多军种共识,特组织了研讨,以解决这一问题。2005年美陆海空作战应用中心召集联合条令制定人员与战斗指挥专家进行分析和辨析,形成美陆军"野战手册":杀伤盒多军种战术、技术和程序(MULTI – SERVICE TACTICS TECHNIQUES AND PROCEDURES FOR KILL BOX EMPLOYMENT)。该手册将杀伤盒定义为新的火力支援协调措施,并认为"杀伤盒是一个三维区域空间,用于加强火力支援协调的一种措施,用于促进对目标的空对地快速打击和增强或集成地对地间瞄火力效能"。这个概念充分吸收了各军种的观念,是第一次各军种有一个统一的"杀伤盒"定义。2005年之后的作战实践,杀伤盒终于作为一个新的火力支援协调措施,得到美所有军种的认可。杀伤盒主要适用于战役级别的联合火力打击的作战应用。

## 第4章 空地联合用空协同

**1. 杀伤盒的类型与基本内涵**

杀伤盒通常由区域参考系统定义,基于纬度和经度线叠加在操作区域地图上,网格的每个正方形可以细分为更小的框,每个框可以携带其自身的关于使用空对地或地对地武器的许可或限制。杀伤盒特性:①目标区域。杀伤盒的地点和大小,取决于特定区域内的预期或已知的目标地点。杀伤盒的大小通常根据区域参考系统(如全球区域参考系统)定义,但是也可以根据界限分明的地形特征,或根据网格坐标或中心点半径进行定位。采用全球区域参考系统的标准大小是这样的单元(经纬度 $30' \times 30'$,约为 $44km \times 44km$ 的区域),象限区(经纬度 $15' \times 15'$,约为 $22km \times 22km$ 的区域)或键区(经纬度 $5' \times 5'$,约为 $7.5km \times 7.5km$ 的区域)。②空域。杀伤盒目标区域上方的空域边界受到保护,从地面(或所设定的海拔高度)向上延伸至空域管制员所建立的高度上限。

杀伤盒分为:蓝色杀伤盒(Blue Kill Box,BKB)和紫色杀伤盒(Purple Kill Box,PKB)两种类型。

1)蓝色杀伤盒

蓝色杀伤盒的首要目标,是其允许在杀伤盒中运用空对地火力,而不需要进一步与己方其他部队进行协调或消解空域使用冲突,蓝色杀伤盒概念定义如图 4.22 所示。

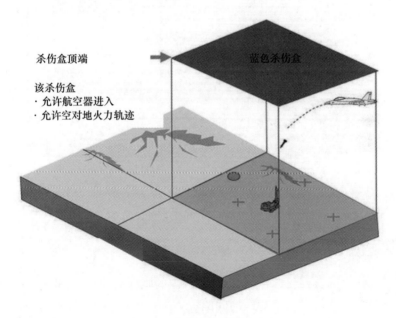

图 4.22 蓝色杀伤盒概念定义

若蓝色杀伤盒为激活状态,则未将该蓝色杀伤盒分配给特定航空器(如运输空对地投放军需物资的飞机),则需进行事先协调;若将该蓝色杀伤盒分配给特定航空器,则其进入杀伤盒区域作战,不用进行事先协调。在与蓝色杀伤盒协调员或适当的指挥与控制节点协调后,航空器未获授权分配蓝色杀伤盒,则需限制进入。蓝色杀伤盒所包含的空域,从地面延伸至空域管制员建立时设定的上限高度。蓝色杀伤盒的建立,不限制地对地直瞄火力攻击。蓝色杀伤盒将最大限度减少空对地火力攻击的限制,保护航空器的安全飞行。地对地间瞄火力攻击的途径区域或轨迹、弹道,将不允许通过蓝色杀伤盒。陆上和海上部队指挥员必须与合适的火力支援和空域管制部门进行协调,才能向已建立的蓝色杀伤盒区域内投送地对地、水面对地面或地下对地面的间瞄火力攻击,或途径通过这一区域。

2) 紫色杀伤盒

紫色杀伤盒减少空对地火力的协调要求,它采用高度、横向或时间区分方法,来协调地对地的间瞄火力,保护己方飞机,如图4.23所示。

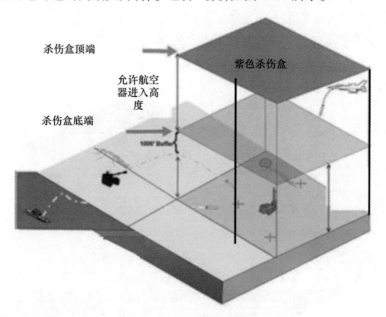

图4.23 紫色杀伤盒概念定义

紫色杀伤盒的首要目标是,允许其范围内的联合空地火力同时攻击,允许陆上和海上分队指挥员采用地对地的间瞄火力攻击,使对作战目标的协同打击效果达到最佳。建立紫色杀伤盒,不限制地对地直瞄火力攻击。紫色杀伤盒允许其范围内,地对地间瞄火力攻击与空对地火力攻击整合,空对地和地对地间瞄火力攻击的矛盾由高度间隔来解决。若采用其他冲突消解处理技术,则需要进行广泛的协调。未经协调的、未将激活状态的紫色杀伤盒分配给特定航空器,则限制该航空器飞越紫色杀伤盒空域;只有将紫色杀伤盒分配给特定航空器,才允许该航空器不用进一步协调,可直接进入杀伤盒空域进行作战。

3) 基于杀伤盒的空域协调

典型杀伤盒建立区域示意如图4.24所示,其核心是用来解决作战空域与火力协同技术难题。2007年美国国防部办公室委托联合火力协调方法验证与评估组织,验证杀伤盒的战术、技术与程序,并对其建立标准化程序,并将"杀伤盒"概念纳入联合作战的联合火力区(Joint Force Area,JFA)概念中,使它与联合火力协调方法中的其他措施保持一致。换句话说,作战区概念要与杀伤盒协调方法保持一致,如禁止火力区(No-Fire Area,NFA)、自由火力区域(Free Fire Area,FFA)的火力协调方法与杀伤盒的概念定义保持一致。杀伤盒空域使用简报,如图4.25所示,可以看出杀伤盒既是一种作战火力协调措施,也是一种作战空域协调措施,其根本用途及规则在于消解作战空域使用冲突。

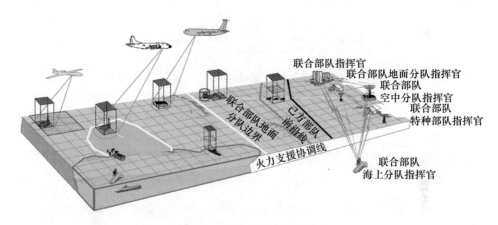

图4.24 杀伤盒建立区域示意

**2. 杀伤盒的生命周期管理**

杀伤盒生命周期管理,如图4.26所示,其可以基于特定的区域坐标参考系统来建立,该参考系统使用网格编码系统。建立杀伤盒时,将赋予特定状态(激活、未激活)。激活之后即表示该区域内建立了特定的协调规则并正式启用,可根据时间进程对杀伤盒进行状态激活或取消激活,实施杀伤盒的动态管理。未激活的杀伤盒可以作为一个标识,但不影响有关空域的使用,赋予的规则不需要被执行;一旦激活之后,则严格按照规则执行。这样就赋予了战场空间管理的极大灵活性,使得高强度、高时效、高动态的空地作战能够达到很好的协调效果。

| 杀伤盒攻击简报<br>(杀伤盒与突击航空器协调) |
|---|
| 解冲突说明：<br>"                                                                              "<br>(块高度、键区/象限、地理参考系统、流量、计时) |
| 目标描述：<br>"                                                                              " |
| 目标位置：<br>"                                                                              "<br>(坐标、地理参考系统等) |
| 目标高度：<br>"                                                                              " |
| 备注：<br>"                                                                              "<br>(实施计划、标记、目标时间（TOT）、威胁、无人机等) |
| 示例："Python 21,Hoss 11，仍然在象限4，角度15°。<br>你的目标:4个装甲运兵车，伴随步兵，从北向南，<br>位置N3701.034/W07601.089，海拔69英尺。" |

图 4.25 杀伤盒空域使用简报

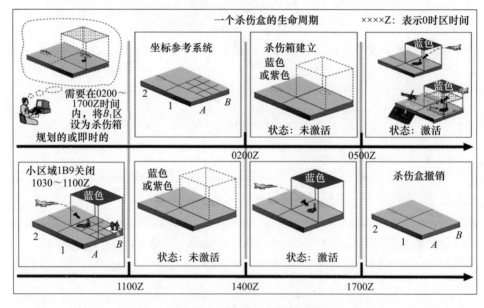

图 4.26 杀伤盒生命周期管理

## 4.5.3 参考位置基准

杀伤盒采用全球区域参考系统,但其根据联合作战地域性和保密性要求,在全球区域参考系统基础上构建了战区局部通用地理位置参考系统(Common Geographic Reference System,CGRS),该位置参考系统是建立在地理经纬度划分基础上的,具体情况如图4.27所示。

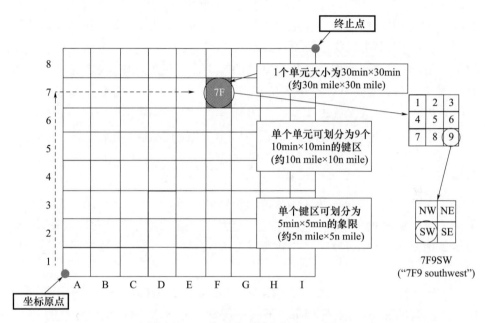

图 4.27　杀伤盒的空间位置参考系统

杀伤盒空间位置基准建立方法,首先设置空间参考的坐标原点(Origin Point)和坐标边界点(End Point),按地理坐标纬度和经度30′间隔进行连续划分,其中纬度方向采用数字进行编码,经度方向采用字母进行编码,构建出一个经纬度30′的平面网格系统,第一级网格大小为30′×30′(约30n mile×30n mile),该网格称为"单元";第二级网格在第一级基础上,按地理经纬度10′×10′间隔进行划分,并依次从1到9进行编码,网格大小约为10n mile×10n mile,该网格称为"键区"。第三级网格在第二级基础上,按地理经纬度5′×5′间隔进行划分,并按从南北东西进行标识(NW、NE、SW、SE),网格大小约为5n mile×5n mile,该网格称为"象限"。基于局部通用地理参考系统建立的网格,其本身并不是一种火力协调措施、空域协调措施或机动作战控制措施,其仅仅是战场联合空域管制与协调的空间位置基准参考系统,其只是一个平面位置系统,但若附加上高度限制或规则等属性信息,就成了一种带有状态信息的杀伤盒了,且成了联合作战的火力协调措施或空域协调措施。该通用地理参考系统的建立和发布,由战区联合部队指挥员负责,在战前筹划中开展并发布执行。

### 4.5.4 设立考虑因素

**1. 杀伤盒设立时主要考虑因素及需求**

杀伤盒通常在两个或多个作战分队或军种作战分队之间已建立了支援关系后,才会采用杀伤盒进行空域使用协同,目的是减少完成支援要求所需的协调,并达成防止误击误伤己方部队,取得作战的最大灵活性。杀伤盒内待攻击的所有目标,必须遵循作战计划和既定的攻击目标优先顺序、攻击力度和攻击时序要求。空军实施近距空中支援任务,一般不会建立杀伤盒。如果在已建立的杀伤盒内,要求实施近距空中支援任务,杀伤盒则被整合到这一部分的作战空域中并被关闭,由空军设定的近距空中支援的空域协调措施统一管理该区域作战空域。杀伤盒的使用管理中,如杀伤盒内的海拔高度、通信频率、指挥与控制手段等,需通过合适的指挥与控制系统来实现;杀伤盒的建立,通常是为了支持打击目标的定向决策,帮助识别陆上打击目标,通过杀伤盒的标识帮助定位目标的地理空间位置,但这不能替代战场侦察、情报和监视功能,在利用杀伤盒定位作战目标时,仍需要战场侦察情报体系作支撑和最终的目标定位。

杀伤盒建立中需着重考虑的因素是:①联合部队指挥员或陆上指挥员做出使用杀伤盒的决策时,要仔细考虑战场情况和作战方法,再确定杀伤盒的大小、地点、激活时间等。联合部队指挥员还需考虑其他有关因素,如敌方/友军位置、预期移动速度、地对地间瞄武器装备、地对地直瞄火力、作战方法和作战节奏等。②火力支援协调措施并非相互独立的,因此杀伤盒在自己界限内还可包含其他协调措施,如禁止火力区、限制作战带(Restricted Operations Area,ROA)、空域协调区(Airspace Coordination Areas,ACAs)等空域协调措施。在建立杀伤盒时,通常会优先使用限制性的火力支援协调措施或空域协调措施,这样确保不与杀伤盒的使用规则产生冲突。③理想情况下,杀伤盒建立在无己方地面部队的作战区域内;但如果存在己方地面部队,如战场侦察巡逻、特种作战分队在杀伤盒内,那么这时就应在杀伤盒的基础上,设立射击安全区,保护这些部队的安全,所以指挥员应保持对作战区域内己方地面部队位置、杀伤盒状态的情况掌握,同时要对杀伤盒进行实时管理,避免误伤己方地面部队。④每个杀伤盒需指定一名杀伤盒协调员(Kill Box Coordinator,KBC),其任务是解决航空器的空中冲突,管理/引导有效的目标攻击,提供战斗毁伤评估。⑤在与杀伤盒协调员进行协调之前,所有未分配到激活杀伤盒的航空器,将限制飞越该杀伤盒空域,同时在没有进行充分协调之前,也不允许地对地间瞄火力攻击蓝色杀伤盒内的目标或途径激活杀伤盒空域。指挥员必须通过火力支援协调人员和空域管制员进行协调,向已建立蓝色杀伤盒的作战目标,实施地对地间瞄火力攻击。⑥对杀伤盒内的目标进行攻击的权限并非在建立杀伤盒时就自动授予,由于在建立杀伤盒的过程中,所有目标选定、火力清理、与其他的地面火力矛盾解决虽已完成,杀伤盒会减少并消除指挥员关于完成任务的火力协调,攻击权限通过标准任务命令授予,但这并不能降低飞行人员完成任务要求的责任,还需进行有关的作战任务确认与评估,如攻击目标的优先次序、攻击力度和时机、对身份进行主动识别(Positive Identification, PID)、附带损伤评估(Collateral Damage Estimate, CDE)、交战规则确认等。⑦空对地火力攻击和地对地间瞄火力攻击的整合,在杀伤盒内需要建立合理的限制措施,如高度限制、时间和横向间隔限制等,指挥员应确定具体任务采用哪些限制措施是合理管用的,并确保通过有效的指挥与控制节点将这些措施发布出去。⑧地对地直瞄火力攻击不会受到杀伤盒建立的限制,但特定作战区域由于地形地貌限制,可能会从制高点采用直瞄突火枪、导弹和火箭等实施快速攻击,此时杀伤盒内作战的航空器应考虑到这些武器的炮目线。

**2. 杀伤盒使用时还需考虑的因素及需求**

(1)杀伤盒内的作战执行。设立杀伤盒取决于两个主要因素:基于杀伤盒的作战方法(是原先计划好建立的杀伤盒,还是根据作战紧急需要即时建立的杀伤盒)和交战火力的类型(集成的地对地直瞄火力、地对地间瞄火力、空对地火力或者是联合空地火力等),此时需要根据作战方法和火力选择,决定杀伤盒如何使用和设立。

(2)杀伤盒的建立与取消。杀伤盒建立与调整,需指挥员与联合作战区域的上级、下级、支援和受影响的其他指挥员,进行详细的协商和信息通报。建立原先计划好的杀伤盒或紧急情况下的即时杀伤盒,具有不同的流程和信息发布时限要求,但都可以使用现有的战区指挥、控制、通信和计算机系统完成上述工作。一般来说,陆上分队指挥员,通过其指挥与控制系统申请建立杀伤盒,其与负责该作战地域的空域管制部门协调。杀伤盒建立请求的具体格式如表4.2所列。

表4.2 杀伤盒建立请求的具体格式

| 杀伤盒请求格式 |
|---|
| 目的： |
| 地域界限/杀伤盒方位： |
| 建立杀伤盒的有效时间： |
| • 确定建立杀伤盒的日期和时间 |
| • 确定取消杀伤盒的日期时间或事件 |
| 杀伤盒类型： |
| （标识是蓝色杀伤盒还是紫色杀伤盒） |
| 建立指挥员： |
| （注明建立杀伤盒的指挥员） |
| 建立杀伤盒的指挥员目标导向： |
| • 优先级：列出目标 |
| • 有效性：确定期望效果 |
| • 确定限制内容 |
| 备注： |
| 提供必要的其他信息（如限制作战区及其他空域协调措施） |

（3）特殊情况下的考虑因素。杀伤盒旨在快速提供一种作战火力协调的解决方案。然而在作战地域可用电子攻击之类的非致命性方法，实施作战行动，并在整个作战地域内为特定作战目标提供协同，此时也可以建立针对电子作战的特定杀伤盒。此外，在防空系统附近建立杀伤盒，会对防空系统的作战效率产生影响，若必须建立，则需要与区域防空指挥员进行协调。

（4）杀伤盒内的协调行动。在同一杀伤盒中，当多架飞机或作战编队利用空对地火力进行支援作战时，需协调多架飞机在杀伤盒内统一行动，这种协调与在其他空域内，消除多架飞机的飞行冲突一样，没有因为在杀伤盒内飞行，就需要采取更为特殊的管制方法。

通常情况，由第一架进入杀伤盒的飞机，负责提供后续飞机进入杀伤盒的协调。由于杀伤盒空域环境的复杂性，当超出该飞机的协调能力时，其应设法将杀伤盒进入协调的责任，移交给更合适的其他飞机。一旦建立了飞机之间的冲突消解机制，杀伤盒协调程序就可以启动：①迅速引导飞机进入目标区域；②实现武器与打击目标的匹配，确定目标打击优先级；③防止对先前被摧毁的目标进行多余攻击；④提供目标信息，包括精确的作战目标坐标和身份属性；⑤提供目标的身份标识与确认；⑥确认或定位地对空的威胁；⑦提供战损评估/空地打击命中率评估。

（5）指挥与控制和无线电程序。作战飞机可根据战区的作战特殊指令向指挥与控制机构申请杀伤盒的进入程序，一旦被授权进入一个杀伤盒，飞机必须在进入该杀伤盒之前与提供杀伤盒协调的陆上有关指控节点建立联系。如表4.3和表4.4所列，对应申请进入的简令格式。该格式包含的联络信息，主要是杀伤

# 第4章 空地联合用空协同

盒的位置、状态、协调程序、频率、己方信息和敌方动态等,在时间和条件允许的情况下,双方可以联络通报更多的信息。

表4.3 基本简令格式之一

| 指挥与控制机构简令<br>信息从指控机构传递到航空器 |
|---|
| 航空器进入:"×××指控机构,这里是航空器呼号"<br>指控回复:"×××航空器,这里是指控呼号" |
| 目标:<br>　　　　　(优先事项、执行任务及特定作战目标等)<br>敌机:<br>友机:<br>　　　　　(杀伤盒附近所有可用的空中和地面资源)<br>火力集成:<br>协调员:<br>　　　　　(呼号并联网)<br>火力限制或要求:<br>备注:<br>　　　　　(限制的目标和弹药等) |
| 例:"Kmart 00,这里是 Rezor 22 按照简令执行进入任务。""Rezor 22,这里是 Kmart 00,前进到7F,优先攻击目标是坦克和炮兵,SA-8应该在网格5区,多架就位飞机,在TAD-2与Badger联系,无可撒布的弹药。" |

表4.4 基本简令格式之二

| 杀伤盒进入简令<br>在进入前传递给杀伤盒协调员 |
|---|
| 航空器:"×××回复,这里是航空器呼号" |
| 任务编号:<br>航空器的数量和类型:<br>位置和高度:<br>火力:<br>　　　　　(可用激光位数)<br>就位时间:<br>额外可用航空器/空勤组:<br>备注: |
| 例:"Badger 11,这里是 Razor 22,任务编号3601,两架 AV-8s 飞机,50n mile 南26°,GBU-12炸弹加上 Litening,20min 行动时间。" |

### 4.5.5 使用程序方法

**1. 联合部队空中指挥员申请设立杀伤盒**

图4.28所示为联合部队空中指挥员申请设立杀伤盒程序。

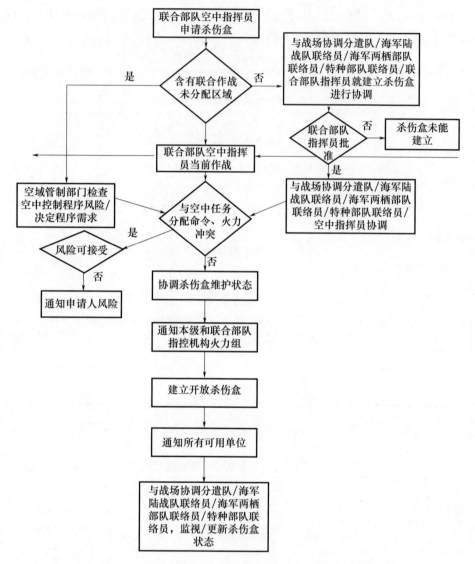

图 4.28 联合部队空中指挥员申请设立杀伤盒程序

杀伤盒是否含有联合作战区域中的未规划区域,若是,则使用空域冲突消解工具来判断在该区域设立杀伤盒是否存在冲突。如果没有冲突,杀伤盒被批准建立;如果有冲突,启动空域使用冲突消解协调程序,与杀伤盒申请者和空域协调措施建立有关机构协商,提出解决方案。

若杀伤盒不含联合作战区域的未规划区域,则战区空中作战中心将与陆战队联络员/海军和两栖部队联络员/特种部队联络员等,以及联合部队指挥员进行协调。若联合部队指挥员要求建立延后,则杀伤盒不建立;如果联合部队指挥员批准,空中指挥员与陆战队联络员/海军和两栖部队联络员/特种部队联络员等,进行作战行动空域协调,检查是否存在空域使用冲突,确认是否在该作战区域启用了一些特殊的、未识别的火力协调程序/空域管制程序等。

如果没有发现与空中任务分配命令的冲突措施,空中指挥员与陆战队联络员/海军和两栖部队联络员/特种部队联络员等,进行有效沟通协调后,通报建立杀伤盒的信息,并发布到有关的火力单元及支援部队。若存在冲突措施,则通过协商解决冲突问题后,再建立杀伤盒。

**2. 联合部队海上指挥员申请设立杀伤盒**

图 4.29 所示为联合部队海上指挥员申请设立杀伤盒程序。

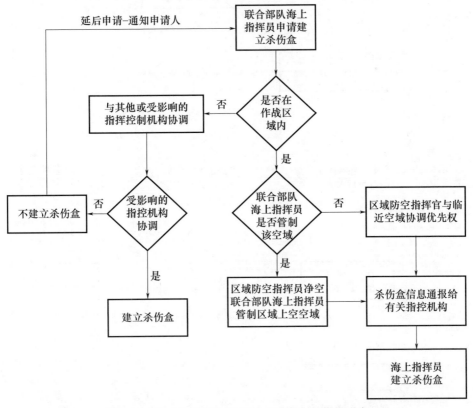

图 4.29　联合部队海上指挥员申请设立杀伤盒程序

杀伤盒是否在联合部队海上指挥员的作战区域内,如果是,海上指挥员是否具有管制该空域的职责,若有,则海上指挥员通知其下属的区域防空指挥员净空该区域。若没有,则通知其下属区域防空指挥员与有关单位进行协调,通常协调战区空中作战中心,让其帮助对该空域进行净空,同时空中指挥员确认建立杀伤盒,不会对空中支援行动造成影响。

若杀伤盒不在联合部队海上指挥员的作战区域内,则海上指挥员就当前的作战行动与需求及时协调建立杀伤盒,若负责管制该空域的指控节点同意建立杀伤盒,则在获取有关信息后向所属部队进行通报,便于在作战计划中利用该杀伤盒实施作战行动。

**3. 陆军机动部队申请设立杀伤盒**

图 4.30 所示为陆军机动部队申请设立杀伤盒程序,机动部队参谋部门的火力支援协调军官和空军派驻联络员可建议设立杀伤盒。

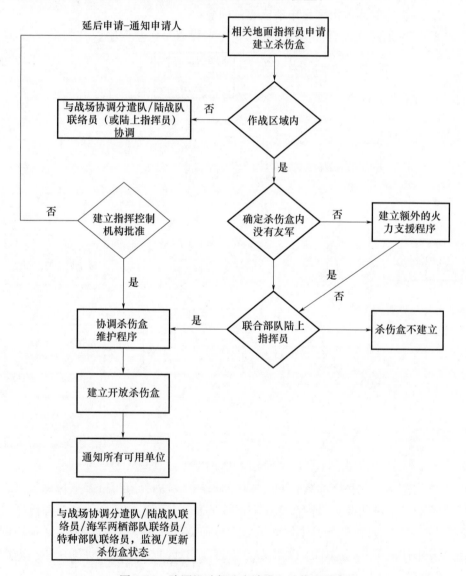

图 4.30　陆军机动部队申请设立杀伤盒程序

杀伤盒是否在本部队的作战区域内,如果是,再确定该区域内是否有己方其他部队。若没有其他部队,则可以继续推进设立杀伤盒;如果存在己方其他部队,则机动部队的火力支援协调军官需增加配置额外的火力支援协调程序,并通知防空联络员关于杀伤盒建立的情报,进行风险评估;空军派驻联络员和战术空中控制组,确定杀伤盒不会对空中支援行动造成影响。在权衡所有信息和建议后,机动部队指挥员做出决定,是否建立杀伤盒。

杀伤盒若不在本部队的作战区域内,则其火力单元指挥员向负责该作战区域的有关指控节点申请设立杀伤盒,并进行协调。如果负责该作战区域的指控节点同意建立,则需要将有关的信息通报给有关的所有单位及部队。同时,空军派驻联络员必须向上级报告有关情况。若存在其他部队在需建立杀伤盒的区域内,则还要建立额外的火力支援协调程序,以保护其他部队的安全。

**4. 海军陆战队空地任务部队地面作战组申请设立杀伤盒**

图 4.31 所示为海军陆战队空地任务部队地面作战组申请设立杀伤盒程序。

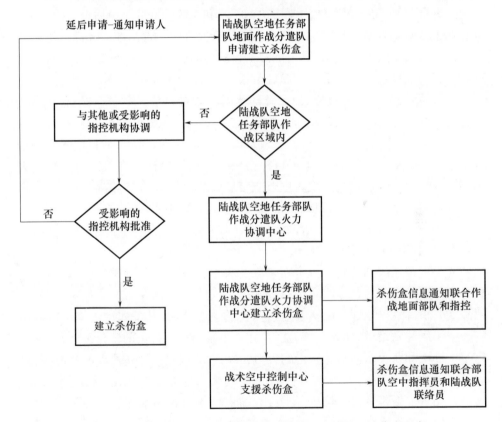

图 4.31 海军陆战队空地任务部队地面作战组申请设立杀伤盒程序

杀伤盒是否在本部队作战区域内,如果是,那么该作战区域内是否有己方其他部队。若没有则可以建立杀伤盒。如果有,则火力支援协调军官需增加额外的火力支援协调程序以保护己方部队。空军派驻联络员还需确定杀伤盒不会对空中支援行动造成影响。权衡所有信息和建议后,陆战队空地任务部队指挥员做出决定是否建立杀伤盒。

杀伤盒若不在本部队的作战区域内,则该部队的火力支援协调军官与空军派驻联络员进行协调,并向负责该作战区域的指控节点申请建立杀伤盒。如果在,还需要评估该杀伤盒对其他部队作战的影响,以免对其他部队造成误击误伤。

### 4.5.6 典型作战应用

**1. 陆上部队的典型作战应用**

在军事决策过程中,联合部队陆上指挥员已确定敌方兵力预计集结地区,并将远远超出己方部队前沿线,而且还在未来48h己方部队预计机动的区域范围外。为开辟战场空间,陆军火力支援协调军官和空军派驻联络员协调,建立联合部队陆上指挥员控制该区域的杀伤盒。杀伤盒允许空中部队在不经进一步协调的情况下,直接攻击杀伤盒空域内的敌方目标,如图4.32所示的蓝色杀伤盒,对此陆军火力支援协调军官和空军派驻联络员提交了如下杀伤盒建立请求。①目的:摧毁区域内敌方装甲目标,为己方部队削弱敌对力量。②地理限制/杀伤盒位置:运用区域参考系统,24K号区域定义为杀伤盒。③生效时间:在×月×日×时×分建立,在×月×日×时×分或根据命令撤销。④类型:蓝色。⑤建立指挥员:联合部队陆上指挥员,用于目标指示。⑥作战目标优先级:坦克、防空火力、装甲车。⑦作战效果:发现时摧毁或破坏(使失效)。⑧作战限制:不要破坏桥梁或道路网络,在桥梁道路或道路交叉口附近没有分散的己方部队。⑨备注:杀伤盒内没有己方部队,禁止射击区建立在限制打击或禁止打击的目标周围。

**2. 海上部队的典型作战应用**

海上远征旅级两栖攻击方案在未来5天里,在联合部队指挥员指定的两栖目标区域进行。作战命令附录中,提供进入两栖目标区域的敌方高速装甲通道。团战斗队指挥员确定建立两栖登陆区需要的攻击范围,其下属火力支援协调军官和空军派驻联络员,建议在该地区建立一个联合火力打击的紫色杀伤盒,它允许空中部队和海军水面对地打击的火力支援,在不经过进一步协调的情况下,可以打击该地区的目标,如图4.33所示的紫色杀伤盒。此时,团战斗队指挥员的紫色杀伤盒申请包括以下信息。①目的:摧毁该地区敌方装甲力量,阻止敌方部队接近滩头阵地。②地理限制/杀伤盒位置:运用区域参考系统,29W号区域定义为杀伤盒。③生效时间:在×月×日×时×分建立,在×月×日×时×分撤

# 第4章 空地联合用空协同

销。④杀伤盒类型：紫色。⑤建立指挥员：联合部队海上指挥员，用于目标指示。⑥作战目标优先级：坦克、防空火力、装甲车。⑦作战效果：摧毁敌方目标。⑧作战限制：不要破坏桥梁或道路网络。在桥梁、道路或道路交叉口附近没有分散的己方其他部队。⑨备注：杀伤盒内没有己方部队，禁止射击区建立在限制打击或禁止打击的目标周围。

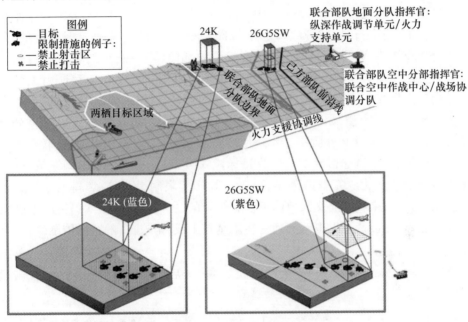

图 4.32 陆上部队作战应用即时性杀伤盒

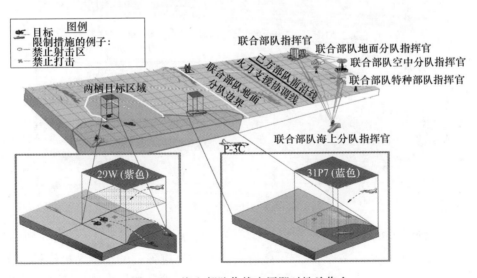

图 4.33 海上部队作战应用即时性杀伤盒

### 3. 空中部队的典型作战应用

联合部队空中指挥员,根据情报、监视和侦察数据确定,有几处敌人集结可能区域,该区域在联合部队指挥员指定的作战区域以外。同时,联合部队指挥员已经授权空中指挥员,在联合行动区域以外可以建立和撤销杀伤盒。空中作战中心的情报、监视与侦察部门,通过在作战计划分组中,将这一情报传达给空中任务分配命令制定组。在作战计划中,目标打击相关分组(引导、分配和指示目标分组)和主空袭计划分组确定,对空中部队而言预先规划杀伤盒是必要的,以便于进行作战协调,如图4.34所示,作战计划部门(主空袭计划分组)确定,应在敌方可能集结的地域上建立杀伤盒,并使用如下信息进行请求。①目的:摧毁区域内敌方目标,为己方部队削弱敌对力量。②地理限制/杀伤盒位置:运用区域参考系统,26P号空域定义为杀伤盒。③生效时间:在×月×日×时×分建立,在×月×日×时×分撤销。④杀伤盒类型:蓝色。⑤建立指挥员:联合部队空中指挥员,用于目标指示。⑥作战目标优先级:坦克、装甲车、军用车辆、部队集中地和防空火力。⑦作战效果:摧毁。⑧作战限制:不要破坏桥梁或道路网络。在桥梁、道路或道路交叉口附近没有分散的己方其他部队。⑨备注:杀伤盒内没有己方部队,禁止射击区都建立在限制打击或禁止打击的目标周围。

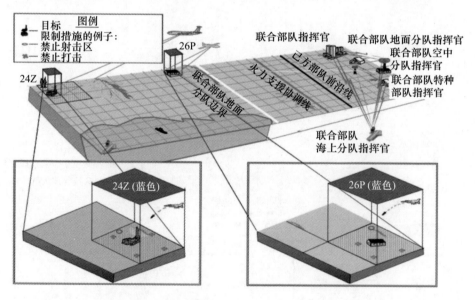

图4.34 空中部队作战应用即时性杀伤盒

### 4. 特种作战的典型作战应用

根据可靠的信息来源,报告了盟国和敌对国家边界上的军事人员步行与车辆交通情况。据信这一地区正被敌对势力利用,作为向作战地域运输物资和人员的渗透点。陆军特种部队向联合特种行动指挥员,推荐派遣一支特种分队侦察该地区,并报告了侦察情况和发现。一个联合部队行动区域,被指定用于支持该特种分队的行动,并建立了包含敌方部队活动区的杀伤盒,如图4.35所示。①目的:阻止敌方军事人员和装备,从敌对国家边界渗透进入作战地域。②地理限制/杀伤盒位置:运用区域参考系统,整个24Z号空域定义为杀伤盒。③建立生效时间:在×月×日×时×分建立,在×月×日×时×分撤销或根据命令撤销。④杀伤盒类型:蓝色。⑤建立指挥员:联合特种行动部队指挥员,用于目标指示。⑥作战目标优先级:人员、车辆等。⑦作战效果:摧毁。⑧作战限制:不要破坏桥梁或道路网络。在桥梁、道路或道路交叉口附近没有己方其他部队。⑨备注:杀伤盒内没有己方部队,禁止射击区都建立在限制打击或禁止打击的目标周围。

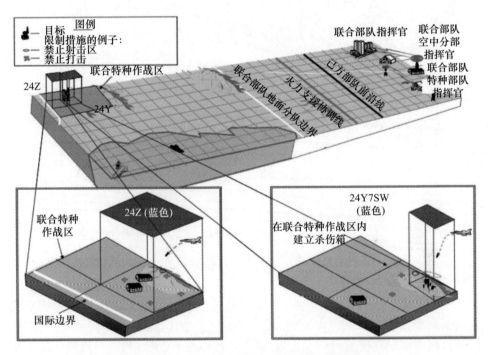

图4.35　特种部队作战应用即时性杀伤盒

**5. 空中支援的典型作战应用**

通过空军部队分析和空中作战中心收到关于敌方推进的情报。敌人的装甲和机械化部队周围没有火力支援协调线,但处于部队的机动间瞄火力和大量直升机部队的任务范围之外,形成攻击能力将花费太长时间。同时,敌方刚好位于一个蓝色杀伤盒内,并且近距空中支援任务已分派给了空中部队。火力支援协调军官和空军派驻联络员,确定了唯一能够遂行打击任务的,是在当前空中任务分配命令中,负责支援的一系列近距空中支援任务,且没有任何突击拦截可转向这里,也没有其他可用作战资源。火力支援协调军官和空军派驻联络员与空中作战中心协调,并建议将近距空中支援任务改为在杀伤盒中打击敌人目标。空中作战中心的作战行动小组同意,并通知E-3空中机载预警和控制系统在杀伤盒中负责协调与战术指挥和控制,如图4.36所示。

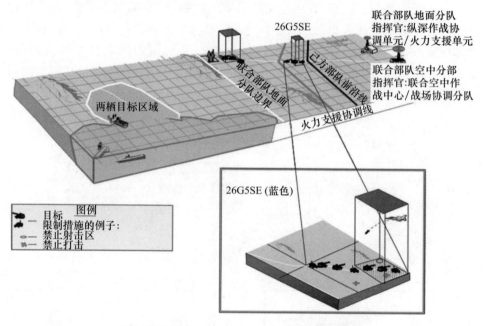

图4.36 近距空中支援作战应用即时性杀伤盒

申请杀伤盒的信息:①目的:在敌装甲和机械化部队接近己方部队前,进行摧毁。②地理限制/杀伤盒位置:运用区域参考系统,将26G5SE号空域定义为杀伤盒。③建立生效时间:在×月×日×时×分建立,在×月×日×时×分取消或根据命令撤销。④杀伤盒类型:蓝色。⑤建立指挥员:联合部队陆上指挥员,用于目标指示。⑥作战目标优先级:坦克和装甲车。⑦作战效果:摧毁。⑧作战限制:不要破坏桥梁或道路网络。在桥梁、道路或道路交叉口附近没有己方其他部队。⑨备注:杀伤盒内没有己方部队,禁止射击区都建立在限制打击或禁止打击的目标周围。在与空中作战中心协调下,空中支援作战中心还将信息转发给陆上部队地面分队的纵深作战行动协调单元/火力支援分队和战场协调分遣队,用于态势感知。空中支援作战中心确定一个可在杀伤盒内进行协调的有效航线,并将其他近距空中支援力量引导到杀伤盒中进行攻击。在完成任务后,空中支援作战中心向空中作战中心通报被引导进行攻击的近距空中支援力量,并转发相关飞行报告。火力支援分队通知陆上部队地面分队的纵深作战行动协调单元等有关任务已完成的情况信息。

## 参考文献

[1] 汪春龙. 2000 年空地一体作战理论[J]. 现代兵器,1986(2):6-11.

[2] 史峰,尚绍华. 新型武器与新的空地作战战术[J]. 飞航导弹,1995(4):21-24,29.

[3] 知远防务. 美军联合作战中的跨领域协同指南[R]. 知远战略与防务研究所,2016.

[4] 周海瑞,刘小毅. 美军联合火力机制及其指挥与控制系统[J]. 指挥信息系统与技术,2018,9(1):8-17.

[5] 刘纯,徐卫国,刘洁,等. 从缩短杀伤链时间角度看近距空中支援空地协同作战[J]. 兵器装备工程学报,2020,41(1):43-47.

[6] 知远防务. 美军联合作战计划流程[R]. 知远战略与防务研究所,2015.

[7] 韩志钢,李天荣. 基于信息系统的陆军空地协同作战应用研究[J]. 现代导航,2018,9(3):225-229.

[8] 何率天. 空地精确打击体系构成与关键技术[J]. 兵工自动化,2016,35(6):12-15.

[9] 刘斌,张建东,李杜娟,等. 空地作战指控系统效能评估仿真研究[J]. 计算机仿真,2011,28(5):38-42.

[10] 知远防务. 联合空地一体化中心[R]. 知远战略与防务研究所,2019.

[11] 翁郁,谢成钢. 空地协同防空作战部署建模与分析[J]. 现代防御技术,2016,44(6):19-25.

[12] 易超. 实时空地作战仿真系统[J]. 火力与指挥控制,2009,34(4):92-94.

[13] 赵立伟,郭桂治. 空地协同作战仿真想定设计[J]. 现代防御技术,2008,36(6):160-164.

[14] 孙鲁泉,康凤举,俞成龙,等. 空地战场作战可视化仿真系统研究[J]. 系统仿真学报,2006,18(11):3148-3151.

[15] 知远防务. 美军联合部队空中组成部队指挥员手册[R]. 知远战略与防务研究所,2014.

[16] 知远防务. 美国空军战役计划手册[R]. 知远战略与防务研究所,2000.

[17] 知远防务. 空中联合作战筹划流程手册[R]. 知远战略与防务研究所,2017.

[18] 知远防务. 美军战场空域控制[R]. 知远战略与防务研究所,2013.

[19] 知远防务. 美军新型空地关系研究[R]. 知远战略与防务研究所,2011.

[20] 张维明,阳东升. 美军联合作战指挥与控制系统的发展与演化[J]. 军事运筹与系统工程,2014,28(1):9-12,24.

[21] 许萌,杨鹏. 美军联合作战指挥与控制系统发展研究[C]//第五届中国指挥与控制大会论文集,2017.

[22] 周海瑞,李皓昱,介冲. 美军联合作战指挥体制及其指挥与控制系统[J]. 指挥信息系统与技术,2016,7(5):10-18.

[23] 朱永文. 美军联合作战指挥与控制中的空域管制系统研究报告[R]. 北京:空军研

院,2019.

[24] 杨建涛. 美国海军指挥与控制系统研究[J]. 雷达与对抗,2020,40(1):27-32.

[25] 冷画屏,张莉莉. 美军两栖编队指挥与控制体系及其指挥控制能力分析[J]. 火力与指挥与控制,2017,42(1):1-4.

[26] 于小洺,谢波,曹爱永. 美军联合特种作战指挥与控制[J]. 国防科技,2008,29(6):83-88.

[27] 许雪松. 外军联合作战指挥体制的历史发展及其基本规律[J]. 军事历史,2019(3):99-105.

[28] 郝雅楠,陈杰,关晓红. 美军空间态势感知信息融合思路与途径研究[J]. 战术导弹技术,2019(2):91-98.

[29] 李欣. 美军通用作战图发展现状与趋势[J]. 测绘技术装备,2005,7(3):13-15.

[30] 杨艺. 美陆军战区空域指挥与控制能力建设研究及启示[J]. 装备指挥技术学院学报,2011,22(2):56-60.

[31] 辛平. 海湾战争中的空中预警飞机[J]. 上海航天,1991(3):65.

[32] 王谦,王建荣,姜耿. 美军战场空中指挥与控制中心:E-2/E-3预警指控平台[J]. 舰船电子工程,2014,34(10):3-6,10.

[33] 朱永文,王长春. 战术空域管制系统发展研究报告[R]. 北京:空军研究院,2018.

[34] 王建平,李燕,等. 陆军战术空域管制相关问题研究[J]. 火力与指挥控制,2017,42(12):184-188.

[35] 孙晓鸣. 美军战术空域综合管理系统研究[J]. 船舶电子工程,2012,32(12):1-3,8.

[36] 刘昌忠. 在战术空中指挥和控制系统中的数据链通讯[J]. 电讯技术,1990,30(1):85-97.

[37] 赵春跃,徐国强. 近距离空中支援——空中打击仍是地面部队指挥员的"王牌"[J]. 国防科技,2002(7):66-68.

[38] 张维明,黄松平,黄金才,等. 多域作战及其指挥与控制问题探析[J]. 指挥信息系统与技术,2020,11(1):1-6.

[39] 王召辉,张臻,张昕. 美军杀伤盒指挥与控制架构研究[J]. 电子质量,2020(1):48-51.

[40] 高凯. 美军如何利用"杀伤盒"组织协同[J]. 军事文摘,2019(3):16-17.

[41] 孙天驰,姚登凯,赵顾颢,等. 基于联合火力的改进杀伤盒建模与仿真[J]. 火力与指挥控制,2018,43(2):143-146,152.

# 第5章  防空导弹作战空域

防空作战主要是防御敌方对己方空中和地面设施造成损害,并可支援陆上、海上部队作战,主要类型包括要地防空,针对敌方空中打击,防御地面单一位置或具体区域,如机场、指挥与控制系统、物资仓库、交通沿线重要地点等;区域防空,防御指定区域范围内的多个目标地点或者防御责任区范围内的具体空域。通常情况下,可运用经纬度网格界限,建立拦截飞行航线进行空中战斗巡逻,实施区域防空。本章在前面各章节介绍的有关原理基础上,建立防空作战空域模型及其典型应用,如地面防空杀伤区域空间描述、防空系统部署效能分析及空中拦截目标火力分配等,为开展空战场空域管制理论与方法应用提供研究参考。

## 5.1  杀伤区域空域描述

杀伤区是一个空间区域,在此区域内,地空制导武器杀伤目标的概率不低于给定数值,它的大小和形状,由武器的物理特性、目标特性和射击条件决定。发射区也是一个空间区域,若目标处于此区域内发射导弹,则导弹将与目标在杀伤区内遭遇。发射区的大小和形状与杀伤区的大小和形状、目标的速度、导弹飞到杀伤区各点的时间及目标的航迹等因素有关。杀伤区、发射区一般以典型目标为基础,通过研究不同高度的水平剖面、不同航路捷径的垂直剖面建立数学模型[1-4]。

采用坐标系,如图5.1所示,包含地面直角坐标系 $OXYZ$,地面参数坐标系 $OSPH$。其中,$O$ 为坐标原点;$OS$ 在通过 $O$ 点的水平面内,指向与目标航路的水平投影平行、反向;$OH$ 垂直于水平面,指向上方为正;$OP$ 轴与 $OS$ 轴和 $OH$ 轴垂直,指向按右手法则确定。目标航路捷径 $P$ 为制导站到目标航路水平投影的垂直距离,航路捷径没有正、负之分,只有左右之分。当 $P<0$ 时,目标以左捷径相对于制导站运动;当 $P>0$ 时,目标以右捷径相对于制导站运动;当 $P=0$ 时,目标未运动。目标航路角 $q$ 为从目标的水平投影点指向制导站的射线与目标航路水平投影的夹角,变化范围为 $0°\sim180°$。

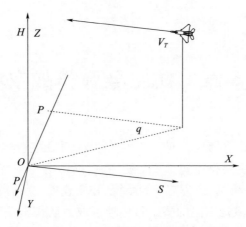

图 5.1 杀伤区的坐标描述

防空导弹杀伤区一般在地面参数坐标系内描述,根据导弹与目标遭遇时目标的运动状态,可把杀伤区分为迎击杀伤区和追击(尾追)杀伤区两部分。导弹与目标在杀伤区内遭遇时,目标处于临近飞行(航路角小于或等于 90°)区域,为迎击杀伤区;目标处于离远飞行(航路角大于 90°)的区域,为追击(尾追)杀伤区。一般防空导弹都在迎击杀伤区内作战。各类型防空导弹迎击杀伤区的形状大体有下述规律:①低界面和高界面一般比较平坦,或是一个水平面,或是有一定坡度平面的一部分;②侧近界面,一般为铅垂平面或有一定倾斜度平面的一部分;③远界面,一般是一个曲面,很多防空导弹杀伤区远界面与水平面的交线和圆弧相近。因此,不同高度上水平杀伤区远界,一般为以发射点为圆心的圆弧;④近界面,一般为锥面的一部分或球面的一部分,锥顶或球心在发射点。图 5.2 所示为防空导弹杀伤区结构示意;图 5.3 所示为典型近程防空导弹杀伤概率分布示意。

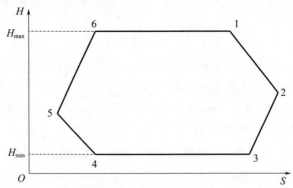

图 5.2 防空导弹杀伤区结构示意

# 第 5 章　防空导弹作战空域

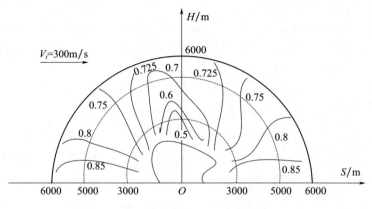

图 5.3　典型近程防空导弹杀伤概率分布示意

## 5.1.1　杀伤区空间范围

对于独立作战实体的地空制导武器杀伤区来说,从航路捷径 $P=0$ 的典型垂直杀伤区、高度 $H$ 的水平杀伤区及空间杀伤区形状可看出,若以 $OH$ 为轴,将 $P=0$ 的垂直杀伤区向左右各转动一个最大航路角 $q_{max}$,则垂直杀伤区扫过的空间区域,便是典型的空间杀伤区。因此,研究空域杀伤区问题可以转化为研究垂直杀伤区。杀伤区主要由杀伤目标概率决定,而脱靶量是衡量杀伤概率的一个主要指标,它通常与导弹的最大过载能力有关,因此,垂直杀伤区可用等过载包线来粗略描述,然后再考虑其他因素进行修正。

**1. 等过载包线形成模型**

形成等过载包线的最简单方法是把目标固定在某一点$(S_t,H_t)$,设导弹飞到这一点,计算其迎角最大时可能达到的最大法向过载,刚好与需用过载能力相等点集的连线$(S_t,H_t)$点集,便是等过载包线。需用过载通常与空袭目标速度、过载能力、引导方法等因素有关。计算等过载包线方法,一般是建立在弹道仿真的基础上。等过载包线需求的是弹道上的过载值,所以建立描述弹道特性的瞬时平衡法弹道就能够满足计算等过载包线的要求。

1) 问题想定

某型防空导弹是一种固体、轴对称"十"字形舵,采用垂直发射方式,比例导引法引导。根据对实际弹道数据分析和问题的需求,将整个导弹拦截空中目标的过程分为两段:一是射入段,导弹弹射后程序制导进入启控点这一过程;二是控制段,包括引入段弹道和导引段弹道,控制段是从导弹射入制导雷达波束范围内并开始接受导引控制开始。考虑研究的问题只是为了在保留防空导弹弹道大致特性的基础上,所以这里做出如下的问题想定:①考虑射入段主要是为了提供解算控制段弹道的初始条件,也就是在启控点上导弹空间的运动参数;②在控制段弹道上,导弹的滚动通道理想工作,导弹的滚动角 $\gamma=0$;③整个控制段仿真弹道设计中采用瞬时平衡法;④假设导弹在控制段飞行中,它的攻角 $\alpha$、侧滑角 $\beta$ 很小。气动力参数采用导弹定型时给出的具体数值。

2) 射入段弹道处理模型

根据问题想定,射入段弹道具体解算过程可以忽略,只关心启控点处导弹的空间运动参数。对于垂直发射的导弹,一般弹射出筒的高度,发生倾斜转弯的位置在某个固定的范围内,针对不同的目标变化不大。根据实际弹道可以确定出这个位置为 $P$ 点,如图 5.4 所示。

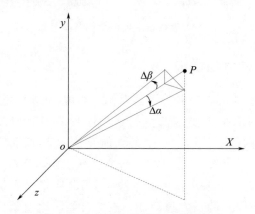

图 5.4 启控点处导弹空间运动状态

(1) 计算线偏差 $h_{\Delta\varepsilon}$、$h_{\Delta\beta}$。线偏差 $h_{\Delta\varepsilon}$、$h_{\Delta\beta}$ 的极性规定,在 $\varepsilon$ 平面内导弹偏在 $OP$ 射线下方,$h_{\Delta\varepsilon}$ 为正;在 $\beta$ 平面内,导弹偏在 $OP$ 射线左方,$h_{\Delta\beta}$ 为正。假定启控点围绕 $OP$ 射线呈圆概率分布,则可简化为线偏差 $h_{\Delta\varepsilon}$、$h_{\Delta\beta}$ 服从正态分布 $N(0,\sigma^2)$。

$$f(x)=\frac{1}{\sigma\sqrt{2\pi}}\exp\left(-\frac{x^2}{2\sigma^2}\right), 均值 \mu=0, 方差 \sigma^2 \tag{5.1}$$

对于线偏差 $h_{\Delta\varepsilon}$、$h_{\Delta\beta}$,用随机模拟技术(Monte-Carlo),由 $u(0,1)$ 均匀分布生成 $u_1$;由 $u(0,1)$ 均匀分布生成 $u_2$;

$$z=[-2\ln(u_1)]^{\frac{1}{2}}\cdot\sin(2\pi u_2), h_{\Delta\varepsilon}=\sigma_\varepsilon z_\varepsilon \tag{5.2}$$

式中,$\sigma_\varepsilon$ 为线偏差 $h_{\Delta\varepsilon}$ 的方差。

在计算线偏差时,导弹要被制导雷达可靠地截获,运用随机模拟得出的线偏差要满足如下条件,否则认为导弹没有被截获。

$$|h_{\Delta\varepsilon}|\leqslant 3\sigma_\varepsilon \tag{5.3}$$

同理,对方位角测量平面中的 $h_{\Delta\beta}$ 具有同样的解算方法。

## 第5章 防空导弹作战空域

(2) 启控点处导弹质心的斜距 $R_M$、速度 $V_M$、经历时间 $t_c$。导弹在启控点处的斜距可固定为 $R_M$,速度可固定为 $V_m$、方向沿着导弹的纵轴,经历时间 $t_c$ 服从正态分布 $N(\mu, \sigma^2)$,计算方法同线偏差 $h_{\Delta\varepsilon}$、$h_{\Delta\beta}$ 一样,此时

$$t_c = \mu_t + \sigma_t z_t,并满足三倍方差要求:|\sigma_t z_t| \leq 3\sigma_t \tag{5.4}$$

(3) 导弹空间位置计算。已知导弹斜距 $R_M$,$P$ 点的高低角 $\varepsilon_P$、方位角 $\beta_P$,高低角测量平面内线偏差 $h_{\Delta\varepsilon}$、方位角测量平面内线偏差 $h_{\Delta\beta}$,则

$$\sin\Delta\varepsilon = \frac{h_{\Delta\varepsilon}}{R_M},一般 R_M \gg h_{\Delta\varepsilon},可得 \Delta\varepsilon = \frac{h_{\Delta\varepsilon}}{R_M} \cdot \frac{180}{\pi}(°) \tag{5.5}$$

$$\tan\Delta\beta = \frac{h_{\Delta\beta}}{R_M \cos\Delta\varepsilon},同样,在 \Delta\varepsilon 很小时,\cos\Delta\varepsilon \approx 1,R_M \gg h_{\Delta\beta} \tag{5.6}$$

$$\Delta\beta = \frac{h_{\Delta\beta}}{R_M} \cdot \frac{180}{\pi}(°),\Delta\varepsilon = \varepsilon_P - \varepsilon_M,\varepsilon_M = \varepsilon_P - \Delta\varepsilon \tag{5.7}$$

$$\Delta\beta = (\beta_P - \beta_M) \cdot \cos\varepsilon_P,\beta_M = \beta_P - \frac{\Delta\beta}{\cos\varepsilon_P} \tag{5.8}$$

$$x = R_M \cos\varepsilon_M \cos\beta_M,y = R_M \sin\varepsilon_M,z = R_M \cos\varepsilon_M \sin\beta_M \tag{5.9}$$

导弹的 8 个欧拉角,攻角 $\alpha = 0$;侧滑角 $\beta = 0$;弹道倾角 $\theta = \varepsilon_M$;弹道偏角 $\psi_v = \beta_M$;俯仰角 $\vartheta = \theta$;偏航角 $\psi = \psi_v$;滚动角 $\gamma = 0$;速度偏角 $\gamma_v = 0$。

3) 气动力参数处理

根据对问题的想定,导弹气动力参数主要考虑阻力系数、升力系数、侧力系数和俯仰力矩系数、偏航力矩系数;下面依次介绍对它们的处理方法:保持弹道大致特性的基础上,对于阻力系数可以用零升阻力系数来近似,即

$$C_x = C_{x0} \tag{5.10}$$

式中,$C_x$ 为阻力系数;$C_{x0}$ 为零升阻力系数,它与导弹的飞行马赫数 $Ma$、导弹飞行高度有关。

对于轴对称导弹来说,它的零攻角升力系数为零,则它的升力系数为

$$C_y = C_{y\alpha} \cdot \alpha + C_{y\delta_y} \cdot \delta_y \tag{5.11}$$

式中,$C_y$ 为导弹的升力系数;$C_{y\alpha}$ 为升力系数对攻角的偏导数;$C_{y\delta_y}$ 为升力系数对俯仰舵偏角的偏导数。它的俯仰力矩系数为

$$m_y = m_{y\alpha} \cdot \alpha + m_{y\delta_y} \cdot \delta_y \tag{5.12}$$

式中,$m_y$ 为导弹的俯仰力矩系数;$m_{y\alpha}$ 为俯仰力矩系数对攻角的偏导数;$m_{y\delta_y}$ 为俯仰力矩系数对俯仰舵偏角的偏导数;根据瞬时平衡法的假设:作用在导弹上的气动恢复力矩和操纵力矩处于平衡状态,则

$$m_{y\alpha} \cdot \alpha + m_{y\delta_y} \cdot \delta_y = 0 \tag{5.13}$$

将式(5.13)代入式(5.11),可得

$$C_{y[\text{TRIM}]} = \left[ C_{y\alpha} + C_{y\delta_y}\left(-\frac{m_{y\alpha}}{m_{y\delta_y}}\right) \right] \quad (5.14)$$

式中，$C_{y[\text{TRIM}]}$ 为平衡升力系数，对应导弹在升力方向所受到的合力。

同理，可得平衡侧力系数：

$$C_{z[\text{TRIM}]} = \left[ C_{z\beta} + C_{z\delta_z}\left(-\frac{m_{z\beta}}{m_{z\delta_z}}\right) \right] \quad (5.15)$$

式中，$C_{z[\text{TRIM}]}$ 为平衡侧力系数，对应导弹在侧向所受到的合力。

计算平衡升力系数、平衡侧力系数时，根据问题的想定，选择对应攻角、侧滑角满足要求的气动力参数，如图 5.5 所示，一般在 $1Ma$ 左右气动力参数会出现尖峰。

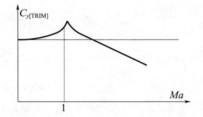

图 5.5　平衡升力系数与马赫数关系曲线

4）控制段弹道模型

控制段弹道建模思想：操纵导弹飞行主要通过控制导弹的俯仰舵偏角、偏航舵偏角的偏转来实现；导弹在拦截目标过程中受比例导引法引导；在导弹控制通道理想工作前提下，满足比例导引法而产生的需求法向、侧向加速度应该和由舵偏角与气动力等产生的导弹真正法向、侧向加速度相等。本书通过这一思想建立控制段弹道模型，如图 5.6 所示。

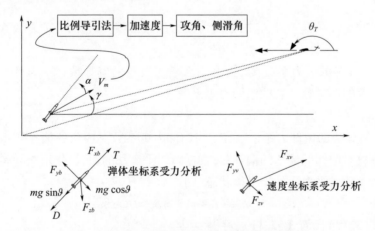

图 5.6　俯仰面中的弹道解算示意

图 5.6 中,显示对应俯仰面中弹道解算示意图。其中,导弹的攻角 $\alpha$、导弹的侧滑角 $\beta$、弹道倾角 $\theta$、弹道偏角 $\psi_c$、导弹的俯仰角 $\vartheta$、偏航角 $\psi$、滚动角 $\gamma = 0$;速度偏角 $\gamma_v$、导弹的质量 $m$、目标的航迹倾角 $\theta_T$、目标的航向角 $\psi_T$。

1) 弹体坐标系受力分析

$$\begin{bmatrix} F_{xb} \\ F_{yb} \\ F_{zb} \end{bmatrix} = \begin{bmatrix} T - D - mg\sin\vartheta \\ C_{y[\mathrm{TRIM}]} \cdot q \cdot S_{\mathrm{ref}} \cdot \alpha \\ C_{z[\mathrm{TRIM}]} \cdot q \cdot S_{\mathrm{ref}} \cdot \beta \end{bmatrix} \tag{5.16}$$

式中,$F_{xb}$、$F_{yb}$、$F_{zb}$ 为弹体坐标系中三个轴方向的合力;$T$ 为发动机的推力;$D$ 为导弹所受阻力;$q$ 为导弹的动压头;$S_{\mathrm{ref}}$ 为导弹的参考面积。

2) 速度坐标系受力分析

将弹体坐标系上所受的力通过坐标变换到速度坐标系上,则

$$\begin{bmatrix} F_{xb} \\ F_{yb} \\ F_{zb} \end{bmatrix} = \begin{bmatrix} \cos\alpha\cos\beta & \sin\alpha & -\cos\alpha\sin\beta \\ -\sin\alpha\cos\beta & \cos\alpha & \sin\alpha\sin\beta \\ \sin\beta & 0 & \cos\beta \end{bmatrix} \begin{bmatrix} F_{xv} \\ F_{yv} \\ F_{zv} \end{bmatrix} \tag{5.17}$$

根据对问题的想定: $\sin\alpha \approx \alpha$,$\sin\beta \approx \beta$,可得

$$\begin{bmatrix} F_{xv} \\ F_{yv} \\ F_{zv} \end{bmatrix} = \begin{bmatrix} T - D - mg\sin\vartheta - \alpha(C_{y[\mathrm{TRIM}]}qS_{\mathrm{ref}}\alpha - mg\cos\vartheta) + \beta C_{z[\mathrm{TRIM}]}qS_{\mathrm{ref}}\beta \\ \alpha(T - D - mg\sin\vartheta) + C_{y[\mathrm{TRIM}]}qS_{\mathrm{ref}}\alpha - mg\cos\vartheta \\ -\beta(T - D - mg\sin\vartheta) + \alpha\beta(C_{y[\mathrm{TRIM}]}qS_{\mathrm{ref}}\alpha - mg\cos\vartheta) + C_{z[\mathrm{TRIM}]}qS_{\mathrm{ref}}\beta \end{bmatrix}$$

$$\tag{5.18}$$

由制导指令导引,在速度坐标系中所产生的需求法向加速度 $a_{yv}$、侧向加速度 $a_{zv}$,则

$$\begin{bmatrix} F_{yv} \\ F_{zv} \end{bmatrix} = \begin{bmatrix} ma_{yv} \\ ma_{zv} \end{bmatrix} \tag{5.19}$$

将式(5.19)代入式(5.18),经过变换可得瞬时平衡法的控制攻角、控制侧滑角计算式:

$$\alpha_c = \frac{ma_{yv} + mg\cos\vartheta}{T - D - mg\sin\vartheta + C_{y[\mathrm{TRIM}]}qS_{\mathrm{ref}}} \tag{5.20}$$

$$\beta_c = \frac{ma_{zv}}{C_{z[\mathrm{TRIM}]}qS_{\mathrm{ref}} + \alpha(C_{y[\mathrm{TRIM}]}qS_{\mathrm{ref}}\alpha - mg\cos\vartheta) - (T - D - mg\sin\vartheta)} \tag{5.21}$$

根据计算的攻角、侧滑角,可以计算速度坐标系中的导弹运动分量:

$$\dot{V}_m = a_{xv} = \frac{F_{xv}}{m}, a_{yv} = \frac{F_{yv}}{m}, a_{zv} = \frac{F_{zv}}{m} \tag{5.22}$$

则导弹的弹道倾角 $\theta$、弹道偏角 $\psi_c$、攻角 $\alpha$、侧滑角 $\beta$ 的变化律为

$$\dot{\theta} = \frac{a_{yv}}{V_m}, \dot{\psi}_c = \frac{a_{zv}}{V_m}, \dot{\alpha} = \frac{1}{\tau_m}(\alpha_c - \alpha_t), \dot{\beta} = \frac{1}{\tau_m}(\beta_c - \beta_t) \quad (5.23)$$

式中,$\tau_m$ 为弹体时间常数;这里假定弹体是一阶惯性环节。

导弹空间姿态的关系:

$$\sin\beta = \cos\theta[\cos\gamma\sin(\psi - \psi_v) + \sin\vartheta\sin\gamma\cos(\psi - \psi_v)] - \sin\theta\cos\vartheta\sin\gamma \quad (5.24)$$

$$\cos\alpha = [\cos\vartheta\cos\theta\cos(\psi - \psi_v) + \sin\vartheta\sin\theta]/\cos\beta \quad (5.25)$$

$$\sin\gamma_v = (\cos\alpha\sin\beta\sin\vartheta - \sin\alpha\sin\beta\cos\gamma\cos\vartheta + \cos\beta\sin\gamma\cos\vartheta)/\cos\theta \quad (5.26)$$

根据式(5.22)、式(5.23),可以计算导弹的速度、导弹倾角、导弹偏角、攻角、侧滑角的推进表达式:

$$\overline{V}_m = V_m + \dot{V}_m\left(\frac{\Delta t}{2}\right), \overline{\theta} = \theta + \dot{\theta}\left(\frac{\Delta t}{2}\right), \overline{\psi}_c = \psi_c + \dot{\psi}_c\left(\frac{\Delta t}{2}\right) \quad (5.27)$$

$$\alpha_{t+\Delta t} = \alpha_t + \dot{\alpha}\Delta t, \beta_{t+\Delta t} = \beta_t + \dot{\beta}\Delta t \quad (5.28)$$

导弹的空间位置的仿真推进为

$$\begin{bmatrix} x_n \\ y_n \\ z_n \end{bmatrix} = \begin{bmatrix} x_{n-1} + \overline{V}_m \Delta t \cos\theta\cos\psi_c \\ y_{n-1} + \overline{V}_m \Delta t \sin\theta \\ z_{n-1} + \overline{V}_m \Delta t \cos\theta\sin\psi \end{bmatrix} \quad (5.29)$$

式中,$\Delta t$ 为仿真推进步长。

5) 制导指令计算

目标航迹倾角 $\theta_T$、目标航向角 $\psi_T$、导弹空间位置 $x, y, z$、目标空间位置 $x_T, y_T, z_T$、目标速度 $V_T$。则导弹与目标的相对距离 $\Delta R$、视线高低角 $q_\varepsilon$、视线方位角 $q_\beta$ 为

$$\Delta R = \sqrt{(x-x_T)^2 + (y-y_T)^2 + (z-z_T)^2}, q_\varepsilon = a\tan\frac{y_T - y}{\Delta R}, q_\beta = a\tan\frac{z_T - z}{x_T - x}$$

则导弹与目标的视线高低角 $q_\varepsilon$ 变化率、视线方位角 $q_\beta$ 变化率为

$$\Delta R \dot{q}_\varepsilon = -V_T[\cos\theta_T\sin q_\varepsilon\cos(\psi_T - q_\beta) - \sin\theta_T\cos q_\varepsilon] + V_m[\cos\theta\sin q_\varepsilon\cos(\psi_c - q_\beta) - \sin\theta\cos q_\varepsilon]$$

$$\Delta R \dot{q}_\beta \cos q_\varepsilon = V_T\cos\theta_T\sin(\psi_T - q_\beta) - V_m\cos\theta\sin(\psi_c - q_\beta)$$

则根据比例导引法,可以计算导弹速度坐标系上的需求法向加速度、侧向加速度为

$$a_{yv} = N_1 V_m \dot{q}_\varepsilon, a_{zv} = N_2 V_m \dot{q}_\beta \cos q_\varepsilon$$

例5.1 表5.1 所示为某防空导弹的弹体参数;表5.2 所示为某防空导弹的气动力参数。计算结果如图5.7 所示。

# 第5章 防空导弹作战空域

表5.1 某防空导弹的弹体参数

| 参数名称 | 数据 |
|---|---|
| 弹径 | 0.25m |
| 基准面积 | 0.049m² |
| 发射质量 | 320kg |
| 最小发射架仰角 | 5° |
| 最大发射架仰角 | 70° |
| 发射导轨运动 | 2.4m |
| 制导系统接通时间 | 1.5s |
| 最大迎角 | 15° |
| 最大受控过载 | 25g |
| 导引头常平架最大活动角 | 45° |
| 导航比 | 3.5 |
| 时间常数 | 0.25s |
| 喷管出口面积 | 0.037m² |
| 助推器推力(海平面) | 37250N |
| 主发动机推力(海平面) | 8250N |

表5.2 某防空导弹的气动力参数

| 马赫数 | $C_{D0}$ | 平衡 $C_{N\alpha P}/\text{rad}^{-1}$ |
|---|---|---|
| 0.00 | 0.39 | 12.55 |
| 0.60 | — | 13.50 |
| 0.80 | 0.38 | — |
| 0.90 | 0.40 | — |
| 1.00 | 0.45 | 16.51 |
| 1.05 | 0.54 | — |
| 1.07 | — | 17.70 |
| 1.14 | — | 16.30 |
| 1.20 | — | 15.75 |
| 1.25 | 0.52 | — |
| 1.50 | 0.48 | 14.38 |

续表

| 马赫数 | $C_{D0}$ | 平衡 $C_{N\alpha P}/\text{rad}^{-1}$ |
|---|---|---|
| 2.00 | 0.42 | 13.11 |
| 2.50 | 0.37 | 11.98 |
| 3.00 | 0.33 | 10.77 |

| 时间/s | 0.0 | 4.2 | 4.2⁺ | 22.7 | 22.7⁺ |
|---|---|---|---|---|---|
| 真空推力/N | 41000 | 41000 | 12000 | 12000 | 0 |
| 质量流率/(kg/s) | 15.56 | 15.56 | 3.90 | 3.90 | 0 |

这里需要用到的大气参数计算公式，设定高度 $H$，当 $H \leqslant 11000\text{m}$ 时，则

$$T = 288.16 - 0.0065H, P = 101325 \times \left(\frac{T}{288.16}\right)^{5.256122} \tag{5.30}$$

式中，$T$ 为大气温度(°F)；$P$ 为大气的压强。

当 $11000\text{m} < H \leqslant 25000\text{m}$ 时，则

$$T = 216.66, P = 22632\text{e}^{-0.00015769(H-11000)} \tag{5.31}$$

当 $25000\text{m} < H < 47000\text{m}$ 时，则

$$T = 216.66 + 0.003(H - 25000), P = 2488.6 \times \left(\frac{216.66}{T}\right)^{11.388265} \tag{5.32}$$

则可以计算大气密度 $\rho$，声速 $C$ 为

$$\rho = 0.00348368\left(\frac{P}{T}\right), C = 20.0468\sqrt{T} \tag{5.33}$$

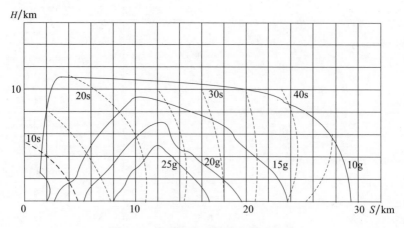

图 5.7 导弹的等过载线和等飞行线

**2. 等过载包线的修正**

根据计算的等过载线,进一步进行修正,从而得到理论杀伤区。

(1)杀伤区近界的修正。对采用比例导航的防空导弹,可用制导系统接通前的飞行距离,再加 8~10 倍时间常数时间的飞行距离来估算。例 5.1 中,导弹发射飞行后 1.5s 制导开始(导引头和自动驾驶仪开始控制导弹飞行),考虑 8~10 倍时间常数,则杀伤区近界可发生在发射飞行后 3.5~4.0s 的位置上,经计算,在 4s 时导弹可用过载可达 10 个加速度,此点的距离约 1.2km;对无线电指令制导的防空导弹,则按导弹射入观测跟踪波束的距离散布统计值(此时称为截获导弹,此距离称为射入距离),再加上制导系统时间常数的 2~4 倍时间,来估计杀伤区近界距离。

(2)杀伤区远界的修正。杀伤区远界主要由导弹的可用过载和需用过载决定。对遥控指令制导的防空导弹,还要根据制导雷达开展距离跟踪与角度跟踪来修正,因为随导弹射程的增加,在测角精度不变的情况下,对应线误差增大,由此引起的制导线误差随之增大;对小雷达截面目标,如空地导弹、隐身目标等,由于跟踪制导雷达的跟踪距离减小,也将使杀伤区远界减小,并使杀伤区纵深亦减小。

(3)杀伤区高界的修正。杀伤区高界主要由导弹可用过载和需用过载决定,可用过载随导弹飞行高度增加而降低,因空气密度随高度增加而减小,由前面公式可见,海拔高度每升高 5km,空气密度几乎减小一半,则导弹可用过载减小。当拦截目标速度增大时,将使需用过载增大,则杀伤区最大高度必将减小,特别是目标在方向上机动时,将导致杀伤区高界进一步减小。

(4)杀伤区低界的修正。对图 5.7 中的等过载包线,考虑照射制导雷达的低空性能和导弹无线电引信的性能,必须进行修正。对低空目标,由于其相对制导照射雷达的高低角小,地物引起的杂乱回波将和目标回波竞争,可能淹没目标信号;同时在目标距离上地物反射的杂乱回波地物面积,是处于天线波束宽度和雷达距离分辨率所限定的扇形区内,其雷达等效截面远大于目标的等效雷达截面(迎头的飞机或巡航导弹),就引起这样的后果,要么不能发现目标,要么使雷达对目标的角跟踪误差增大,进而使制导误差增大,将大幅度降低对目标的杀伤概率;地物引起的多路径,影响着制导跟踪雷达对目标的跟踪,由于直射目标回波和地物反射的目标回波相位,将在制导跟踪雷达处引起回波信号交替增强或抵消,这对跟踪目标和角测量精度都有重大影响,因为回波信号减弱期间,信噪比降低,使角测量误差增大,特别是对高低角的测量。对雷达半主动制导的导弹,由于导引头对多路径效应很敏感,低空目标和其镜像目标会交替出现,导引头便产生错误的目标视线变化率,这将引起弹道的摆动,增大制导误差。当导弹飞行高度较低时,其无线电引信天线不仅接收目标反射信号,还接收地面反射信号,且地面反射信号可能使引信提前启动,提前引爆战斗部。所以杀伤区最小高度不能低于无线电引信的安全高度。这样考虑上述因素后,必须对杀伤区低界进行修正,以使杀伤概率满足要求。对于一些射程比较远的防空导弹,由于地球曲率的影响,对距离较远的低空目标,处于制导雷达地平线以下,无法探测到,其杀伤区低界的远区,出现低界高度随水平距离增大而增加(即低界高度上托)的现象。

(5) 杀伤区最大高低角的修正。由于火力单元跟踪制导雷达或照射雷达天线波束最大高低角的限制,必然限制了杀伤区的最大高低角。一些有助推器的导弹,发射后某一距离上要抛掉助推器壳体,当杀伤区最大高低角增大,必使发射架的发射高低角增大,为避免助推器壳体危及火力单元阵地,必须限制杀伤区最大高低角。对等过载包线做了上述修正后,获取的仅是理论杀伤区。任何防空导弹最终使用的杀伤区,必须再对理论杀伤区进行仿真校核,对重要特征点要进行靶试验证,根据靶试结果进一步修正,才得到作战指挥采用的杀伤区。

### 5.1.2　杀伤区几何模型

对等过载包线修正后,在地面直角参数坐标系内,可得典型防空导弹杀伤区空间形状示意如图5.8所示。

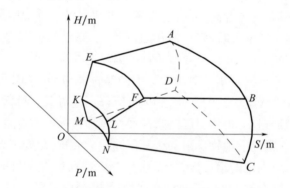

图5.8　典型防空导弹杀伤区空间形状示意

图5.8中,$O$ 为防空导弹火力单元阵地中心;$ABFE$ 为杀伤区高界面,典型为水平扇面;$CDMN$ 为杀伤区低界面,典型为水平扇面;$ABCD$ 为杀伤区的远界面,一般是个曲面;$EFLK$ 为杀伤区高近界面,典型为锥面一部分,其锥顶一般在 $O$ 点;$LKMN$ 为杀伤区低近界面,典型为球面的一部分,球心一般在 $O$ 点;$ADMKE$、$BCNLF$ 为杀伤区的两个侧近界面,分别在两个通过 $O$ 点的铅垂平面内,这两个铅垂平面与航路捷径为零(目标航线在水平面投影与 $OS$ 轴重合)的铅垂平面夹

## 第5章 防空导弹作战空域

角相等。$OSHP$ 为地面参数直角坐标系。杀伤区形状看起来似乎比较复杂,但由于它的左右对称性,对它的剖面进行研究,便呈现出明显的规律性。下面分别讨论杀伤区的垂直剖面-垂直杀伤区、水平剖面-水平杀伤区的形状和表征它们的参数。

**1. 垂直杀伤区的形状和参数**

用垂直于航路捷径轴的平面切割杀伤区得到的剖面,称为垂直杀伤区。

航路捷径 $P=0$ 的垂直杀伤区及其参数标识,如图 5.9 所示。其中,$AB$ 为杀伤区高界,是一段水平线段;$CD$ 为杀伤区低界,也是一段水平线段;$BFC$ 为杀伤区远界,是一段曲线;$AGE$ 为杀伤区高近界,是一段斜线,其延长线通过 $O$ 点;$ED$ 为杀伤区低近界,是一段圆弧,圆心在 $O$ 点。

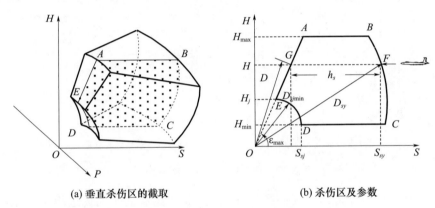

(a) 垂直杀伤区的截取　　(b) 杀伤区及参数

图 5.9　典型防空导弹垂直杀伤区

表征垂直杀伤区的主要参数是:$H_{max}$ 为杀伤区最大高度;$H_{min}$ 为杀伤区最小高度;$H$ 为交界高度,是垂直杀伤区高近界与低近界交点的高度;$D_{sy}$ 为给定高度 $H$ 的杀伤区远界斜距;$D_{sj}$ 为给定高度 $H$ 的杀伤区近界斜距;$D_{sjmin}$ 为杀伤区最近边界斜距;$\varepsilon_{max}$ 为杀伤区最大高低角;$h_s$ 为高度 $H$、航路捷径 $P=0$ 的杀伤区纵深。

对 $P=0$ 的垂直杀伤区,其边界可用下列 5 个拟合数学式表达,即

高界 $AB$:$H=H_{max}$;低界 $CD$:$H=H_{min}$;

远界 $BFC$,其中,$a$、$b$、$c$ 为常数:

$$S_{sy}=aH^2+bH+c \quad (H_{min} \leqslant H \leqslant H_{max}) \tag{5.34}$$

高近界 $AGE$:

$$S_{sj}=H\cot\varepsilon_{max} \quad (H_j < H \leqslant H_{max}) \tag{5.35}$$

低近界 $ED$:

$$S_{sj}^2+H^2=D_{sjmin}^2 \quad (H_{min} \leqslant H \leqslant H_j) \tag{5.36}$$

## 2. 水平杀伤区的形状和参数

用给定高度的水平平面切割杀伤区得到的截面,称为水平杀伤区。

水平杀伤区的截取如图 5.10(a) 所示。将水平杀伤区投影到 $OSP$ 平面,则高度 $H$ 的水平面与 $OH$ 轴的交点 $O'$ 与 $O$ 点重合,水平杀伤区的平分线 $O'S'$ 与 $OS$ 轴重合。水平杀伤区的边界和参数标识如图 5.10(b) 所示。其中,$KL$ 为杀伤区远界,是以 $O'$ 为圆心的一段圆弧;$MN$ 为杀伤区近界,是以 $O'$ 为圆心的一段圆弧;$KN$、$ML$ 为杀伤区侧近界,分别是两段斜线,其延长线过 $O'$,且与 $O'S'$ 夹角相等。

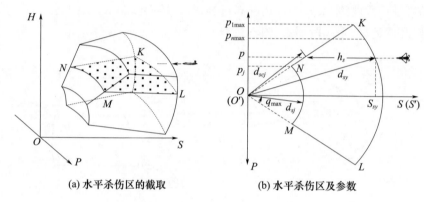

(a) 水平杀伤区的截取　　(b) 水平杀伤区及参数

图 5.10　典型防空导弹水平杀伤区

表征水平杀伤区的主要参数为:$d_{sy}$ 为给定高度 $H$ 的杀伤区远界水平距离;$d_{sj}$ 为给定高度 $H$ 的杀伤区近界水平距离;$d_{scj}$ 为给定高度 $H$ 和航路捷径 $P$ 的杀伤区侧近界水平距离;$q_{max}$ 为杀伤区最大航路角;$p_{1max}$ 为给定高度 $H$ 时,保证 1 发导弹在杀伤区内遭遇的目标最大航路捷径;$p_{nmax}$ 为给定高度 $H$ 时,保证 $n$ 发导弹在杀伤区内遭遇的目标最大航路捷径;$p_j$ 为水平杀伤区近界与侧近界交点对应的航路捷径,称为交界航路捷径;$h_s$ 为给定高度 $H$ 和航路捷径 $P$ 的水平杀伤区纵深。

对某一高度 $H$ 的水平杀伤区边界,可用下面 4 个数学式表示,即

远界边界 $KL$:

$$S_{sy}^2 + P^2 = d_{sy}^2, d_{sy} = a'H^2 + b'H + c' \tag{5.37}$$

式中,$a'$、$b'$、$c'$ 为常数。

近界 $MN$:

$$S_{sj}^2 + P^2 = d_{sj}^2, d_{sj} = \begin{cases} H\cot\varepsilon_{max} & (H_j < H \leqslant H_{max}) \\ \sqrt{D_{sjmin}^2 - H^2} & (H_{min} \leqslant H < H_j) \end{cases} \tag{5.38}$$

侧近界 $ML$:$S_{scj} = P\cot q_{max}$;侧近界 $NK$:$S_{scj} = -P\cot q_{max}$

**3. 空间杀伤区的形状和参数**

典型的空间杀伤区如图 5.8 所示,其边界分 7 个部分,即

高界面 $ABFE$:$H = H_{\max}$;低界面 $CDMN$:$H = H_{\min}$

远界面 $ABCD$:

$$\sqrt{S_{sy}^2 + P^2} = aH^2 + bH + c \qquad (H_{\min} \leqslant H \leqslant H_{\max}) \qquad (5.39)$$

高近界面 $EFLK$:

$$H = \left(\sqrt{S_{sj}^2 + P^2}\right)\tan\varepsilon_{\max} \qquad (H_j < H \leqslant H_{\max}) \qquad (5.40)$$

低近界面 $LKMN$:

$$S_{scj}^2 + P^2 + H^2 = d_{sj\min}^2 \qquad (H_{\min} \leqslant H \leqslant H_j) \qquad (5.41)$$

侧近界面 $ADMKE$:$S_{scj} = -P\cot q_{\max}$

侧近界面 $BCNLF$:$S_{scj} = P\cot q_{\max}$

## 5.2　部署效能网格计算

防空导弹武器系统作为一种重要防空系统,已成为要地防空主要装备,合理部署防空导弹群需综合考虑不规则地形对雷达探测范围遮蔽影响、导弹杀伤区杀伤概率空间分布不均衡性等因素。假定防空导弹阵地周围地形特征以连续海拔等高线形式给出,导弹杀伤区的杀伤概率已知,则防空导弹群部署问题可表述为:给定数量的防空导弹群保卫某一要地,确定其最佳的部署模式问题。进攻方和防御方是同一问题的两个方面,因而合理分析进攻与防御之间的相互关联和影响,是开展地导部署效能的重要前提。本书对此基于网格空域单元的时空基准,将敌突防飞机进袭的每一条可能路径计算赋予一个数值,这个数值就是对这架飞机在对应的突防路径上面临威胁的量化表征,基于此对防空导弹部署效能进行分析,据此可实现在多种部署模式中选择确定一种最有效的部署模式,此外还可以找到防空导弹防御系统中最易受攻击的区域,这样就可以利用其他防空武器系统进行补充部署,加强防御能力[5-6]。

### 5.2.1　效能影响因素

防空导弹防御系统通常包括一部中央远程警戒雷达(Central Surveillance Radar,CSR),它可以在敌飞机进袭距防空导弹防御系统很远时,对其进行探测和跟踪。防御区域或保卫的要地群,被一定数量的地导火力单元杀伤区所覆盖,每个火力单元都装备一部服务于一套导弹发射装置的制导雷达(火控雷达),每个发射装置都装备一定数量的指令制导防空导弹。起初中央警戒雷达探测到一

个突防空中目标并向防空导弹群发出威胁告警信息,当一批空中目标进入防空导弹群探测范围时,指挥与控制系统就会将跟踪和射击目标的任务分配给防空导弹群中适宜拦截的火力单元。接着当目标进入导弹杀伤区时,火力单元制导站进入自主工作模式并根据特定的火力控制策略发射导弹拦截目标。

对于空中飞机进攻方来说,其可能携带空地导弹或其他具有远程发射能力的航空武器,由此飞机对防空导弹防御区域或保卫要地发射武器进行攻击的点,称为成功发射点。防空导弹制导雷达的视角是有限的,因此每一部制导雷达总存在一定的盲区,所以必然存在系列点,突防飞机沿着这些点可安全飞至成功发射点。这些点和成功发射点,共同构成了防御区域或要地的易攻击区(Vulnerable Zone,VZ),易攻击区的边界称为易攻击区边界(Vulnerable Zone Boundary,VZB)。对于突防飞机来说,威胁区(Danger Zone,DZ)是指在突防飞机飞向易攻击区过程中,可能被探测或被拦截摧毁的区域。威胁区由暴露区(Exposure Zone,EZ)和杀伤区(Kill Zone,KZ)组成。暴露区是指在此区域中央警戒雷达或某防空导弹制导雷达能探测并跟踪空中目标,杀伤区由所有防空导弹火力单元杀伤区组成。暴露区边界(Exposure Zone Boundary,EZB)是中央警戒雷达覆盖区的边界,杀伤区边界(Kill Zone Boundary,KZB)是指所有防空导弹火力单元的整个杀伤区的外边界。显然在一个高性能防空系统中,威胁区边界和暴露区边界应该是相同的,杀伤区边界应是一条闭合曲线。在理想情况下,杀伤区应处于威胁区之内,易攻击区应处于杀伤区边界之内。如图5.11所示,假定了一种防空导弹部署模式,它示意了不同的分布情况,火力单元本身也可能被包含在防御区内,因此围绕火力单元也可能存在易攻击区边界[7]。

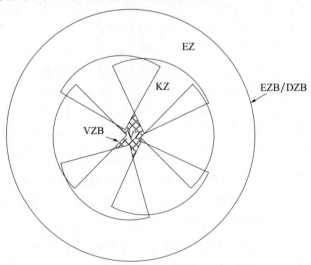

图5.11 防空系统中不同的区域

# 第5章 防空导弹作战空域

防空系统的部署效能受到其系统所处的作战环境影响,此外还包括系统自身局限性因素影响等,其影响的主要因素如下。

(1)导弹杀伤概率。在防空导弹杀伤区内,杀伤概率的分布是不均匀的,它在很大程度上依赖于空中突防目标的特征,如飞行的速度、方向、高度及所采取的电子对抗措施等。图 5.12 所示为平坦地域导弹杀伤概率分布,假定目标等速等高水平直线径直飞向火力单元:一是杀伤概率的真实空间分布情况,二是杀伤概率空间离散表示情况。

(2)地形特征。地形起伏对防空部署效能有决定性的影响,因为它可能遮蔽警戒雷达和制导雷达的探测范围,限制其视界。由此一个获取大量前期侦察情况的空中突防目标,可能会利用地形进行突防进入,同时一些区域由于水域或植被、交通的情况,不适于防空导弹部署。

(3)目标停留时间。空中突防目标在威胁区内的停留时间,与目标速度和地形特征等有关。从某种意义上看,目标在威胁区内的停留时间越长,对其成功拦截的概率就越大。

(4)重叠区的形状。如果相邻的杀伤区之间有重叠区域,那么空中突防目标在到达其目的地前必须至少经过其中的一个杀伤区,否则在整个防空系统中就会留下间隙。重叠区的数量也是十分重要的,因为它决定了导弹拦截的次数等。

(5)易攻击区形状。大面积展开的易攻击区,对防空系统而言是一个沉重负担,因为易遭受敌方攻击破坏的区域越大,需要进行防御的火力单元数量就越多。

(6)杀伤区形状。一个防空导弹的杀伤区越大,其对防御作战来说就越有利,因此其拦截射击的次数将增多。

(7)暴露区。一个大的暴露区可使防空系统能尽早发现并跟踪突防目标,这样火力单元便可接收足够的预警信息。

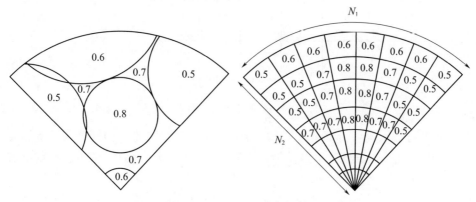

图 5.12 平坦地域导弹杀伤概率分布

### 5.2.2 部署评估模型

根据防空系统保卫地域需要,为得到最优的作战部署模式,必须对不同的部署模式进行效能对比。由此需要建立一种考虑多要素的防空系统部署效能评估模型。对于空中突防目标,从威胁区边界到易攻击区边界需选择一条进入路径,突防目标在该路径上飞行将面临防空系统的拦截威胁。显然,防空系统部署区域的地形特性、突防目标飞行时间、导弹杀伤概率等因素,共同影响着突防目标在某一特定突防路径上飞行所面临的威胁大小。假定确立一种部署模式,必然存在一条或多条给突防目标带来威胁最小的路径,这个最小威胁值可用来评估特定部署模式下的防空部署效能。由此需要寻找一种部署模式,使得防空系统部署效能达到最大的情况。

防空系统的防御可建立在二维平面上,对此可采用网格空域单元方法,将防御区域进行空间离散化[8],如图 5.13 所示。方格的大小取决于地形特性的间隔尺寸。从威胁区边界到易攻击区边界的突防目标飞行路径,现在可以用系列方格来表示。每一个方格与一个经验的威胁值相关,称为防空系统对突防目标所造成的威胁系数(Danger Index,DI)。这条突防路径上所有经验的威胁值总和称为累积威胁系数(Cumulative Danger Index,CDI),它是将给定突防路径上所有方格的威胁系数相加得到。

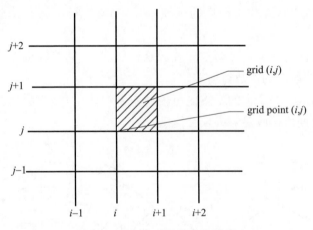

图 5.13 防御区域的方格划分

如果防空系统可行部署模式的集合记为 $P$,在给定的一种部署模式 $p(p \in P)$ 下,突防目标的可行进入路径集合记为 $R(p)$,$r$ 为突防路径,则防空系统部署效能目标可表示为

$$\max_{p \in P} \min_{r \in R(p)} \mathrm{CDI}(r) \tag{5.42}$$

## 第5章 防空导弹作战空域

假定空中突防目标在威胁区边界上的某一特定点处开始突防防空系统,从这点向前,突防目标有多条到达易攻击区边界的可选的突防路径,每一条突防路径都有一个累积威胁系数 CDI,累积威胁系数最小的突防路径就是空中目标的最佳飞行路径,称为局部最小累积威胁系数(Local Minimum Cumulative Danger Index,LMCDI),它与组成威胁区边界的每一个方格相关,所有局部最小累积威胁系数中最小的一个,称为全局最小累积威胁系数(Global Minimum Cumulative Danger Index,GMCDI),可以用来评估防空系统部署效能。因此有

$$\text{GMCDI}(p) = \min_{r \in R(p)} \text{CDI}(r) \quad (5.43)$$

对于给定的一种部署模式 $p(p \in P)$,威胁区边界内方格的集合记为 $G(p)$,则

$$R(p) = \bigcup_{g \in G(p)} R_o(g) \quad (5.44)$$

其中,$R_o(g)$ 是对一个给定的威胁区边界内的方格 $g(g \in G(p))$,突防目标所有的可行飞行路径的集合,因此全局最小累积威胁系数也可表示为

$$\text{GMCDI}(p) = \min_{g \in G(p)} \min_{r_o \in R_o(g)} \text{CDI}(r_o) \quad (5.45)$$

局部最小累积威胁系数也可表示为

$$\text{LMCDI}(g) = \min_{r_o \in R_o(g)} \text{CDI}(r_o) \quad (5.46)$$

对于给定的一个威胁区边界内的方格 $g(g \in G(p))$,很显然防空系统最优部署模式应该是全局最小累积威胁系数最大的一个。下面继续讨论如何为每一个方格分配合适的威胁系数,对于方格 $(i,j)$ 其被赋予一个可见的值 $V_{ij}$($V_{ij} \in [0,1]$),来表示雷达探测并跟踪突防目标的能力,突防目标位于此方格上方并试图利用方格内的地形特征来实施突防。若方格不在任何制导雷达的搜索区内或完全被地形所遮蔽,则 $V_{ij} = 0$。当 $V_{ij} = 1$ 时,意味着此方格上方的突防目标在所有飞行高度上都是可被探测与跟踪的,即可见的。同理,若方格位于至少一个火力单元杀伤区内,则赋予该方格非零的杀伤概率值,否则赋予零杀伤概率值,此杀伤概率值为 $K_{ij}$。因此,与方格 $(i,j)$ 相关的威胁系数 $D_{ij}$ 可表示为

$$D_{ij} = V_{ij}(1 + K_{ij}) \quad (5.47)$$

在暴露区内虽然 $K_{ij} = 0$,但相对于 $V_{ij}$ 而言 $D_{ij}$ 的值可以是非零的。当方格位于两个火力单元杀伤区的重叠区域时,两个威胁系数值中较大的一个可作为此方格相关联的威胁系数值。当然,这得依赖于火力单元的指挥与控制策略,若在重叠区内只有一个火力单元,即威胁系数最大的火力单元被分配了拦截该突防目标的任务,则上述的过程是可行的。另外,如果两个火力单元都执行了拦截突防目标的任务,则此方格的 $D_{ij}$ 值计算公式为

$$D_{ij} = [V_{ij}^1 + V_{ij}^2 \times (1 - V_{ij}^1)] \times [1 + K_{ij}^1 + K_{ij}^2 \times (1 - K_{ij}^1)] \quad (5.48)$$

式中,$V_{ij}^1$ 和 $V_{ij}^2$ 为可见值;$K_{ij}^1$ 和 $K_{ij}^2$ 分别是火力单元1、火力单元2在方格 $(i,j)$ 内的杀伤概率。对于方格的突防目标可见值,可以这样计算,参见雷达探测方格分析

内容，首先在方格上方找到制导雷达能够探测到突防目标的最小飞行高度，高度值称为最小高度可见平面(Minimum Altitude Visibility Level, MAVL)，记为$M_{ij}$。很明显，最小高度可见平面依赖于雷达探测视线方向上雷达与方格之间的最高障碍物，如图5.14所示。

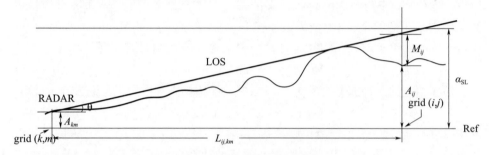

图5.14　最小高度可见平面

沿连接方格点和雷达所在点的线，找到障碍物所在方格和相对雷达位置的相应高度角$\theta$，记此方格处的高度角最大，方格$(i,j)$关于位于方格$(k,m)$中的雷达最小高度可见平面表示为

$$M_{ij} = L_{ij,km} \times \tan\theta + A_{km} - A_{ij} \qquad (5.49)$$

式中，$L_{ij,km}$是雷达位于方格$(k,m)$与方格$(i,j)$之间的距离；$A_{ij}$、$A_{km}$分别是方格$(i,j)$和$(k,m)$中心点的高度。防空系统对于低空突防目标的防御能力较弱，不必考虑一定高度之上的进攻情况。因此，可以设置一个高度上限，敌人的突防目标不可能飞行高于此高度，该高度值记为$\alpha$，它的选择依赖于该区域中最高障碍物的高度和突防目标飞越该区域并在必要时能够做地形规避机动时所需的最小地形间隙。方格$(i,j)$的可见值可表示为

$$V_{ij} = \max\left\{0, 1 - \left[\frac{M_{ij}}{\alpha - A_{ij}}\right]\right\} \qquad (5.50)$$

这个可见值可看作方格上方目标可见空域的大小与方格和高度上限$\alpha$的总空间大小之比，需要指出的是，因为负可见值是无意义的，所以式(5.50)中省去负值。

地形细节以离散的空域有限单元的高度参数描述，方格的高度以矩阵的形式进行存储，给定方格内的点的高度可以采用对方格4个顶点的高度进行加权平均，如方格$(i,j)$内的一个点距4个顶点$(i,j+1)$、$(i,j)$、$(i+1,j)$、$(i+1,j+1)$的距离分别是$d_1$、$d_2$、$d_3$、$d_4$，则这个点的高度值可表示为$\beta_1 \times A_{i,j+1} + \beta_2 \times A_{i,j} + \beta_3 \times A_{i+1,j} + \beta_4 \times A_{i+1,j+1}$，$\beta_1$、$\beta_2$、$\beta_3$、$\beta_4$是$d_1$、$d_2$、$d_3$、$d_4$的函数，具体如何合理构造参数$\beta_1$、$\beta_2$、$\beta_3$、$\beta_4$则可根据具体地形进行确定。

### 5.2.3 模型求解方法

根据上述内容,可将防空系统的防御区域用一个二维方格矩阵进行描述,并为每一个方格赋予一个威胁系数,记为威胁系统矩阵 $D$,$D_{ij}$ 为分配给方格 $(i,j)$ 的威胁系数值。记局部最小累积威胁系数(LMCDI)的矩阵为 $L$,$L_{ij}$ 为从方格 $(i,j)$ 到易攻击区边界的局部最小累积威胁系统值。这样可以采用动态规划算法,按照目标函数要求计算得到矩阵 $L$。初始状态是威胁区边界内的方格集合,结束状态是易攻击区边界内的方格集合。显然易攻击区内的所有方格,$L_{ij}=0$。因此初始化时,与易攻击区内的所有方格相关的 $L_{ij}$ 赋值为 0,与其他方格相关的 $L_{ij}$ 赋值为一个很大的数 $k$。矩阵 $D$ 和矩阵 $L$ 都是 $p\times q$ 维的,每一个方格 $(i,j)$ 都分配一个闭合集,表示为 $E_{ij}$,定义为

$$E_{ij}=\{(k,l):(i-1)\leq k\leq(i+1),(j-1)\leq l\leq(j+1),\\ 1\leq k\leq p, 1\leq l\leq q,(k,l)\neq(i,j)\} \tag{5.51}$$

显然 $E_{ij}$ 最多只能有 8 个元素,如果 $(k,l)\in E_{ij}$,那么 $(i,j)\in E_{kl}$。

根据突防目标从方格 $(k,l)$ 进入方格 $(i,j)$ 将增加威胁系数,记 $T_{ij}^{kl}$ 为突防目标方格过渡飞行的代价值,定义为

$$T_{ij}^{kl}=\tau\times(D_{kl}+D_{ij})/2 \tag{5.52}$$

其中

$$\tau=\begin{cases}\sqrt{2},& k\neq i\\ 1,& \text{其他}\end{cases} \tag{5.53}$$

在这里,不同于动态规划算法解决常规问题,中间状态(即除了初始状态和结束状态)事先并未定义好,因此当执行到第 $n$ 步时,在确定此步中一个方格的局部最小累积威胁系数之前,必须首先确定哪些方格属于第 $n$ 步。如果认为与第 $(n-1)$ 步中的方格相关的所有包络方格都属于第 $n$ 步,那么第 $n$ 步处理的方格数将是 $(2n-1)^2$。这样对于大多数地形来说,第 $n$ 步处理的平均方格数大约为 $8n$ 个,这种方法中可建立这样一个概念:第 $n$ 步一般是(但不总是)形成第 $(n-1)$ 步中方格集合的外层包络的方格集合,这样有助于减少计算时间。

记第 $n$ 步的方格集合由 $S_n$ 给出,那么动态规划算法的主要步骤如下。

算法 5.1    $S_{n-1}=\Phi$
    For all $(i,j)\in S_n$  do
      For all $(k,l)\in E_{ij}$  do
        If $L_{kl}\geq L_{ij}+T_{ij}^{kl}$  then
          $S_{n+1}=S_{n-1}\cup\{(k,l)\}$,$L_{kl}=L_{ij}+T_{ij}^{kl}$

在上述步骤结束时,$S_{n+1}$将包含第$(n+1)$步中的方格,即在第$(n+1)$步中从此方格集合可以到达易攻击区边界的方格集合,但在累积威胁系数很小的先前步骤中,从此方格集合不能到达易攻击区边界。第$(n+1)$步中相应的局部最小累积威胁系数值将存储于矩阵$L$的适当位置,下一步重复此过程,直到$S_{n+1}$状态为空时,算法停止运行。此时矩阵$L$中的每一个$L_{ij}$将保存从方格$(i,j)$到易攻击区边界的局部最小累积威胁系数值。元素$L_{ij}$表示如果突防目标沿其最佳路径飞行,从此点向前它暴露于防空系统的最小累积威胁系数值。威胁区边界内方格的最小局部最小累积威胁系数是全局最小累积威胁系数,它作为这种特定部署形式的防空效能的度量。需要说明的是,以上算法不能生成任何有关突防目标最佳飞行路径的信息,然而这些信息在随后所进行的处理中可以进一步计算。设突防目标位于方格$(k,l)$,其周围的方格集合记为$E_{kl}$,如图5.15所示。

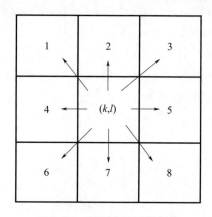

图5.15 突防路径标识约定

突防目标从方格$(k,l)$飞行到$E_{kl}$中任何一个方格,被赋予1~8之间的一个值,现在考虑一个初值为0的$p\times q$维矩阵$P$,一旦根据算法5.1确定了$P_{kl}$(与方格$(k,l)$相对应的矩阵$P$中的元素),其与方格分配一个相应的数值,如图5.13中步骤$S_n$中的一个方格$(i,j)$位于图5.15中网格6的位置,则$P_{kl}=6$。通过这种方法,可以更新并存储突防路径矩阵$P$,但其中有一个缺点,即$L_{kl}\geqslant L_{ij}+T_{ij}^{kl}$是以等号成立时,虽然选择方格的优劣程度相同,但仍会被新路径所替代,对此可以这样避免出现这种情况:假定矩阵$P$中的每一项都是一个8维向量,分别代表8个不同方向,如果它们都是最优的,就都存储在矩阵$P$中,这样矩阵$P$就是$p\times q\times 8$维的,当然也可以在累积威胁系数数值中设置一些容忍水平,这样认为累积威胁系数值相近的路径具有相同的威胁程度,并将其存储。

通过上述计算,一旦得到了矩阵$L$、$P$,就可以实现以下目的:①全局最小累积威胁系数值的计算。全局最小累积威胁系数值,用来评估给定防空系统部署模式下的效能,也就是比较不同的部署模式的优劣与比选。②其他评估内容。有时,仅用全局最小累积威胁系数值来确定某一种部署模式的优劣是不够的,特别是在几种部署模式下的全局最小累积威胁系数值彼此相近时,这种情况下可使用威胁区边界内方格的局部最小累积威胁系数的平均数和标准偏差等,这样可以定义在其他情况下的一种选择。③还可以利用 $L$ 和 $P$ 矩阵来生成累积威胁系数值低于一定可接受阈值,如平均局部最小累积威胁系数的突防路径,这将标识出目标突防进入防空系统中最易受到攻击的通道,这个信息十分有用,因为尽管防空导弹武器系统是地面防空主战系统,但还必须通过其他一些常规的防空系统来增强其防御能力,如高炮、近程导弹或火箭弹等,易受攻击的突防路径的标识,将为合理部署这些武器奠定基础。

以上探讨的防空系统部署效能计算模型中,一个重要的问题就是方格的尺寸选择,方格尺寸的选择通常依赖于地形的间隔尺寸。地形高度起伏平缓的区域,可采用较大尺寸的方格进行分析,高度起伏比较频繁的地形则需要采用小尺寸的方格分析。一种用以判别给定地形上选择方格是否适宜的实用方法,就是确定每个方格的 4 个顶点的标准高度差,若这个值高于大多数方格所确定的阈值,则此方格应该缩小,给定地形上的理想方格的所有标准高度差都应在这个阈值水平之下。最佳突防路径和全局最小累积威胁系数,对方格尺寸的灵敏程度,也有赖于地形的间隔尺寸,因此这里所定义的阈值主要用来方格尺寸的选择控制、最佳突防路径精确性控制和给定地形上特定部署形式的全局最小累积威胁系数控制。

## 5.3 目标火力分配应用

目标分配是根据空中目标信息和防空导弹武器状态,按一定原则、因素和约束条件向所属火力单元分配目标,由各火力单元实施拦截。目标优化分配是指选择目标和拦截该目标最有利的火力单元。目标分配是一个多因素分析和决策的过程。给定准则不同得到的分配方案也不同,即使给定同一准则,目标运动参数变化,分配方案也会不断变化。因此,在目标到达分配终线之前,优化分配是一个动态过程,分配预案随着目标参数、各火力单元状态变化而适时调整。因此,目标分配是动态组网系统指挥与控制中的一个核心问题,直接关系到全系统火力运用和组网作战效能发挥。目前,与防空导弹武器目标分配问题(Weapon Target Assignment Problem,WTAP)相关文献很多,这些文献中都是利用某种优化算法求解静态组网系统目标分配数学规划模型的[9-13]。

### 5.3.1 问题数学描述

目标分配问题，本质上是数学规划中的"分派问题"(Assignment Problem, AP)。对于这样的问题，一般通过建立问题的数学规划模型，利用有效的优化算法得到问题的最优解。但是动态组网系统目标分配问题具有其特殊性，主要表现在以下几个方面。①算法实时性。动态组网系统执行防空作战时，应对的都是时间关键目标。面对复杂空袭环境，瞬息万变的空中态势，战术单位指控节点必须具有实时简单化的决策环境来灵活抓住交战时机，而目标分配问题就是这个决策环境中的核心问题。战术单位指控节点在一个决策周期内利用空中目标信息计算目标分配模型需要的参数，但目标运动参数快速变化，使留给目标分配模型参数计算的时间很短，否则就会使计算的各个参数不符合时间统一性，最终的分配结果达不到实际最优。因此，目标分配算法必须具备非常好的实时性，以便能够有效地处理完数据，把目标指定到射击条件最好的火力单元。②算法有效性。目标分配是一个典型的 NP 问题，虽然问题求解需要大量、复杂的计算，最终还是可以通过优化算法搜索到问题的最优解。目标分配问题不单纯是数学问题，它与一个国家防空作战指导思想、战术使用原则等多方面因素有关。目标分配问题在计算过程中应该考虑到这些因素，并能有效利用人的决策能力。③算法考虑因素。动态组网系统目标分配问题前两个特殊性，是目标分配问题有别于其他问题。算法考虑因素主要是动态组网系统与静态组网系统之间的差别。

静态组网系统信息共享采用报文传递、点对点通信链路，这种方式下无法形成多路径、宽容量可靠通信，系统各个成员节点的信息共享能力非常薄弱，无法共享具有火控质量的目标测量原始数据。因此，静态组网系统目标分配是以成员节点自身搜索、探测与跟踪能力为基础，来综合判断该节点能否射击该目标，其次才考虑到射击该目标的有利度、战术使用原则等其他因素。动态组网系统各成员节点具备信息共享能力，并且各成员节点基于网络信息实施指挥与控制。在这种信息优势下，动态组网系统目标分配，考虑的主要因素是对目标的射击综合有利度、战术使用原则等因素。

**1. 目标分配约束条件**

1) 空间约束

$$T_j = \{i \mid P_{ij} \leq P_{j\max}, H_{j\min} \leq H_i \leq H_{j\max}, V_{j\min} \leq V_i \leq V_{j\max}\} \quad (5.54)$$

式中，$T_j$ 为满足空间约束条件的火力单元 $j$ 能射击的目标集合；$H_i$、$P_{ij}$、$V_i$ 分别是目标 $i$ 高度、目标 $i$ 对火力单元 $j$ 的航路捷径和目标 $i$ 的飞行速度；$P_{j\max}$、$H_{j\min}$、$H_{j\max}$、$V_{j\min}$、$V_{j\max}$ 分别是火力单元 $j$ 可射击目标的最大航路捷径、最小高度、最大高度、最小速度、最大速度。

当火力单元满足对目标射击的空间约束条件时,目标 $i$ 对火力单元 $j$ 的航路捷径 $P_{ij}$ 越小,该火力单元的射击条件就越有利。因此,可用航路捷径来描述空间约束,其归一化处理为

$$E_1 = \frac{P_{j\max} - P_{ij}}{P_{j\max}} \qquad (5.55)$$

式中,$E_1$ 为航路捷径归一化值;$P_{j\max}$ 为火力单元 $j$ 杀伤区最大航路捷径。当 $E_1 < 0$ 时,取 $E_1 = 0$,所以 $E_1 \in [0,1]$。

2) 时间约束

火力单元对目标至少可进行一次拦截的条件下,以目标到发射区近界的飞近时间表示火力单元对目标的射击综合有利度,当目标到发射区近界的飞近时间大于零时,火力单元就满足对目标射击的时间约束。该时间约束同时包括目标在发射区停留时间和目标到发射区远界的飞近时间。当火力单元满足空间约束时,目标到发射区近界的飞近时间越大,射击条件就越有利,火力单元有较长的时间进行射击准备,或者进行多次拦截。目标到发射区近界的飞近时间计算为

$$T_{ij} = \frac{d_{ij}}{V_i} \qquad (5.56)$$

式中,$T_{ij}$ 为目标 $i$ 到火力单元 $j$ 发射区近界的飞近时间;$d_{ij}$ 为目标 $i$ 到火力单元 $j$ 发射区近界距离;$V_i$ 为目标 $i$ 平均速度。对 $T_{ij}$ 归一化处理,有

$$E_2 = \frac{T_{ij}}{T_{t\max} + T_{\text{react}}} \qquad (5.57)$$

式中,$E_2$ 为目标到发射区近界飞近时间归一化值;$T_{\text{react}}$ 为武器系统反应时间;$T_{t\max}$ 为目标在发射区的最大可能停留时间,其确定要考虑具体型号武器杀伤区的形状、参数。当 $E_2 > 1$ 时,取 $E_2 = 1$,所以 $E_2 \in [0,1]$。

3) 目标通道均匀加载

火力单元射击目标时必须满足通道条件,且对同一目标,其他条件相同时,空闲目标通道数多的火力单元优先拦截。计算火力单元拦截空气动力目标时的目标通道加载系数计算公式为

$$E_3 = 1 - \frac{\text{TC}_j}{\text{TC}} \qquad (5.58)$$

拦截弹道目标一般需占用两个目标通道。因此,在向中高空火力单元分配目标时,若所跟踪目标中有弹道目标,则确定目标通道加载系数公式为

$$E_3 = 1 - \frac{2\text{TC}_j}{\text{TC}} \qquad (5.59)$$

式中，$TC_j = TC_{j1} + TC_{j2}$；$E_3$ 为目标通道加载系数；TC 为该类型火力单元目标通道数，$TC_j$ 为火力单元已经占用的通道数量，$TC_{j1}$ 为火力单元 $j$ 已经占用通道数，$TC_{j2}$ 为火力单元 $j$ 在本次射击中将占用的通道数。当 $E_3 < 0$ 时，取 $E_3 = 0$，所以 $E_3 \in [0,1]$。

4）弹药均匀消耗

火力单元射击目标时必须满足弹药条件。且对同一目标，其他条件相同时，剩余弹药多的火力单元优先拦截。计算火力单元的弹药均匀消耗公式为

$$E_4 = \frac{TD_j}{TD} \tag{5.60}$$

式中，$E_4$ 为火力单元现有导弹数量归一化值；TD 为火力单元规定携带导弹数；$TD_j$ 为火力单元剩余导弹数。

5）指挥员决策因素

由于作战情况复杂多变，获得的数据信息不可能完备，指挥员的判断和最后的决策仍然十分重要。所以，指挥员对分配方案有一定的干预能力，主要是修订目标威胁度、人工指定射击目标的火力单元、射击方式、发射导弹数等。对每个火力单元指定目标一般不超过两个。指挥员一般以两种方式指定射击目标：①指定目标到确定的火力单元；②指定拦截目标，但不指定到确定的火力单元。

**2. 目标分配模型**

本书建立动态组网系统目标分配模型，以空中目标突破动态组网系统防御空域总威胁度最小为准则。从数学规划角度考虑，其目的是便于分析动态组网系统目标分配问题实质。建模过程中，分阶段讨论，在不失去问题关键特性基础上，采用合理的假定条件。

动态组网系统由不同型号防空导弹武器组成，并依据一定的原则部署。空袭目标进入动态组网系统责任空域，在上级信息提示与作战任务下，动态组网系统传感器网获取目标信息，战术单位指控节点根据网络信息能够计算目标单发杀伤概率（Single Shot Kill Probabilities，SSKP）矩阵，设为 $SP_{ij}(t) \in [0,1]$，其中 $i \in K, j \in M$；$K = \{1, 2, \cdots, K(t)\}$ 是整数集合，表示时刻 $t$ 动态组网系统搜索到的目标数量集合；$M = \{1, 2, \cdots, M(t)\}$ 也是整数集合，表示时刻 $t$ 动态组网系统火力单元数量集合。同时，战术单位指控节点根据网络信息计算每个目标综合威胁度 $S_i(t), i \in K$。随着动态组网系统作战进程推进，目标参数、各火力单元状态的变化，$SP_{ij}(t)$ 与 $S_i(t)$ 也在变化。实际上，$SP_{ij}(t)$ 与防空导弹武器战术技术性能、目标特性、目标运动参数等许多因素有关。在不影响问题特性的情况下，本书在建立目标分配模型时，假定 SSKP 只与目标特性和武器平台相关。动态组网系统目标分配过程如图 5.16 所示。

# 第5章 防空导弹作战空域

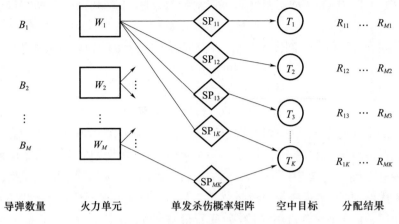

图5.16 动态组网系统目标分配过程

图5.16中,$B_j$为防空导弹武器装备的导弹数量;$W_j$表示防空导弹武器;$R_{ij}$为目标分配结果变量;其中,$i \in K, j \in M$。目标分配过程为战术单位指控节点根据网络信息计算目标单发杀伤概率矩阵、综合威胁度后,在动态组网系统目标分配准则下,求解各个目标分配结果变量。

假设$t=0$时刻,动态组网系统发现$K(0)$个目标;动态组网系统火力单元数$M(0)$,每个火力单元有$B_j(0)$发导弹。定义$\hat{Y}(t) = \{\hat{Y}_{ij} \in Z^+\}, i \in K, j \in M$为火力单元$j$对目标$i$发射的导弹数量,$Z^+$为正整数集合。则时刻$t$目标突破动态组网系统形成的综合威胁度:

$$\hat{E}(\hat{Y},t) = \sum_{t'=0}^{t} \sum_{i=1}^{K(t')} S_i(t') \prod_{j=1}^{M(t')} (1 - SP_{ij}(t'))^{\hat{Y}_{ij}(t')} \quad (5.61)$$

假定战术单位指控节点一个决策周期$\Delta t$中目标分配结果相对独立,当目标$i$分配给火力单元$j$,则$t$时刻空中目标突防概率为$(q_{ij}(t))^{\hat{Y}_{ij}(t)}$,其中$q_{ij} = 1 - SP_{ij}$。

设$L_i(t) = \{L_i(t) \in \{0, 1\}\}$表示目标被杀伤或突防成功,其中:

$$L_i(t) = \begin{cases} 0, & \text{第}i\text{个成功突防} \\ 1, & \text{第}i\text{个已被杀伤} \end{cases} \quad (5.62)$$

设$N(t)$为动态组网系统新发现的目标数,则时刻$t$动态组网系统跟踪的目标数与各个火力单元导弹数为

$$K(t) = K(0) + \sum_{t'=0}^{t} N(t') - \sum_{i} L_i(t) \quad (5.63)$$

$$B_j(t) = B_j(0) - \sum_{t'=0}^{t} \sum_{i=1}^{K(t')} \hat{Y}_{ij}(t') \quad (5.64)$$

式中,$K(t)$表示时刻$t$动态组网系统搜索到的目标数量集合;$B_j$为防空导弹武器装备$j$的导弹数量。

**问题 5.1** 动态组网系统目标分配动态问题,这个问题可以表述为

$$\text{Minimize}\hat{E}(\hat{Y},t)$$

$$\text{s. t.} \begin{cases} K(t) \geq 0 \\ B_j(t) \geq 0, j \in M \end{cases} \tag{5.65}$$

若某个火力单元战损或出现故障,则$B_j(t)=0$。式(5.65)对应动态组网系统动态目标分配。它属于非线性,不等式约束的数学规划问题。这个问题中具有太多的不确定因素,因此,很难找到相应的优化算法求解问题的最优解。

最优性原理:多级决策过程最优策略具有这样的性质,不论初始状态和初始决策如何,其余决策对于由初始决策所形成的状态来说,都必定是一个最优策略。

根据最优性原理,将动态组网系统动态目标分配问题分解为求解战术单位指控节点一个决策周期$\Delta t$内的静态目标分配问题。进一步简化问题描述:目标$i$分配给火力单元$j$,只考虑单发杀伤情况;目标只考虑需要拦截的次数,则可将问题 5.1 描述成如下问题。

**问题 5.2** 战术单位指控节点一个决策周期$\Delta t$内,动态组网系统有$M$个火力单元,参与目标分配的目标数为$K$,则目标突破动态组网系统形成的综合威胁度为

$$\hat{E}(R) = \sum_{i=1}^{K} S_i \prod_{j=1}^{M} (1 - \text{SP}_{ij} \cdot R_{ij}) \tag{5.66}$$

式中,$R = \{R_{ij} \in \{0,1\}\}$为目标分配矩阵,其中

$$R_{ij}(t) = \begin{cases} 0, \text{目标 } i \text{ 没有分配给火力单元 } j \\ 1, \text{目标 } i \text{ 分配给火力单元 } j \end{cases} \tag{5.67}$$

动态组网目标分配问题可表述形式为

$$\text{Minimize}\hat{E}(R)$$

$$\text{s. t.} \begin{cases} Z_1(i) = \sum_{j=1}^{M} R_{ij} - r_i \geq 0, \forall i \in K \\ Z_2(i) = \left( \sum_{j=1}^{M} \sum_{\substack{k=1 \\ j \neq k}}^{M} R_{ij} R_{ik} \right) - R_i(R_i - 1) \leq 0, \forall i \in K \\ Z_3 = \sum_{i=1}^{K} \sum_{j=1}^{M} R_{ij}(1 - R_{ij}) = 0 \end{cases} \tag{5.68}$$

其中,约束 1 代表目标$i$最少的拦截次数;约束 2 表示目标$i$最多可被分配给$R_i$火力单元;约束 3 代表目标$i$要么分配给火力单元$j$,要么没有被分配。对问题

5.2 来说,还是存在许多不确定因素,如 $SP_{ij}$、$S_i$ 的不确定性。同时,问题 5.2 没有考虑目标分配空间约束、时间约束、目标通道约束、弹药约束以及指挥决策约束等因素。

根据目标分配约束条件可知,当目标航路捷径越小,在发射区停留时间越长,同时已占用的火力单元目标通道越少,剩余导弹储备越多,则火力单元射击就越有利,即在 $E_1 \to 1, E_2 \to 1, E_3 \to 1, E_4 \to 1$ 的条件下具有最佳射击条件,也就是火力单元对目标具有最大的拦截可能性。

定义射击综合有利度公式为

$$E = \gamma_1 E_1 + \gamma_2 E_2 + \gamma_3 E_3 + \gamma_4 E_4 \tag{5.69}$$

式中,$\gamma_i$ 为单个指标的权系数,且满足条件 $\sum_i \gamma_i = 1$,所以 $E \in [0,1]$。

对问题 5.2,可利用以下假定做进一步简化。①每批目标只能分配给一个火力单元;②利用射击综合有利度替代目标的单发杀伤概率。

问题 5.3　战术单位指控节点一个决策周期 $\Delta t$ 内,动态组网系统有 $M$ 个火力单元,参与目标分配的目标数为 $K$,则动态组网系统目标分配问题可描述成数学规划模型为

$$\text{Minimize } E(\boldsymbol{R}) = \sum_{i=1}^{K} S_i \prod_{j=1}^{M} (1 - E_{ij} \cdot R_{ij})$$

$$\text{s.t.} \begin{cases} \sum_{j=1}^{M} R_{ij} = 1, \forall i \in K \\ \sum_{i=1}^{M} R_{ij} = 1, \forall j \in M \\ \sum_{i=1}^{K} \sum_{j=1}^{M} R_{ij}(1 - R_{ij}) = 0 \end{cases} \tag{5.70}$$

问题 5.3 中,主要是确定 $S_i$ 值。确定了 $S_i$、$E_{ij}$ 之后,就可以利用相应的优化算法解算问题 5.3 的全局最优解,得到目标分配矩阵。对于指挥员决策问题,可通过修订目标威胁度、目标分配矩阵来解决。

**3. 目标分配算法分析**

式(5.70)对应的数学规划问题,同运筹学中著名的"运输问题"(Transportation Problems,TP)很类似,其问题描述为:要把 $K$ 个发点货物运送到 $M$ 个收点去,已知 $i^*$ 发点有货物 $a_i$ 吨,$j^*$ 收点需要货物 $b_j$ 吨,单位货物从 $i^*$ 发点运送到 $j^*$ 收点的运费为 $c_{ij}$ 元,那么保证每个收点对货物需求条件下,应采用哪一种运输方案才能使总运费最节约,对应数学规划描述为

$$\text{Minimize } f = \sum_{i=1}^{K} \sum_{j=1}^{M} c_{ij} x_{ij}$$

$$\text{s. t.} \begin{cases} \sum_{j=1}^{M} x_{ij} = a_i, \forall i \in K \\ \sum_{i=1}^{M} x_{ij} = b_j, \forall j \in M \end{cases} \quad (5.71)$$

目前，已有很多算法解决式(5.71)对应的 TP 问题，如西北角法、改进单纯形法、图论方法、匈牙利法等。若 TP 问题中的变量是整数，则 TP 问题就可以转换成 AP 问题，它属于一个典型的整数规划问题，而且还是 0 – 1 规划问题。比较一般的 TP 问题、AP 问题，式(5.70)对应 WTAP 问题属于非线性组合优化问题，目标函数中综合考虑了目标分配的空间约束、时间约束、导弹约束、通道约束等因素。为了能够描述式(5.70)对应的算法复杂性，假定有 $K$ 个目标，$M$ 个火力单元。式(5.70)对应数学规划问题，可以转变为：有 $K$ 个盒子，有 $M$ 个不同类型物体，计算复杂性，可表示为从 $M$ 个不同类型的物体中任选一个放入盒子中，且每个盒子只能放一个物体，可得算法时间复杂度为 $M^K$。

目前，通用的求解式(5.70)方法，可使用分枝界定法与割平面法。这两种方法是求解一般整数规划问题的通用方法。分枝界定法的基本思想是先不考虑规划问题的整数约束条件，将其看作一般线性规划问题进行求解，所求出的最优目标函数必是原整数规划问题最优目标函数上界，而且其任意可行解的目标函数将是原问题的下界，若最后解不符合整数约束条件，则将问题分成子区域进行求解，这样逐步减小上界值和增大下界值，直到求出最优解。割平面法的本质依然是用求解线性规划的方法去解整数规划，所不同的是采用增加线性约束条件，即割平面，使原可行域中去掉一部分，这部分包含非整数解，但没有去掉任何整数可行解，因此这一方法的关键在于寻找合适的割平面，使得切割后的可行域包含整数坐标的极点，而这一极点正是最优解。但是利用这两种方法求解 0 – 1 整数规划问题效率非常低，因而实际系统中较少采用。下面就具体讨论式(5.70)对应的动态组网系统目标分配问题求解方法。

### 5.3.2　分配问题求解

式(5.70)对应的动态组网系统目标分配问题，属于 NP 问题。当目标数量、火力单元数量增加时，求解目标分配参数的计算工作量呈级数增长。本书中采用启发式(Heuristic)算法来求解式(5.70)对应的问题次优解。

**1. 启发式算法简介**

启发式算法是指为达到某种目的，在一些可选方案中选择最符合要求的方案而制定的标准、方法或原则。它利用一些松散、可理解的启发式信息来控制问题解决步骤，并搜索出问题次优解。所以，启发式算法在一般意义上认为是利用经验、直觉来解决规划问题的一种有效方法,最大优点是求解速度快。启发式算法在解决问题时一般有以下两个步骤:①编码,构造问题的解空间,大多数优化问题求解过程都可以看成构造解空间,在解空间中遍历所有顶点,来搜索最优解。编码就是将实际问题转化为规划问题,构造启发式函数,建立问题的约束集等。②遍历,按照启发式信息在解空间中搜索,遍历就是在解空间中从一个顶点转换到另一个顶点,搜索最优解的过程。在启发式算法中,遍历和一般意义上的全局搜索是有区别的,启发式算法是由启发式信息控制向最优方向搜索。

**2. 目标分配问题求解**

根据启发式算法求解步骤,本书分 4 个阶段,求解式(5.70)对应的动态组网系统目标分配问题。求解过程中,主要考虑动态组网系统各个火力单元射击综合有利度、目标综合威胁度。求解的 4 个阶段为:①选择参与本周期分配的火力单元;②选择参与本周期分配的目标;③射击周期检查;④目标指定到火力单元。下面依次论述求解动态组网系统目标分配问题的 4 个阶段。

1)选择参与本周期分配的火力单元

选择参与本周期分配的火力单元流程,如图 5.17 所示。

算法具体步骤:

Step1:循环所有火力单元,循环结束转算法结束。

Step2:检验,火力单元状态良好吗?如果好,就转到 Step3,否则转到 Step12。

Step3:检验,火力单元雷达工作扇区需要调转吗?如需要,转到 Step4,否则转到 Step5。

Step4:检验,火力单元雷达扇区在目标分配任务接通时能及时调转吗?如果能,转到 Step5,否则转到 Step12。

Step5:检验,火力单元有空闲目标通道吗?如果有,就转到 Step6,否则转到 Step7。

Step6:将空闲目标通道数赋给变量 $K$。

Step7:检验,在作战单位指控节点向火力单元指示目标前,火力单元有释放的目标通道吗?如果有,就转到 Step8,否则转到 Step9。

Step8:将空闲目标通道数和作战单位指控节点向火力单元指示目标前释放的目标通道数相加。

Step9:检验,$K=0$ 吗?如果是,就转到 Step12,否则转到 Step10。

Step10:检验,火力单元还有弹药储备吗?如果有,转到 Step11,否则转到 Step12。

Step11:设置火力单元能够参与目标分配的标志。

Step12:设置火力单元不能参与目标分配的原因代码。

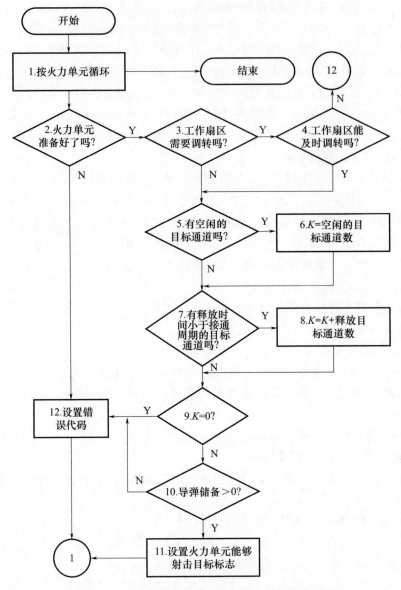

图 5.17 选择参与本周期分配的火力单元流程

2) 选择参与本周期分配的目标

第二阶段,检查所有稳定跟踪的目标,对每个目标循环第一阶段选择出来的火力单元。在第一阶段选出的所有火力单元中,只要有一个火力单元满足射击条件,该目标就可以参与本周期的分配。对能够参与分配的目标进行威胁评估,并形成威胁排序队列。本阶段结束时,对每个火力单元记录它所能够射击的目标,同时对每个目标记录所有能够对它射击的火力单元。

选择参与本周期分配的目标流程,如图 5.18 所示。

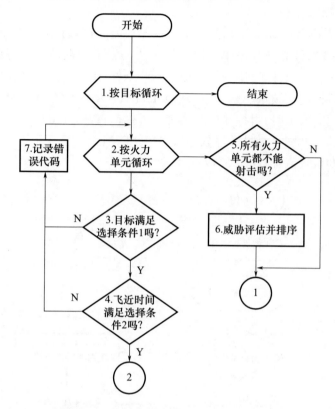

图 5.18　选择参与本周期分配的目标流程

算法具体步骤:

Step1:按目标循环,循环结束转到算法结束。

Step2:按第一阶段选择出来的火力单元循环,循环结束转到 Step5,否则转到 Step3。

Step3:检验,目标满足选择条件 1 吗?(选择条件 1:不禁止给该火力单元分配目标,目标位于火力单元责任扇区)如果满足,就转到 Step4,否则转到 Step7。

Step4:检验,目标到发射区的飞近时间满足选择条件 2 吗?(选择条件 2:目标到发射区远界的飞近时间小于火力单元可以射击的极限值,大于到发射区近界飞近时间的极限值)如果满足,目标可以被该火力单元射击,转到 Step2,否则转到 Step7。

Step5:检验,所有火力单元都不能射击该目标吗?如果都不能射击就检查下一目标,转到 Step1,否则转到 Step6。

Step6：计算该目标综合威胁度并排序。
Step7：记录该目标不能被射击的原因代码。

3）射击周期检查

第三阶段，对第二阶段选出的每个目标循环能够拦截它的火力单元，根据该目标的状态参数，计算各火力单元对目标可能的射击周期数。在每个周期不但要满足射击的时间条件，还要满足其他的一些条件，主要有从导弹发射到遭遇目标过程中对目标的连续跟踪能力、遭遇点是否在杀伤区检查等。至少对目标可进行一个周期的射击时，目标才最终确定为可拦截目标，并形成单个火力单元可以射击的目标队列和可对目标拦截的火力单元队列。

射击周期检查流程，如图 5.19 所示。

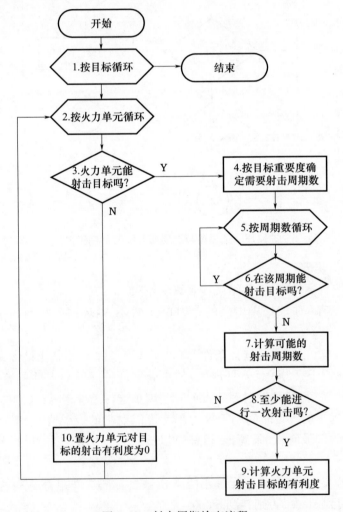

图 5.19　射击周期检查流程

算法具体步骤：

Step1：按第二阶段选出的目标循环，循环结束转到算法结束。

Step2：按可射击该目标的火力单元循环。

Step3：检验，根据上一阶段检查结果判断，火力单元能射击该目标吗？如果能，转到 Step4，否则转到 Step10。

Step4：按目标综合威胁度确定对目标的射击周期数，转到 Step5。

Step5：按射击周期数循环。

Step6：检验，火力单元在该周期能射击目标吗？检查在该周期射击时的时间条件、遭遇点条件、连续跟踪能力。如果都满足就进行下一周期检查，转到 Step5，否则转到 Step7。

Step7：计算实际可对目标进行的射击周期数。

Step8：根据射击周期检查，火力单元对目标至少进行一次射击吗？如果可以就转到 Step9，否则转到 Step10。

Step9：计算火力单元对该目标的射击综合有利度。

Step10：置火力单元对该目标的射击综合有利度为0。

4）目标指定到火力单元

第四阶段，先对指挥员指定到火力单元的目标和特殊目标进行分配，然后按照目标威胁队列的顺序，对威胁度大的目标优先分配。在分配时，对所有能够射击该目标的火力单元计算射击综合有利度，将目标指定给射击综合有利度最大的火力单元。当两个目标具有相同的威胁度时，优先分配射击综合有利度大的目标。

在为目标指定火力单元时，必须重新检查该火力单元是否具备射击资源，这是因为在循环为火力单元指定目标时，极有可能已经有其他目标被指定给该火力单元，使得该火力单元在该分配周期内不再具备弹药或目标通道条件。

为目标指定火力单元流程，如图 5.20 所示。

算法具体步骤：

Step1：按综合威胁度排序队列循环目标。

Step2：按能够射击该目标的火力单元循环，循环结束转到 Step7。

Step3：检验，目标被指挥员指定到火力单元了吗？如果是就转到 Step4，否则转到 Step5。

Step4：检验，目标被指定到当前火力单元了吗？如果是就转到 Step5，否则转到 Step3。

Step5：检验，火力单元能射击该目标吗？主要是检查弹药和目标通道条件，如果满足条件就转到 Step6，否则转到 Step2。

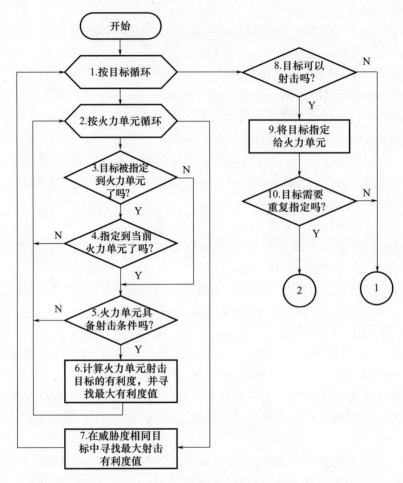

图 5.20 为目标指定火力单元流程

Step6:计算火力单元对目标的射击综合有利度,并记录对目标的最大射击综合有利度。

Step7:在威胁度相同的目标中寻找最大射击综合有利度值,优先为射击综合有利度值大的目标指定火力单元。

Step8:检验,目标可以射击吗? 如果是就转到 Step9,否则转到 Step1。

Step9:将目标指定给射击综合有利度大的火力单元,对相应的火力单元和目标作状态更新。

Step10:检验,需要为目标重复指定火力单元吗?(需要重复指定的条件:一个以上的火力单元能射击该目标,且目标指定的火力单元数小于2,此时目标不能指定给火力单元或目标很重要)如果是就转到 Step2,否则转到 Step1。

# 第5章 防空导弹作战空域

以空中目标突破动态组网系统防御空域总威胁度最小为准则,建立动态组网系统目标分配动态模型、静态模型与实用工程模型,并利用启发式算法求解这一问题。目标分配是一个多因素分析和决策的过程。给定准则不同,得到分配方案也不同;即使给定同一个准则,目标运动参数变化,分配方案也会不断变化。因此,目标分配问题是个复杂问题,它不仅是数学问题,还与具体作战环境、战术思想等多因素有关。若单纯求解目标分配数学规划模型,则很难使问题得到满意解。利用启发式算法,在目标优化分配准则下,将目标分配问题划分为4个阶段:①选择参与本周期分配的火力单元;②选择参与本周期分配的目标;③射击周期检查;④目标指定到火力单元,并依次建立各个阶段的启发式求解步骤。

## 参考文献

[1] 伍凯,贺正洪,吴舒然. 制导与发射分离的协同防空杀伤区模型与仿真[J]. 弹箭与制导学报,2019,39(3):135-139.

[2] 吴小鹤,李彦宽,代进进,等,预警机支援下的防空导弹杀伤区远界研究[J]. 兵器装备工程学报,2019,40(2):94-98.

[3] 王君,赵杰,李炯,等. 地空导弹杀伤区数值化模型研究[J]. 系统工程理论与实践,2014,34(12):3260-3267.

[4] 朱少卫,付玉峻. 基于弹道仿真的垂直发射防空导弹杀伤区计算方法探析[C]//第13届中国系统仿真技术及其应用学术年会论文集,2011.

[5] 陈西成,刘曙,肖涛鑫,等. 基于改进蚁群算法的防空部署效能评估模型[C]//第六届中国指挥与控制大会论文集,2018.

[6] 陈西成,文童,刘曙. 基于改进Memetic算法的区域防空优化部署方法[J]. 弹箭与制导学报,2018,38(5):14-18.

[7] Ghose D,Prasad U R,Guruprasad K. Missile battery placement for air defense:A dynamic programming approach[J]. Appl. Math. Modelling,1993,17(9):450-458.

[8] 陈卓,商长安,郭蓬松. 基于SD的地空导弹混编群部署决策模型[J]. 空军工程大学学报(自然科学版).2015,16(6):84-88.

[9] 耿杰恒,陈汗龙,崔龙飞. 地空导弹仿真建模中射击诸元计算模型研究[J]. 舰船电子工程,2016,36(10):87-89,114.

[10] 石章松,刘志超,吴鹏飞. 编队舰炮发射末端与导弹火力兼容方法[J]. 电光与控制,2018,25(8):65-69,87.

[11] 余亮,邢昌风,石章松. 协同防空作战中的空域资源建模[J]. 海军工程大学学报,2014,26(1):54-59.

[12] 郭拉克,张阳,何俊. 雷达网威力范围可视化方法研究[J]. 火力与指挥控制,2012,37(7):95-97,101.

[13] 刘瑶,张占月,柴华,等. 反导火力单元空间杀伤区内拦截概率研究[J]. 计算机测量与控制,2018,26(1):132-136.

# 第6章 空域建模优化方法

空域管制是规则、标准、程序和技术综合应用的一项指挥与控制活动,是军事理论、战术和技术交叉融合领域,涉及技术主要包括计算机与信息科学、通信网络、应用数学、军事运筹学、管理科学及建模仿真等。本章主要根据实验室研究探索,对当前空域管制系统构建相关的决策模型和计算方法进行了总结,对模型有效性进行一定的验证,对实际应用具有一定的指导作用。本章研究的主要模型和方法:一是空域空间标识模型,该模型是在全球区域参考系统、通用地理位置参考系统的基础上,研究提出的一种同时具备标识平面和立体空间位置的参考系统,为开展空域冲突检测和目标指示提供底层模型;二是空域冲突检测方法,对基于航空器计划飞行航迹的冲突检测方法进行总结,并根据空间位置参考系统的空域标识,研究分析基于空域空间网格的冲突检测方法,并对检测效率与实际应用可行性进行了探讨;三是空域使用优化方法,重点对作战行动进程和作战空域配置建立运筹分析模型,利用计算方法研究空域配置方案优化设计的策略及途径等。本章只是对空域管制技术型内容的总结,不一定能代表全部,也不一定能在实际工作中发挥作用。如果读者想获取更多关于空域管理优化方法的研究内容,可参考前期出版的《空域管理理论与方法》《空域数值计算与优化方法》等专著。

## 6.1 区域参考系统

当战区空域用户不断增多和空中作战节奏不断加快的情况下,如何快速标识空域的空间位置,建立各级指控节点空间位置基准的一致性、通用性及可靠识别性,需在现有以地理信息系统的经纬度描述基础上,研究建立新的空域空间标识方法,解决空域态势描述、标识与指挥引导识别等理解的差异性和不统一问题。对此美军建立军事网格参考系统(Military Grid Reference System,MGRS)和全球区域参考系统(Global Area Reference System,GARS),通过在地理空间划分网格进行位置的可标识、可定位、可索引、可计算和多尺度分辨等,为提高空战场空域利用率,确保空域协调措施与火力支援协调措施能够顺利被各参战部队理解和执行奠定了重要基础,形成了空中作战的网格空域单元规划方法。

### 6.1.1 地理位置参考系统

**1. 网格参考系统**

通常外军在军用地图上,为标识地图要素方位,除经纬线网,通常加绘一组相互垂直并保持一定间隔的方格网,称为军事网格参考系统。其采用 WGS–84 坐标系,贝塞尔 1841 年椭球体,在南纬 80°～北纬 84°之间,采用通用横墨卡托投影(Universal Transverse Mercator Projection,UTM)平面基准;在南纬 80°、北纬 84°以上的两级地区基于通用极球面投影(Universal Polar Stereographic Projection,UPS)平面基准,如图 6.1 所示。

在南纬 80°～北纬 84°间将地球表面分为纬差 8°、经差 6°的若干"带区"。从经度 180°开始,由西半球起算,以每个经差 6°的带形区域作为基础,以 1～60 编号,则西经 180°～174°为第 1 带,西经 174°～168°为第 2 带,依次类推。纬差按照 8°划分,从南纬 80°起算,每一个 8°纬差分别按照字母顺序 C～X 标识(除去 I 和 O,以免与数字 1 和 0 混淆)。因而在南纬 80°～北纬 84°间的任何区域都可用带号(1～60)和区号(C～X)组成的全球唯一网格区域标识(Grid Zone Designator,GZD)来索引。在北极地区,分别用字母 Y 和 Z 表示 0°与 180°子午线以西区域、以东区域网格分区;在南极地区,分别用字母 A 和 B 表示 0°与 180°子午线以西区域、以东区域网格分区,如图 6.2 所示。在上述分带的基础上,还建立了百千米网格。在南纬 80°～北纬 84°之间,每一带内根据直角坐标划分边长为 100km 的网格,并将上述"带区"标识与网格的名称结合起来,构建全球的百千米网格编号。在百千米网格基础上还可再进一步划分构建更高分辨率的网格。这样军事网格参考系统,采用了统一的位置编码标识并覆盖全球,可提供良好的全球一体化位置服务。基于军事网格参考系统的美国国家网格(United States National Grid,USNG)在纸质地图、电子地图、卫星导航等领域大力推广,在街道管理、邮政传递、交通旅游、移动通信等民用领域也取得较好应用。

**2. 全球区域参考系统**

2012 年 10 月美军研究发布了全军统一的《联合作战中的地理空间情报》(Geospatial Inteiligence Joint Opearations)文件,提出空间位置在采用经纬度坐标和军用网格参考系统坐标基础上,还可以采用全球区域参考系统坐标。而全球区域参考系统坐标是美国地理空间情报局于 2006 年提出的,是美国国防部进行战场区域标准化之后建立的参考系统,主要用于联合作战不同指控节点之间的地理空间协同使用。出于联合作战需要尤其空中作战、空地和空海作战的协同单元位置报告新需求下,其采用了等经纬度的网格剖分方法。全球区域参考系统的网格,被划分为经纬度 30′、15′和 5′三个层级,如图 6.3 所示。用三位数字(经度方向 001～720)和两位字母(纬度方向 AA～QZ,其中为避免与 0 和 1 的混淆,不采用 I 和 O)表示 30′网格,该网格被称为"单元";对 30′网格进行一分为四,用 1～4 表示 15′网格,该网格称为"象限",西北象限是"1",东北象限是"2",西南象限是"3",东南象限是"4";再对 15′网格进行一分为九,用 1～9 表示 5′网格,该网格称为"键区"。这种网格与地理信息的投影无关,只是一个用于联合作战、以区域为单位而不是以定位点的全球范围参考系统,它为联合作战态势感知、空地和空海位置协调提供了一个通用框架。

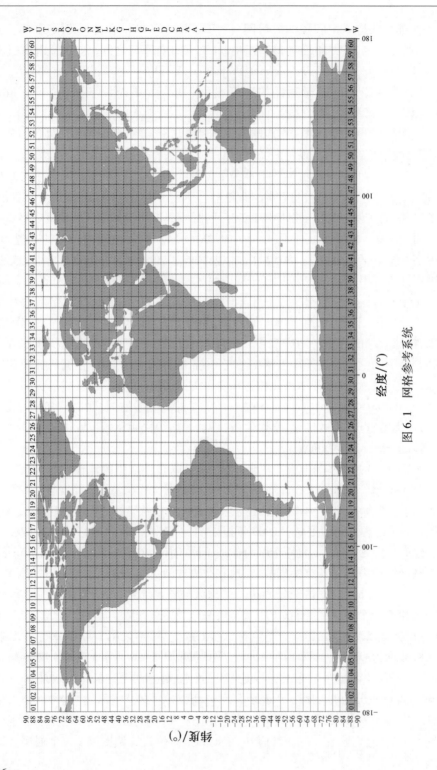

图 6.1 网格参考系统

# 第 6 章　空域建模优化方法

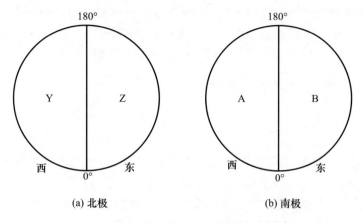

图 6.2　两极区域网格标识

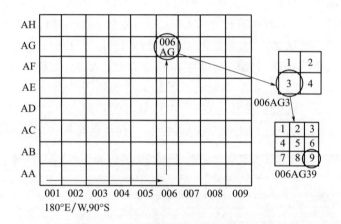

图 6.3　全球区域参考系统网格划分

全球区域参考系统主要是一个作战层次的管理标准，用于战场空间协调、作战行动同步和大面积搜索救援中的快速定位地理区域，并在作战筹划、任务规划和作战分析中使用，称为数字战场空间和通用作战图像的重要底层支撑。全球区域参考系统是专为战场空间管理设计的，不是位置参考系统的替代，不用于精确的地理定位和精确武器的精确目标位置描述，也不用于小于经纬度 5′区域的描述。但它可用于定义一个作战区域的特性，如联合作战的火力区域、限制作战区域等，并可为每个全球区域参考系统的网格赋予关键的属性信息，如海拔高度、时间、管理者、作战状态与作战目的等，用于管理战场信息。对此就可以用来描述作战空域，实现将作战空域离散为具体的网格集合，从而为信息共享与态势集成提供更好的支撑。同时，基于全球区域参考系统的标识，还可以进行高度维的拓展，从而建立三维的区域参考系统，若增加时间信息则可建立四维（空间 +

时间)的区域参考系统。目前,已将这种参考系统印制在军用地图上,进行广泛的应用,实质在网格描述能够提供一种大致的地理空间标定和任务分区,建立空间基准协同的框架应用,实现基于特定网格的信息通报与位置共享。

### 6.1.2 网格空域单元概念

根据全球区域参考系统的定义及支持的应用,本节提出了网格空域单元的概念,即利用数字地球模型,建立基于地球经纬度剖分形成的空间网格,它是三维空间内形如盒子的网格,具体情况如图 6.4 所示。这样建立起一套以网格为单元的全新地理空间管理与计算框架,通过网格化的处理,复杂的与地理经纬度关联的作战空域,可被规整成为网格单元的集合,并且网格单元还可以赋予其空战场联合空域管制的基本属性与应用特性。这样以网格作为计算单元,通过复杂的应用模型还可以计算获得系列的满足精度的分析结果,由此在作战空域综合态势表达、行动模拟推演等方面发挥重要作用。在战区空域管制的军事应用中,传统的地理空间表述方法通常将战场空间看成连续空间,可分析性不足,难以进行数字化管理。当将战场空间处理成可计算的离散网格单元,并以网格为基本空域单元进行空间区域量化,每个单元被赋予相关的地理因子,附带空域管制属性及空域协调措施、通行能力、高程等指标,再将敌方的障碍物、火力密集点等信息也附着在网格单元上,通过相关计算模型处理,可获得整个战区的空域管制态势。

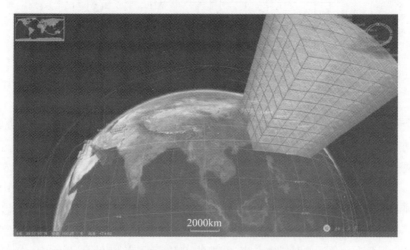

图 6.4 网格空域单元基本概念

当将平面的网格单元扩展至高程维度,形成三维地球空间剖分网格框架时,就是我们定义的网格空域单元的最基本特点,即在二维网格的基础上引入高度维,可将上至 50 万 km 高空的地球空间进行三维剖分,形成作战空域最大高度的三维地球空间剖分网格,实现对地球全维全域作战空域属性管理,构建基于地理时空大数据的空域管制平台。当进行作战空域数据计算与冲突分析时,将具有较大的优势,这里不再赘述,后续将对此开展专项研究与模型构建,形成关于空域网格空域单元计算方法的研究。

### 6.1.3　网格空域单元应用

对空域协调措施或火力支援协调措施的空间位置,可以采用网格空域单元的数字系统来对有关的信息进行管理,并将之叠加到信息系统的数字地图上进行数字化展示,确保战场作战空域可视化展现与显示信息的完整性。因此,我们可以在指挥与控制信息系统中,利用网格空域单元的参考系统及有关的属性信息管理方法等,管理各类作战空域及空域协调措施。诸如:①联合发射区,它是一个三维的、经许可的火力支援协调措施,采用空地和地地火力对目标实施快速打击,同时提供对空域协调区域的保护,其可以采用网格空域单元来描述联合发射区的有效区域和规则。此外,网格空域单元可以被用来定义所有不依赖于地貌、地形的火力支援协调措施和空域协调措施,如空域协调区、两栖目标区、缓冲地带、安全地带等。②相互排斥的空域使用者的冲突消解,网格空域单元可以通过编组键区、空域和时间窗口,定义地对地间瞄火力武器使用空域,从而在空域使用者之间建立特定的程序性隔离措施,利用网格单元占用情况实施空域冲突消解。③海上作战应用,网格空域单元可用来有效管理水域,如海上封锁与防御、舰队进出港口等,通过网格空域单元的标识和信息管理,可为海上作战区域的动态展现提供支撑。由于网格空域单元是全球性的,这样对较大作战区域内的特殊空域使用告警与作战状态变更等,以及向有关机构发布信息,都是非常有用和方便的,不会产生具体的歧义。④限制作战地带描述,网格空域单元可以定义限制作战地带内的所有区域,如空中加油区、空中走廊、近距空中支援等待区、射击安全区等,为陆上作战空域信息发布提供支持。⑤空中交通管制,网格空域单元可以用来实现快速的临时空域释放,并向有关方面通报信息,从而使民航飞机能在紧急状态与恶劣天气下,通过军事特殊用途空域,实现空域资源动态管理和快速再分配使用。有时也可以使得军用飞机在军事训练飞行空域之外的民航空域内进行训练飞行,从而实现军民航共享使用空域资源,达到快速的信息交互与共享。⑥搜索与救援,网格空域单元可以用来定义搜索与救援的边界和责任区,或用来描述军事特殊使用空域为民航搜索与救援的临时空域,管理启用与激活状态等。

图 6.5 所示为基于网格空域单元的空域规划,其规划重点是建立"点""线""道""层""区"等的基本空域体。"点"是预先设置的空中位置参考点,为进行指挥引导及目标方位指示提供支持;"线"是作战控制线,进行地理空间分割和

作战区域的划分等;"道"主要是各类空中飞行通道、安全走廊等;"层"是区分管控职责、权限或飞行高度范围;"区"是各类活动空域及作战活动的区隔等。

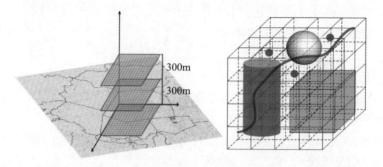

图 6.5　基于网格空域单元的空域规划

基于上述分析,可在战区空域管制中,通过网格空域单元对作战区域的空域状态进行跟踪、监视与冲突识别并实施空域使用告警,具体情况示意如图 6.6 所示。

图 6.6　基于网格空域单元空域管制

当飞机进入特定的网格空域单元内,可将该盒子的状态标识为"占用",从而实时管理空域使用情况,并对可能发生的各类冲突进行预先判别。基于空域的状态,生成战区统一的作战空域态势图,为开展空域使用申请及批准提供决策支持。

## 6.2　空域空间标识

从前面讨论的网格空域单元情况可以看出,构建地理空间网格系统是适应信息技术空战场空域管理应用,推进空战场空域数字化管理的重要基础。当前

# 第6章 空域建模优化方法

地理空间标识主要依据各类坐标系统,如空战场上雷达部署地点上可建立局部坐标系,包括极坐标系和直角坐标系,用于标定空中探测目标相对于该部雷达的空间方位,形成空间测量数据。陆军士兵的陆战场机动作战,常用地理方位描述,在军用地图上选取地物参考系,用相对于地物参考的基准点或位置的距离和方位进行标定。海面舰队通常用海图及舰上的导航定位系统确定地理位置。地图上的地理参考系或测绘参考系统,根据地球椭球特点,建立经纬度的地理标识,经纬度用度—分—秒的形式,描述地球某一"点"的位置,其他地理形状或地域则用"点"组合进行标定,即由"点"描述"线"和"面",若增加高度参数则可构建空间"体"描述。这种描述方式从空间维度讲,"点"空间维度相当于0维、"线"空间维度相当于一维、"面"空间维度相当于二维、"体"空间维度相当于三维。这样用低维度的"点"描述其他维度更高空间位置,则相对比较复杂,特别是涉及空间位置关系计算。对此美军在20世纪90年代初发展军用网格系统,采用网格描述方法,对地理空间进行建模,形成了一套参考系统。

由于空战场空域更多是立体空间,若描述空域时增加使用时间维度,则空战场空域是一个四维空间(三维空间+一维时间),此时为了便于计算分析和位置标识,采用更高维度的基本空域体进行描述,更为方便和快捷。由此,我们提出了空域空间标识建模,在此基础上,发展一套空战场空域数值计算方法和理论体系。这一概念构想,同我们在平时空中交通管制中发展的空域数值计算方法一脉相承,其核心思想:在空战场特定高度之下与地球表面以上空间,建立一种空间剖分方法,实现对空间的递归剖分形成空间网格,不同尺度下的网格既是一种地理空间位置参考系统,也是一种组成空战场空域的基本空域体,实现空间位置参考与空间位置标定混合表达,在此基础上建立对作战空域空间关系,使用冲突和动态分配与优化的计算方法,从而可以用空间网格(基本空域体)这种三维体,描述作战空域的四维体,从而降低位置标定与计算的复杂度,为空战场空域数字化管理与控制提供底层模型方法[1]。

## 6.2.1 网格建模思路

**1. 主要研究现状**

目前,对地球表面的平面网格系统研究得比较多,早期问题的提出,主要来自地理信息系统技术领域,因为随着地理信息技术的发展,管理空间数据越来越多,数据格式各异、多种比例尺、多种投影坐标系及非结构化、随时间改变等情况,需要建立一种支持地理空间数据管理的方法,由此从数字地图到空间数据管理之中[2],人们构建了多级网格理论与方法,其基本思想:按不同经纬度网格大小,将全球、全国范围划分为不同粗细层次的网格,通常为4层,每个层次的网格在范围上具有上下层关系。每个网格以其中心点的经纬度坐标来确定地理位置,同时记录与此网格密切相关的基本数据项,坐落在每个网格内的地物对象也记录于网格中心点标识的数据集中,形成了基于网格的地理数据组织管理方法。进入 21 世纪,地理空间网格(Geospatial Grid)技术开始形成并得到快速发展,并在早期阶段中人们常常困惑于其多样化的形式,有诸多不同的观点和看法[3],如认为是一种地理空间剖分方法,或者是数据组织模型,或者是地图影像金字塔模型。但随后该技术应用兴起并不断拓展,尤其虚拟地理环境(Virtual Geographic Environment)概念和"数字地球"概念的提出,人们开始研究发展严格的地球空间多级网格剖分方法,构建基于网格的空间数据组织模型,支持多维空间信息的融合、可视化与分析,为新一代地理信息系统发展提供支撑理论,包括离散全球网格系统(Discrete Global Grid System)、全球四元三角形网格等。从数学模型上看,主要网络有:①地理空间信息平面网格,包括地图投影经纬线网格、图像像素网格、数字地形模型网格,这些都是在二维平面上描述地理空间实体及现象;②地理空间信息球面网格,直接在地球参考球体面上进行系列网格剖分,构建空间数据组织模型;③地理空间信息立体网格,将地球球面拓展为地球立体空间,支持三维、动态空间对象表达;④地理空间信息时空网格,在地球空间立体网格基础上增加时间编码,支持复杂时间变化事件的组织管理。实际上从平面网格、球面网格到拓展为立体网格、时空网格,它们的思想都是一致的、一脉相承的,其实质是信息技术对管理海量数据的需要。今天,当云计算、大数据、物联网、人工智能等新一代信息技术兴起与应用,地理空间网格系统已成为支撑社会活动管理,走向数字空间、信息空间管理的重要支撑。

地理空间网格实现将传统地图投影面到欧式空间二维平面的转换[4],是用若干层网格单元表面逼近地球参考面,每一层的网格单元分辨率不同,每一层的投影变换函数都是不同的,尤其在地球低纬度区域和高纬度区域,可能采用不同的投影方式,其基本的数学表达关系为

$$\begin{cases} m = F_X^L(B,L,H) \\ n = F_Y^L(B,L,H) \\ k = F_Z^L(B,L,H) \end{cases} \quad (6.1)$$

式中,$X$、$Y$、$Z$ 是投影单元空间三个维度方向,$L$ 是剖分层级;$X$ 为横坐标方向,$m$ 为 $X$ 方向网格编码;$Y$ 为纵坐标方向,$n$ 为 $Y$ 方向网格编码;$Z$ 为垂直方向,$k$ 为 $Z$ 方向网格编码;$F(\cdot)$ 为转换函数;$B$ 为地理纬度坐标;$L$ 为地理经度坐标;$H$ 为高度坐标。地理空间网格模型有严格的数学模型,因此多种模型之间支持相互的转换。以地理空间球面网格为例,投影实质就是建立两个曲面之间的点对应关系,包括反解和正解两种方法。地理空间网格相互转换的条件是描述对

## 第6章　空域建模优化方法

象必须是同一的,不能跨越维度;坐标基础是统一的,都是地心坐标系或者是地球参考系;剖分标准是同一的,均遵循地理空间网格的基本特征。地理空间网格系统主要支持地理空间数据的组织管理和以地理为基准的空间索引,适合局部区域、重点目标空间数据的快速更新和应用,其可以发挥对点状、线状、面状目标所压盖的空间进行记录,形成逻辑和物理地址的索引文件,支持快速调度。同时,还可支持陆、海、空、天多维空间数据融合集成,构建统一的多维空间数据组织管理模型,支持地表、地下、水下、大气、近地轨道、地月等多维空间数据的融合与可视化应用等,支持地下环境准确定位、地下物理过程模拟及海洋水圈空间准确定位、海洋三维空间精细化分析等,支持大尺度全球气象环境和小尺度局部气象环境统一描述,并从水平和垂直两个方面进行表达和分析,支持地表空间、大气空间到近地轨道一体化数据组织,支持航天测控准确定位和预测以及星际导航、轨道设计、高精度行星表面定位、行星测量和制图等。

**2. 全球空域空间网格建模思路**

1) 空域空间参考系统建模需求

空战场空域管理不同于联合火力打击所需的精确目标定位和指示,火力打击侧重于对目标的位置点的空间描述,一般采用定位点(经纬度)方式描述,有时可以增加针对该点的圆半径用于描述打击目标区域及所需的打击目标概率要求等。空域管理核心是对区域进行描述,描述不同区域的用途、使用限制及有关的空中任务分配命令、联合火力打击的作战地域、空中交通区域、协调措施等各类事件情况的空间范围[5],如图6.7所示。

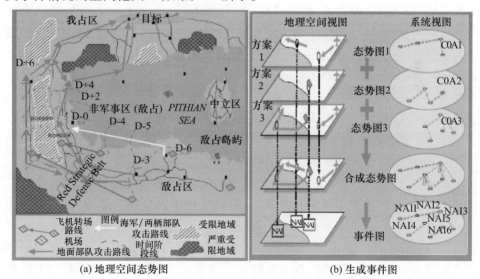

图6.7　空战场地理空域态势描述需求

这种空战场地理空间的描述,可实现对作战空域配置、用途及关联事件、时间的统一管理和组织,从而明确各级空域管制区或分区的职责、联系方式和空域协调途径与方法,并可用网格化的方式对空战场空间进行分层、分级和全区域的动态管理,大大提高管理效率。为作战空域一张态势图的实时生成和动态管理维护提供技术基础,支持空战场联合空域管制信息统一存储、统一表达和统一发布,形成空战场联合空域管制的专题信息地图。对此,需要发展一种全球的空域空间参考系统,其主要目的是在描述作战空域管理数据信息和实时态势基础上,支持开展主要用途需求:一是为跨军兵种、指控节点和参战部队的空域管制信息交换与共享,提供一套统一的地理空间数据区位标识体系,为战区联合空域管制跨部门信息交换提供标准;二是对空战场空域信息的数据预处理、数据承载、数据处理和应用等环节,建立一套网格组织技术体制,为监视作战空域使用、动态再分配空域使用、告警空域使用冲突等提供统一的计算框架;三是通过网格单元与空战场参战部队、指控节点和武器装备的关联,按照统一的数据采集标准,支持空战场作战空域态势快速生成和精准更新;四是将地理空间网格与传统地理参考系统相结合,标识空间对象在地球表面的区位位置,实现空间对象在空中、地面及水下的统一位置标识和目标指示[6]。

研究认为,建立空域空间参考系统的基本建模要求有:①基准性要求,即要建立严格的空间、时间的数学模型,在参考椭球、大地坐标系等方面保持一致性。②连续性要求,将地球空间整体或局部剖分为若干网格单元,连续描述空间事件和空间对象,并需要保证空间上不重叠。③唯一性要求,每个网格单元表达唯一确定的空间位置,编码不能出现二义性。④多尺度性要求,即实现对地球空间的层次化剖分与编码,建立不同层次网格单元之间的嵌套隶属关系,能够组织多分辨率空间数据,支持多尺度空间现象和过程的描述与分析。⑤近似性要求,即表现为一系列同层接近、邻层相同、逐层一致的几何近似性结构特点。⑥适应性要求,既要为跨领域、跨部门使用提供统一的基础结构,又要为适应不同领域对地理空间信息的个性化需求。⑦关联性要求,地理关联是将地理空间数据转化到网格框架中,使网格单元成为地理空间数据组织与分析应用的基本单元,同地理空间剖分上还存在空间关联关系。

2) 全球空域空间参考系统构建设想

我们在分析网格空域单元和杀伤盒建模基础上,提出全球空域空间参考系统模型。其中,建模主要考虑的因素:一是从联合作战视角出发,兼顾陆上作战的局域性、空中作战的长程性和海上作战的广域性特点,即陆军作战机动性相对较慢,作战地域相对较小,主要是其各种火力使用空域,此时需要建立通用性以地表区域为基准的网格系统;空中作战是跨区机动、高速运动及对空对地对海的立体空间行动,此时需要建立大范围空间的立体网格系统,并需要在立体空间内兼顾航空器飞行高度层规定、航空器飞行间隔标准、作战空域安全间隔等要求；海上作战尤其以航母编队为核心的战斗群，更是联合作战行动的代表，也是立体空间作战，比仅仅在水面和空中实施各类行动，还包括水下的作战行动，由此需要建立大范围空间的立体网格系统。二是从简化操作和编码的复杂性，兼顾当前军用地图的传统位置标注方法，尤其是大地坐标系的经纬度，同时还要便于战场一线和机动分队快速标识地理区域和录入编码，由此，可依照陆上作战特点确立地球椭球面的网格单元的一级剖分，剖分大小适度的一级网格单元。三是从战场移动平台，包括陆上作战分队、海上舰艇指控系统键盘和空中飞行员操作按键特点等，选择恰当的编码数字和字母组合，并可以建立与空战场空域信息数据组织索引的相互转化关系[7-8]。

基于上述考虑，提出一种全球空域空间参考模型：①基于大地坐标系统（经纬度）和高度的立体空间，建立全球空间空域参考系统，以地球表面为基准，首先建立地球椭球面网格系统，以此为基础向空中和水下进行拓展，其次建立立体的空域空间参考系统。②地球椭球面网格系统，采用经纬度剖分方法，先建立全球区域的椭球网格系统，再根据设定开始点和结束点的局部椭球面网格系统，且这两个网格系统是一致的，具有严格转换关系。③立体空域空间网格系统，在椭球面网格系统基础上，设定向空中或水下的高度区间的方式建立。

### 6.2.2 空间网格模型

**1. 全球空域空间网格模型**

采用基于经纬度整数规则的地球椭球面剖分方法，即以经纬度的度—分—秒整数形式进行椭球面的空间分区划分，这种划分实质是一种大地坐标系的度量参数离散化描述方法。虽然存在地球高纬度地区的网格单元严重变形问题，但空域管制主要以作战空域属性及关联事件管理为核心，对于具体空间位置定位精准度的要求不是太高，其没有定位的位置不需要达到联合火力打击的精度需求，因为在空域协调措施、空中间隔规定等的误差时限内，其定位精度超过了千米单位量级。处理地球南北高纬度区域的网格变形问题，可以采用粗粒度椭球面剖分，进行有关的空域管制信息描述，其效果不影响整体性应用。这样就使得基于整数经纬度的简单椭球面剖分方法及延续传统大地坐标系的经纬度应用，在复杂战场环境下更为有效。

1）网格初级剖分方法

考虑空中作战长程描述需求，借鉴美空军基于经纬度的网格参考体系，在地球墨卡托投影坐标系统上，首先以经纬度15°为剖分间隔，将地球椭球面完整划分，具体情况如图6.8所示，采用字母进行网格单元编码，考虑到数字0和1容易与字母 I 和 O 混淆,则不用 I 和 O 进行编码[9]。

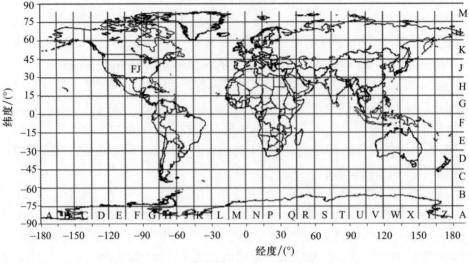

图 6.8　基于经纬度 15°间隔的地球椭球面剖分

在经纬度 15°大小的椭球网格单元基础上,按照 1°剖分间隔,再次进行剖分,形成 1°大小的椭球网格单元,如图 6.9 所示。对 1°大小网格单元采用二分法进行剖分,形成经纬度 30′大小的网格单元,编码仍采用字母形式,这样可尽量缩短编码长度。对地球椭球面经过初次剖分后形成的网格单元,与全球区域参考系统的初始剖分网格单元大小保持一致,都是全球经纬度 30′大小的剖分单元。

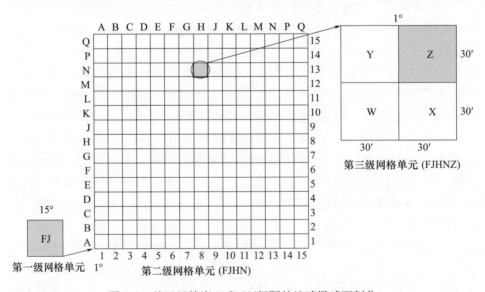

图 6.9　基于经纬度 1°和 30′间隔的地球椭球面剖分

2）网格次级剖分方法

在经纬度30′大小网格单元基础上,借鉴杀伤盒剖分方法,进行第四级和第五级网格单元的剖分,如图6.10所示。第四级网格剖分采用键区标识,第五级网格剖分采用象限标识。

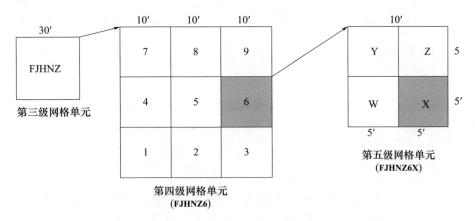

图6.10 基于经纬度10′和5′间隔的地球椭球面剖分

3）网格末级剖分方法

在经纬度5′大小网格单元基础上,再进行第六级、第七级、第八级网格单元的剖分,如图6.11和图6.12所示。第六级网格剖分采用键区标识,第七级和第八级网格剖分采用多次分割标识。

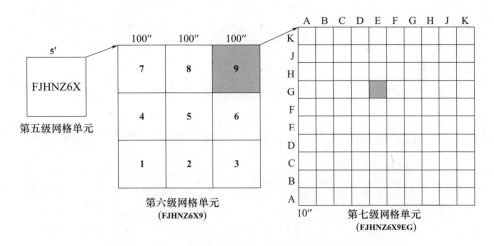

图6.11 基于经纬度100″和10″间隔的地球椭球面剖分

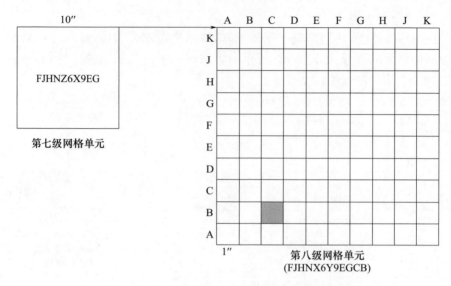

图 6.12 基于经纬度 1″间隔的地球椭球面剖分

对全球空域空间网格的椭球面剖分方法进行总结,如表 6.1 所列。设定最小剖分间隔为经纬度 1″,地球赤道附近对应的长度约为 30m。

表 6.1 全球空域空间网格椭球面剖分

| 剖分层级 | 剖分间隔 | 赤道附近大小 | 网格规模 |
| --- | --- | --- | --- |
| 第一级 | 15° | 约 950n mile(1666.8km) | 12×24 个网格单元 |
| 第二级 | 1° | 约 60n mile(111.12km) | 180×360 个网格单元 |
| 第三级 | 30′ | 约 30n mile(55.56km) | 360×720 个网格单元 |
| 第四级 | 10′ | 约 10n mile(18.52km) | 1080×2160 个网格单元 |
| 第五级 | 5′ | 约 5n mile(9.26km) | 2160×4320 个网格单元 |
| 第六级 | 100″ | 约 3100m | 6480×12960 个网格单元 |
| 第七级 | 10″ | 约 310m | 64800×129600 个网格单元 |
| 第八级 | 1″ | 约 31m | 648000×1296000 个网格单元 |

4)空间网格高度设定

在椭球面剖分生成的不同层级网格单元基础上,可以针对单个网格单元设置高度属性,还可以针对网格单元集合设置高度属性,设置内容包括高度下限与高度上限两个参数值。高度的参照基准,根据基准面的不同,飞行高度可分成几何高度和气压高度两大类,空域高度基准如图 6.13 所示。飞机到某一基准面的垂直距离称为飞行高度(Flight Altitude),常用米或英尺作为计量单位。飞行高度作为飞行调配、空域使用安排的重要参考依据,正确安排各类飞行的高度可有

## 第6章　空域建模优化方法

效解决飞行冲突,防止航空器空中相撞。实际中,根据不同区域的飞行需要,常可选择不同的基准面作为测量高度的基准。

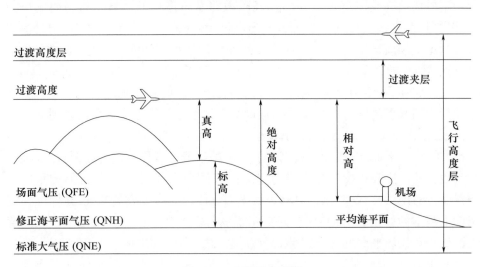

图 6.13　空域高度基准

(1) 几何高度。几何高度是以地表上某一水平面为基准面的高度,它实际上是飞机相对地球表面的真实高度,只是它与地表面所处的高低有关,包括真高(True Height)、相对高(Relative Height)和绝对高(Positive Altitude)三种。真高,是指以飞机正下方的地点平面为基准面的高度,即飞机到其正下方的垂直距离,若飞行中飞行员能掌握真高参数,则对于起飞、降落的安全,对于空中的作业,如航拍、播种、测绘等工作具有重要意义。相对高,是指以起飞或降落机场的平面作为基准高的高度,即飞机到某机场平面的垂直距离。相对高,对飞机的起飞、降落的安全具有重要意义。绝对高,是指以平均海平面为基准面的高度,即飞机到平均海平面的垂直距离,飞机保持平飞绝对高不会随着地形的变化而改变,其对于飞行员海上飞行掌握绝对高很重要。常见的一种高如标高,指的是地形点或障碍物至平均海平面的垂直距离,也就是对应的绝对高。在国外文献资料中一般将真高、相对高统称为高(Height),绝对高称为高度(Altitude)。应用中,它们之间的关系,绝对高=相对高+机场标高=真高+地点标高。

(2) 气压高度。一般情况下随着高度的增加大气压力会逐渐降低,而且有一定的规律。利用这个规律在飞机飞行过程中,可利用仪表测量大气压力以间接获得飞行高度数据,这样得到的高度就是气压高度。由于飞行中可选择的气压基准面不同,可产生出不同的气压高度,包括场面气压高(Atmospheric Pressure at Aerodrome Elevationm,QFE)、修正海平面气压高度(Atmospheric Pressure

269

at Nautical Height,QNH)、标准气压高(Standard Pressure Setting,QNE)。场面气压高,以起飞机场或着陆机场的场面气压为基准面的气压高度,场面气压是气象台测定机场标高或跑道入口处的大气压力并发布出来的。修正海平面气压高度,以修正海平面气压为基准面的气压高度,称为修正海平面气压高,它是由气象台测定的场面气压通过机场的标高推算的平均海平面的气压值。标准气压高是以标准海平面气压(1013hPa)为基准面的气压高度。飞行高度层(Flight Level)是指以标准海平面气压为基准的等压面,各等压面之间具有规定的气压差。航空器飞行中用气压高度表测量不同高度时,需要将气压高度表刻度调整到某一气压值,以作为测量基准,该值称为高度表拨正值。一般情况下,飞行中的高度表只有在标准海平面大气状态下,高度表指示的数值对应称为绝对高,非标准温度和气压会使高度表指示的与绝对高相差甚远,为了使高度表能够近似测量出航空器飞行的绝对高,此时用推算修正海平面气压作为高度表的基准,在标准大气条件下基本的修正式为 QNH = QFE + 机场标高/8.25。这样如果使用气压高度表测量相对机场平面的高,即相对高(统称为"高"),必须使用场面气压作为高度表拨正值;测量绝对高(统称为"高度")时,必须使用修正海平面气压作为高度表拨正值;表示高度层是必须使用标准大气压作为高度表拨正值。

(3)飞行高度层。航空器在不同飞行阶段飞行时,需要采用不同的基准面测量高度。一般在地图或航图上地形和障碍物的最高点用标高表示,也就是绝对高。为便于管制员和飞行员掌握航空器超障余度,避免航空器在机场附近起飞、爬升、下降和着陆过程中与障碍物相撞,航空器和障碍物在垂直方向上应使用同一测量基准,即平均海平面,而对飞行中高度测量是以修正海平面气压为基准的。因此,在机场周边一般采用修正海平面气压作为航空器高度表拨正值。在航路飞行阶段,由于不同区域 QNH 值不同,如果仍使用它作为高度表拨正值,航空器将在经过不同区域频繁调整 QNH,并且难以确定航空器之间的垂直间隔。因此,航路飞行时,统一使用 QNE 作为高度表的拨正值,可以简化飞行操作易于保证航空器之间的高度安全间隔。

为了便于管制员和飞行员明确不同高度基准面的有效使用区域,并正确把高度表拨正到正确的值上,把高度表拨正值的适用范围在水平方向上,用修正海平面气压适用区域的界限作为水平边界,在垂直方向上用过渡高度和过渡高度层作为垂直分界。过渡高度是指一个特定的修正海平面气压高度,在此高度或以下航空器的垂直位置按照修正海平面气压高度表示。过渡高度层是指在过渡高度之上的最低可用飞行高度层,在此高度或以上航空器的垂直位置按照标准气压高度表示。过渡高度层高于过渡高度,两者之间满足给定的垂直间隔,一般为 300~600m。过渡夹层是指位于过渡高度和过渡高度层之间的空间。在修正

## 第6章 空域建模优化方法

海平面气压的适用区域内,航空器应采用修正海平面气压QNH作为高度表拨正值,此时高度表测量出的值为航空器的高度,航空器着陆到跑道上时高度表指示的是机场标高。在未建立过渡高度和过渡高度层的区域与航路航线上的飞行阶段,航空器应按照配备的飞行高度层飞行,各航空器均采用标准大气压作为气压高度表拨正值,高度表指示的是飞行高度层。

**2. 全球空域空间网格编码方法**

我们提出的空域空间网格剖分方法,构建全球网格系统参考位置基准点为地球的南极点(纬度−90°、经度−180°)。在空域空间网格剖分的基础上,可建立网格编码规则。对不同剖分层级下的网格单元,采用用户码、地址码和矩阵行号与列号三种编码。其中,大规模矩阵的行号与列号,是对应地球椭球面在不同剖分层级下构成的大规模矩阵的行列号,其唯一标识了该网格单元在该矩阵中的位置索引。设定矩阵行号为$m$,列号为$n$;函数$[\cdot]$为取整运算。

1)用户码的编码定义及格式

用户码是空战场联合空域管制各级操作员针对网格单元进行用户层面编码,具体编码方式在前面的网格剖分方法中已有规范描述,它通过字母和数字的组合来唯一描述与标定一个网格单元。全球空域空间网格系统用户码编码格式,如图6.14所示。

图6.14 全球空域空间网格系统用户码编码格式

(1)假定给定点$P$的纬度经度$(B、L)$,第1级网格划分基本单位是经纬度15°间隔,以地球南极点为基准原点。第1级网格单元编码字母含义,如表6.2所列。第1级网格参考系统矩阵为$G^1_{12\times 24}$,给定点$P$所在的第1级网格单元,其在$G^1_{12\times 24}$中具体行列号:

$$m = 12 - \left[\frac{(B+90)°}{15°}\right], n = \left[\frac{(180+L)°}{15°}\right] \tag{6.2}$$

表6.2 第1级网格单元编码字母含义

| 字母 | 相对南极点的离散序号 | 纬度区间/(°) | 经度区间/(°) |
|---|---|---|---|
| A | 1 | $(B+90) \in [0,15)$ | $(L+180) \in [0,15)$ |
| B | 2 | $(B+90) \in [15,30)$ | $(L+180) \in [15,30)$ |

续表

| 字母 | 相对南极点的离散序号 | 纬度区间/(°) | 经度区间/(°) |
|---|---|---|---|
| C | 3 | $(B+90) \in [30,45)$ | $(L+180) \in [30,45)$ |
| D | 4 | $(B+90) \in [45,60)$ | $(L+180) \in [45,60)$ |
| E | 5 | $(B+90) \in [60,75)$ | $(L+180) \in [60,75)$ |
| F | 6 | $(B+90) \in [75,90)$ | $(L+180) \in [75,90)$ |
| G | 7 | $(B+90) \in [90,105)$ | $(L+180) \in [90,105)$ |
| H | 8 | $(B+90) \in [105,120)$ | $(L+180) \in [105,120)$ |
| J | 9 | $(B+90) \in [120,135)$ | $(L+180) \in [120,135)$ |
| K | 10 | $(B+90) \in [135,150)$ | $(L+180) \in [135,150)$ |
| L | 11 | $(B+90) \in [150,165)$ | $(L+180) \in [150,165)$ |
| M | 12 | $(B+90) \in [165,180)$ | $(L+180) \in [165,180)$ |
| N | 13 | — | $(L+180) \in [180,195)$ |
| P | 14 | — | $(L+180) \in [195,210)$ |
| Q | 15 | — | $(L+180) \in [210,225)$ |
| R | 16 | — | $(L+180) \in [225,240)$ |
| S | 17 | — | $(L+180) \in [240,255)$ |
| T | 18 | — | $(L+180) \in [255,270)$ |
| U | 19 | — | $(L+180) \in [270,285)$ |
| V | 20 | — | $(L+180) \in [285,300)$ |
| W | 21 | — | $(L+180) \in [300,315)$ |
| X | 22 | — | $(L+180) \in [315,330)$ |
| Y | 23 | — | $(L+180) \in [330,345)$ |
| Z | 24 | — | $(L+180) \in [345,360)$ |

（2）第 2 级编码是在第 1 级网格单元基础上,再次进行的空间划分,其划分基本单位是经纬度 1°间隔,并以第 1 级网格单元的左下角为基准原点。假定给定点 $P$ 的经纬度 $(B、L)$,第 1 级网格单元左下角纬度经度 $(B_1、L_1)$,则第 2 级网格单元编码字母含义,如表 6.3 所列。

第 2 级参考网格系统矩阵为 $\boldsymbol{G}^2_{180 \times 360}$,给定点 $P$ 经纬度 $(B、L)$,则其所在第 2 级剖分网格单元,在矩阵 $\boldsymbol{G}^2_{180 \times 360}$ 中的行列号为

$$m = 180 - \left[\frac{(B+90)°}{1°}\right], n = \left[\frac{(180+L)°}{1°}\right] \qquad (6.3)$$

# 第6章　空域建模优化方法

表 6.3　第 2 级网格单元编码字母含义

| 字母 | 相对第 1 级网格单元基准原点序号 | 纬度区间/(°) | 经度区间/(°) |
|---|---|---|---|
| A | 1 | $(B-B_1) \in [0,1)$ | $(L-L_1) \in [0,1)$ |
| B | 2 | $(B-B_1) \in [1,2)$ | $(L-L_1) \in [1,2)$ |
| C | 3 | $(B-B_1) \in [2,3)$ | $(L-L_1) \in [2,3)$ |
| D | 4 | $(B-B_1) \in [3,4)$ | $(L-L_1) \in [3,4)$ |
| E | 5 | $(B-B_1) \in [4,5)$ | $(L-L_1) \in [4,5)$ |
| F | 6 | $(B-B_1) \in [5,6)$ | $(L-L_1) \in [5,6)$ |
| G | 7 | $(B-B_1) \in [6,7)$ | $(L-L_1) \in [6,7)$ |
| H | 8 | $(B-B_1) \in [7,8)$ | $(L-L_1) \in [7,8)$ |
| J | 9 | $(B-B_1) \in [8,9)$ | $(L-L_1) \in [8,9)$ |
| K | 10 | $(B-B_1) \in [9,10)$ | $(L-L_1) \in [9,10)$ |
| L | 11 | $(B-B_1) \in [10,11)$ | $(L-L_1) \in [10,11)$ |
| M | 12 | $(B-B_1) \in [11,12)$ | $(L-L_1) \in [11,12)$ |
| N | 13 | $(B-B_1) \in [12,13)$ | $(L-L_1) \in [12,13)$ |
| P | 14 | $(B-B_1) \in [13,14)$ | $(L-L_1) \in [13,14)$ |
| Q | 15 | $(B-B_1) \in [14,15)$ | $(L-L_1) \in [14,15)$ |

（3）第 3 级编码是在第 2 级网格单元基础上，进行二叉空间划分，其划分基本单位是经纬度 30′ 间隔，并以第 2 级网格单元的左下角为基准原点。假定给定点 $P$ 的经纬度 $(B、L)$，第 2 级网格单元左下角纬度经度 $(B_2、L_2)$，则第 3 级网格单元编码字母含义，如表 6.4 所列。

表 6.4　第 3 级网格单元编码字母含义

| 字母 | 纬度区间/(′) | 经度区间/(′) |
|---|---|---|
| W | $(B-B_2) \in [0,30)$ | $(L-L_2) \in [0,30)$ |
| X | $(B-B_2) \in [0,30)$ | $(L-L_2) \in [30,60)$ |
| Y | $(B-B_2) \in [30,60)$ | $(L-L_2) \in [0,30)$ |
| Z | $(B-B_2) \in [30,60)$ | $(L-L_2) \in [30,60)$ |

第 3 级参考网格系统矩阵为 $G_{360 \times 720}^3$，给定点 $P$ 经纬度 $(B、L)$，则其所在第 3 级剖分网格单元，在矩阵 $G_{360 \times 720}^3$ 中的行列号为

$$m = 360 - \left[\frac{(B+90)°}{30'}\right], n = \left[\frac{(180+L)°}{30'}\right] \tag{6.4}$$

（4）第 4 级编码是在第 3 级网格单元基础上，进行九九方格空间划分，其划

分基本单位是经纬度 10′间隔,并以第 3 级网格单元的左下角为基准原点。假定给定点 $P$ 的经纬度 $(B、L)$,第 3 级网格单元左下角纬度经度 $(B_3、L_3)$,则第 4 级网格单元编码字母含义,如表 6.5 所列。

表 6.5 第 4 级网格单元编码字母含义

| 数字 | 纬度区间/(′) | 经度区间/(′) |
| --- | --- | --- |
| 1 | $(B-B_3)\in[0,10)$ | $(L-L_3)\in[0,10)$ |
| 2 | $(B-B_3)\in[0,10)$ | $(L-L_3)\in[10,20)$ |
| 3 | $(B-B_3)\in[0,10)$ | $(L-L_3)\in[20,30)$ |
| 4 | $(B-B_3)\in[10,20)$ | $(L-L_3)\in[0,10)$ |
| 5 | $(B-B_3)\in[10,20)$ | $(L-L_3)\in[10,20)$ |
| 6 | $(B-B_3)\in[10,20)$ | $(L-L_3)\in[20,30)$ |
| 7 | $(B-B_3)\in[20,30)$ | $(L-L_3)\in[0,10)$ |
| 8 | $(B-B_3)\in[20,30)$ | $(L-L_3)\in[10,20)$ |
| 9 | $(B-B_3)\in[20,30)$ | $(L-L_3)\in[20,30)$ |

第 4 级参考网格系统矩阵为 $G^4_{1080\times2160}$,给定点 $P$ 经纬度 $(B、L)$,则其所在第 4 级剖分网格单元,在矩阵 $G^4_{1080\times2160}$ 中的行列号为

$$m = 1080 - \left[\frac{(B+90)°}{10'}\right], n = \left[\frac{(180+L)°}{10'}\right] \quad (6.5)$$

(5) 第 5 级编码在第 4 级网格单元基础上进行二叉空间划分,其划分基本单位是经纬度 5′间隔,并以第 4 级网格单元的左下角为基准原点。假定给定点 $P$ 的经纬度 $(B、L)$,第 4 级网格单元左下角纬度经度 $(B_4、L_4)$,则第 5 级网格单元编码字母含义,如表 6.6 所列。

表 6.6 第 5 级网格单元编码字母含义

| 字母 | 纬度区间/(′) | 经度区间/(′) |
| --- | --- | --- |
| W | $(B-B_4)\in[0,5)$ | $(L-L_4)\in[0,5)$ |
| X | $(B-B_4)\in[0,5)$ | $(L-L_4)\in[5,10)$ |
| Y | $(B-B_4)\in[5,10)$ | $(L-L_4)\in[0,5)$ |
| Z | $(B-B_4)\in[5,10)$ | $(L-L_4)\in[5,10)$ |

第 5 级参考网格系统矩阵为 $G^5_{2160\times4320}$,给定点 $P$ 经纬度 $(B、L)$,则其所在第 5 级剖分网格单元,在矩阵 $G^5_{2160\times4320}$ 中的行列号为

$$m = 2160 - \left[\frac{(B+90)°}{5'}\right], n = \left[\frac{(180+L)°}{5'}\right] \quad (6.6)$$

(6) 第 6 级编码是在第 5 级网格单元基础上,进行九九方格空间划分,其划

分基本单位是经纬度 100″间隔,并以第 5 级网格单元的左下角为基准原点。假定给定点 $P$ 的经纬度$(B、L)$,第 5 级网格单元左下角纬度经度$(B_5、L_5)$,则第 6 级网格单元编码字母含义,如表 6.7 所列。

表 6.7 第 6 级网格单元编码字母含义

| 数字 | 纬度区间/(″) | 经度区间/(″) |
|---|---|---|
| 1 | $(B-B_5) \in [0,100)$ | $(L-L_5) \in [0,100)$ |
| 2 | $(B-B_5) \in [0,100)$ | $(L-L_5) \in [100,200)$ |
| 3 | $(B-B_5) \in [0,100)$ | $(L-L_5) \in [200,300)$ |
| 4 | $(B-B_5) \in [100,200)$ | $(L-L_5) \in [0,100)$ |
| 5 | $(B-B_5) \in [100,200)$ | $(L-L_5) \in [100,200)$ |
| 6 | $(B-B_5) \in [100,200)$ | $(L-L_5) \in [200,300)$ |
| 7 | $(B-B_5) \in [200,300)$ | $(L-L_5) \in [0,100)$ |
| 8 | $(B-B_5) \in [200,300)$ | $(L-L_5) \in [100,200)$ |
| 9 | $(B-B_5) \in [200,300)$ | $(L-L_5) \in [200,300)$ |

第 6 级参考网格系统矩阵为 $\boldsymbol{G}^6_{6480 \times 12960}$,给定点 $P$ 的经纬度$(B、L)$,则其所在的第 6 级剖分网格单元,在矩阵 $\boldsymbol{G}^6_{6480 \times 12960}$ 中的行列号为

$$m = 6480 - \left[\frac{(B+90)^\circ}{100''}\right], n = \left[\frac{(180+L)^\circ}{100''}\right] \tag{6.7}$$

(7)第 7 级编码是在第 6 级网格单元基础上,再次进行的空间划分,其划分基本单位是经纬度 10″间隔,并以第 6 级网格单元的左下角为基准原点。假定给定点 $P$ 的经纬度$(B、L)$,第 6 级网格单元左下角纬度经度$(B_6、L_6)$,则第 7 级网格单元编码字母含义,如表 6.8 所列。

表 6.8 第 7 级网格单元编码字母含义

| 字母 | 相对第 6 级网格单元基准原点序号 | 纬度区间/(″) | 经度区间/(″) |
|---|---|---|---|
| A | 1 | $(B-B_6) \in [0,10)$ | $(L-L_6) \in [0,10)$ |
| B | 2 | $(B-B_6) \in [10,20)$ | $(L-L_6) \in [10,20)$ |
| C | 3 | $(B-B_6) \in [20,30)$ | $(L-L_6) \in [20,30)$ |
| D | 4 | $(B-B_6) \in [30,40)$ | $(L-L_6) \in [30,40)$ |
| E | 5 | $(B-B_6) \in [40,50)$ | $(L-L_6) \in [40,50)$ |
| F | 6 | $(B-B_6) \in [50,60)$ | $(L-L_6) \in [50,60)$ |
| G | 7 | $(B-B_6) \in [60,70)$ | $(L-L_6) \in [60,70)$ |

续表

| 字母 | 相对第6级网格单元基准原点序号 | 纬度区间/(″) | 经度区间/(″) |
|---|---|---|---|
| H | 8 | $(B-B_6) \in [70,80)$ | $(L-L_6) \in [70,80)$ |
| J | 9 | $(B-B_6) \in [80,90)$ | $(L-L_6) \in [80,90)$ |
| K | 10 | $(B-B_6) \in [90,100)$ | $(L-L_6) \in [90,100)$ |

第7级参考网格系统矩阵为 $G^7_{64800 \times 129600}$，给定点 $P$ 的经纬度 $(B、L)$，则其所在的第7级剖分网格单元，在矩阵 $G^7_{64800 \times 129600}$ 中的行列号为

$$m = 64800 - \left[\frac{(B+90)°}{10″}\right], n = \left[\frac{(180+L)°}{10″}\right] \qquad (6.8)$$

（8）第8级编码是在第7级网格单元基础上，再次进行的空间划分，其划分基本单位是经纬度1″间隔，并以第7级网格单元的左下角为基准原点。假定给定点 $P$ 的经纬度 $(B、L)$，第7级网格单元左下角纬度经度 $(B_7、L_7)$，则第8级网格单元编码字母含义，如表6.9所列。

表6.9 第8级网格单元编码字母含义

| 字母 | 相对第7级网格单元基准原点序号 | 纬度区间/(″) | 经度区间/(″) |
|---|---|---|---|
| A | 1 | $(B-B_7) \in [0,1)$ | $(L-L_7) \in [0,1)$ |
| B | 2 | $(B-B_7) \in [1,2)$ | $(L-L_7) \in [1,2)$ |
| C | 3 | $(B-B_7) \in [2,3)$ | $(L-L_7) \in [2,3)$ |
| D | 4 | $(B-B_7) \in [3,4)$ | $(L-L_7) \in [3,4)$ |
| E | 5 | $(B-B_7) \in [4,5)$ | $(L-L_7) \in [4,5)$ |
| F | 6 | $(B-B_7) \in [5,6)$ | $(L-L_7) \in [5,6)$ |
| G | 7 | $(B-B_7) \in [6,7)$ | $(L-L_7) \in [6,7)$ |
| H | 8 | $(B-B_7) \in [7,8)$ | $(L-L_7) \in [7,8)$ |
| J | 9 | $(B-B_7) \in [8,9)$ | $(L-L_7) \in [8,9)$ |
| K | 10 | $(B-B_7) \in [9,10)$ | $(L-L_7) \in [9,10)$ |

第8级参考网格系统矩阵为 $G^8_{648000 \times 1296000}$，给定点 $P$ 的经纬度 $(B、L)$，则其所在的第8级剖分网格单元，在矩阵 $G^8_{648000 \times 1296000}$ 中的行列号为

$$m = 648000 - \left[\frac{(B+90)°}{1″}\right], n = \left[\frac{(180+L)°}{1″}\right] \qquad (6.9)$$

2)地址码的编码定义及格式

地址码是一串二进制数编码,用于构建以空间网格为索引的空战场联合空域管制态势图,实现对各类作战空域数据的有效组织与管理,形成空战场空域空间数据库,二进制编码位数如表6.10所列。

表6.10 二进制编码位数

| 剖分层级 | 矩阵 | 行$m$二进制编码位数 | 列$n$二进制编码位数 | 地址码二进制编码位数 |
|---|---|---|---|---|
| 第1级 | $G^1_{12 \times 24}$ | 4位 | 5位 | 9位 |
| 第2级 | $G^2_{180 \times 360}$ | 8位 | 9位 | 17位 |
| 第3级 | $G^3_{360 \times 720}$ | 9位 | 10位 | 19位 |
| 第4级 | $G^4_{1080 \times 2160}$ | 11位 | 12位 | 23位 |
| 第5级 | $G^5_{2160 \times 4320}$ | 12位 | 13位 | 25位 |
| 第6级 | $G^6_{6480 \times 12960}$ | 13位 | 14位 | 27位 |
| 第7级 | $G^7_{64800 \times 129600}$ | 16位 | 17位 | 33位 |
| 第8级 | $G^8_{648000 \times 1296000}$ | 20位 | 21位 | 41位 |

假定全球空域空间网格系统第$i$剖分层级上的地址码二进制编码为$M$,可通过表6.10所示查到对应的行二进制编码位数$r$、列二进制编码位数$s$。则第$i$剖分层级上的空域空间网格单元所对应的矩阵行号$m$、列号$n$和其地址码$M$,可表达为

$$m = b^m_{r-1} b^m_{r-2} \cdots b^m_2 b^m_1 b^m_0, n = b^n_{s-1} b^n_{s-2} \cdots b^n_2 b^n_1 b^n_0, 其中 b^m, b^n \in 0 或 1 \quad (6.10)$$

$$M = b^n_{s-1} b^m_{r-1} b^n_{s-2} b^m_{r-2} \cdots b^n_2 b^m_2 b^n_1 b^m_1 b^n_0 b^m_0 \quad (6.11)$$

即第$i$剖分层级上的空域空间网格单元的地址码为其行与列的二进制码的交叉组合编码。这种编码格式也称为Morton码,它可以唯一标识该网格单元的地址。

3)各种编码相互之间的转换关系

(1)由地理坐标$P$点$(B、L)$到用户码的转换关系。根据表6.2~表6.9的转换关系,可以计算不同剖分层级下的空域空间网格单元用户码。

(2)由用户码到地理坐标$P$点$(B、L)$的转换关系。根据表6.2~表6.9的转换关系,可以计算不同剖分层级下的空域空间网格单元的基准点纬度$B_0$和经度$L_0$,在此基础上再加上网格单元的1/2剖分间隔$\Delta/2$,即$B = B_0 + \Delta/2$,$L = L_0 + \Delta/2$。

(3)由地理坐标$P$点$(B、L)$到地址码的转换关系。根据式(6.2)~

式(6.9)的转换关系,可以直接计算地址码。

(4) 由地址码到地理坐标 $P$ 点($B$、$L$)的转换关系。根据式(6.2)~式(6.9)的转换关系,可以计算不同剖分层级下的空域空间网格单元的基准点纬度 $B_0$ 和经度 $L_0$,在此基础上再加上网格单元的1/2剖分间隔 $\Delta/2$,即 $B = B_0 + \Delta/2$,$L = L_0 + \Delta/2$。

(5) 由用户码转换为地址码。可通过用户码→地理坐标 $P$ 点($B$、$L$)→地址码。

(6) 由地址码转换为用户码。可通过地址码→地理坐标 $P$ 点($B$、$L$)→用户码。

(7) 空域空间网格单元相互之间的嵌套关系,可以根据用户码进行解析。因为用户码中隐含了各网格单元的相互之间关系,以及网格单元在上一级剖分单元的空间位置关系,据此可以进行解析。

4) 基于地址码的索引,设计空战场联合空域管制数据库

空战场联合空域管制信息具有覆盖范围广、来源途径多、类型多样等特点。①呈现出分布性和异构性。战场广阔空间内分布诸多作战要素,同作战空域有关的参战部队、任务要求、行动规划及各类计划指令、协调措施、导航定位及校准信息等,都与地理位置有关,由于这些数据信息分布在不同的指控节点、参战部队中,并具有独立性和分散性,很容易形成信息孤岛。加上各指控节点和参战部队的信息系统数据库结构各异、管理方多元等,从而导致空域管制数据难以实现空战场的统一建模和管理。②多尺度特性。空域管制具有依照时间和空间的长度范围,具有不同的尺度性,通常还具有多级涵盖关系,对整体数据分辨率要求较低,不同于火力打击的精准位置定位要求,但对局部的可靠辨识要求较高,这样才能为空战场空域协调提供支持。③空间参考的多样性。陆军作战地图、海军的海图和空军的航图,其对空间尺度及要求不一样,因此空间参考系统必然不一样,投影方式及单幅图的空间范围也不一样,有的采用投影坐标,有的采用地理坐标,有的采用自定义局部坐标等,造成联合作战空域空间位置标识不统一问题[10-11]。

据此,可以建立基于地址码索引的空战场联合空域管制数据库结构体系,如图6.15所示。当实现全球空域空间网格剖分,建立网格单元地址码之后,可以基于该地址码的索引组织数据关系。此时,每个层次的网格单元代表不同分辨率,每个网格单元的地理位置及其中心点都是对特定区域的描述,根据空间坐标与网格的空间关系,可以确定作战空域管制信息与物理地域的对应关系。

## 第 6 章 空域建模优化方法

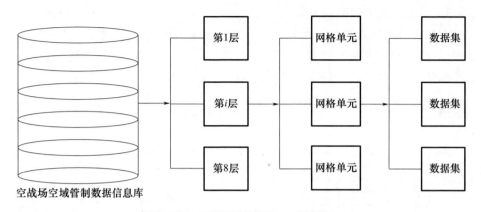

图 6.15 空域管制数据信息组织模式

每个网格单元既可以是实际的物理空间和区域的基本组成,也可以是对应信息空间数据集单元,这样每个网格单元就可以作为信息空间内的数据组织基本单元,具有相同或相近分辨率的作战空域管制信息数据,可以组织到统一的网格层次上,每个网格单元都可对应一条存储记录或记录集。这种数据组织管理方法优势:首先层次清晰、索引简单,由于每个网格单元具有确定的空间位置,以网格单元可以快速地将数据查询范围锁定到网格范围内;其次可以实现将不同分辨率的作战空域管制信息数据组织到分层结构中,便于大规模复杂数据集的动态显示与管理维护;最后就是数据管理和作战应用的场景具有一一对应关系,便于数据直接支持作战使用。由此通过空域空间网格单元的地址码,可以将同该单元有关的空战场管制信息进行集成,实现基于不同剖分层级的多尺度作战空域数据的融合。空域管制数据空间索引如图 6.16 所示。

图 6.16 空域管制数据空间索引

### 3. 局部空域空间网格模型

全球空域空间参考系统适用于大尺度空间作战空域管制使用,对于陆上作战来说,机动装备及战场紧急情况的操作,需要建立更为简单的局部空间参考系统。由此,在全球空域空间参考系统基础上,借鉴杀伤盒位置参考系统,建立兼容的空域空间网格模型,如图 6.17 所示。

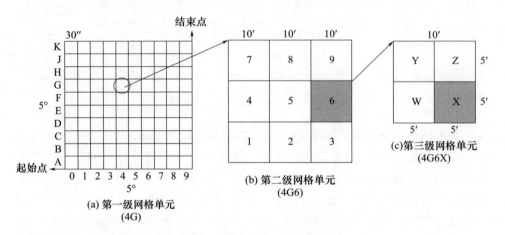

图 6.17　局部空域空间参考系统

该局部空域空间网格模型,在全球空域空间参考系统第 3 剖分层级上,即全球 30′椭球面网络系统上,设定起始点(Start_Point)之后构建 5°×5°空间区域,约为 300n mile×300n mile 的作战区域。这种局部模型更适合野外机动分队作战使用。

### 6.2.3　空间网格应用

#### 1. 空域规则统一表征与描述

空中作战样式更新和武器装备发展,对空战场联合空域管制提出了更高的要求,如何实现对战区空域集中管制与动态配置成为问题焦点。构建基于全球空域空间网格参考系统的空中作战应用框架,是最大限度发挥空中作战效能的关键所在。基于空域空间网格可以统一空战场空域类型,通过研究不同作战任务对空战场空域的使用需求,有针对性地为各种作战样式制定合适的空域使用规则,形成统一的空域分类标准。例如对空战场配置的各种类型作战空域,可利用不同剖分层级的空域空间网格参考系统进行统一描述。如图 6.18 所示,可以通过空域空间网格参考系统,描述作战空域在地球椭球面上的位置范围。

# 第6章 空域建模优化方法

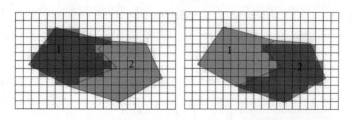

图6.18 基于空域空间参考系统的作战空域椭球面描述

如图6.19所示,可利用网格单元高度上下限属性,描述作战空域在垂直方向的位置范围。我们建立网格单元四元组 $G^i(m,n,A_d,A_u)$,$m$ 为网格单元行,$n$ 为网格单元列,$A_d$ 空域高度下限,$A_u$ 为空域高度上限,$i$ 为空域空间网格的剖分层级数。这样作战空域就可通过若干个空域空间网格单元组成的集合进行表征。利用这种方法就可实现对空战场空域的数字化描述和表征,若再结合网格地址码的空域管制数据集,则可以构建出空战场空域数字化系统,从而将协调规则与措施可视化表征,如对高密度空域管制区、空域协调区、自由射击区、联合杀伤区、空中走廊等空域态势图的可视化。同时针对每一种空域类型,设计与之适应的空域动态管制方法,区分时间、高度网格、平面网格的思路,实现对空战场空域灵活高效使用。

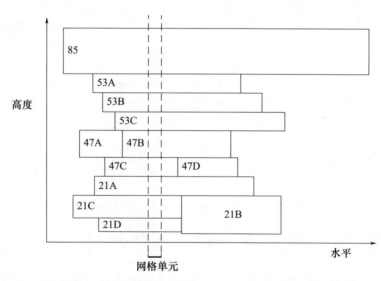

图6.19 基于空域空间参考系统的作战空域垂直描述

**2. 构建网格空域单元与杀伤盒**

如图6.20所示,基于空域空间参考系统可以建立一体化的空中作战网格空域单元与空地火力协同杀伤盒概念体系。从而使空中部队与陆上火力协同,从

281

任务规划开始,一直贯穿联合火力实施的全进程中,统一空中部队空中交通航迹空域、空地火力空域、陆上协同火力空域等的位置标识,实现更为精准可靠的联合作战。

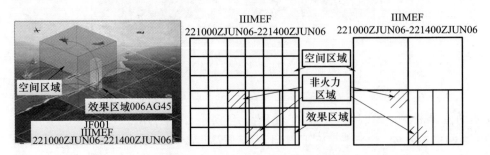

图 6.20　联合空地火力协同空域

对于网格空域单元的配置,可在作战应用上主要以协调和信息通报为主的空间标识,增加基于网格空域单元的空中威胁目标指示、方位标识和飞行引导控制等应用模式,如图 6.21 所示。可以通过网格空域单元标识敌机所在空间位置,地面雷达将探测的敌机来袭范围及有关信息,关联到网格空域单元上,并可以利用数据链路将此信息上传给己方空中待战飞机,指示敌机当前方位和空中运动方向。在网格空域单元内,还可以设置有关的任务行动指示要求等。

图 6.21　空中作战网格空域单元配置

杀伤盒的配置,可在现有蓝色、紫色杀伤盒的基础上,增加红色杀伤盒,即限制空中部队进入的火力区域,若进入则存在非常大的危险,可以为联合作战误击误伤提供更好的支持。

## 6.3　冲突检测算法

冲突检测是实现飞机航迹与空域、空域与空域等在空间和时间上重叠的判决。通常包括航迹与航迹、航迹侵入空域或火力范围等冲突类型。以航空器的飞行航迹位置为中心,根据飞行速度和默认或用户输入的前向间隔时间计算的半径、最小高度差和前向射角,可生成航空器的"危险空间"模型,如图 6.22 所示,它是一个扇柱(若前向射角为360°,即形成圆柱体模型),若存在其他航空器在扇柱范围内,则判定为两个航迹存在冲突。以航空器当前飞行航迹位置和飞行状态,假若按照攻击空域的安全间隔时间继续飞行,如果穿越或者进入攻击空域,那么可判定为冲突[12-13]。

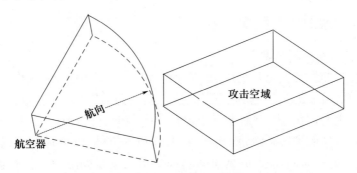

图 6.22　航迹与航迹和空域的冲突

以航空器当前飞行航迹的位置和飞行状态,假若按照地炮的安全间隔时间继续飞行,若穿越或者进入地炮火力范围,则判定为冲突。以航空器当前飞行航迹的位置和飞行状态,假若按防空安全间隔时间继续飞行,若穿越或者进入地炮火力范围,则判定为冲突,如图 6.23 所示。

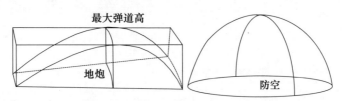

图 6.23　航迹侵入其他空域的冲突

在预测未来航迹和判断短期冲突方面,可由航空器速度线性外推出冲突探测时间内 $T$ 的航迹,若在此期间航空器间的间隔小于最低安全规定,则认为有短期冲突。然而与定位航空器是同样原因,测量出的速度存在误差,直接线性外推预测航空器未来的位置可能使误差变大。为此,国外学者也为未来的航空器划分出了一片告警区域(Alert Zone)[14-15]。告警区域即为该航空器的保护区在 $T$ 时间内可能移动出的区域,在不同学者的研究中,其形状有扇形、圆形或椭圆形的不同。任何航空器的飞行都不能干扰到其他航空器的告警区。也有学者采用概率方法,将航空器测量误差的影响因素模拟成布朗概率模型,航空器的位置即为观测位置与布朗概率位置之和[3,16-17]。或者直接对航空器的位置、速度和航向均采用高斯分布方法[18-19]。航空器未来位置服从其概率分布。还有学者将

283

预测的位置与航空器的飞行计划结合,从而缩小其位置分布的范围[20]。最终可以计算冲突探测时间 $T$ 内,航空器间的距离小于最低安全规定的概率,当该概率大于一定限值时,系统将发出冲突告警。此概率限值可以由使用人员根据安全要求来设置不同的值,如其可以要求系统在检测出冲突概率大于50%时发出警报。

### 6.3.1 航迹冲突概率

**1. 航空器保护区类型**

根据航空器相关安全间隔规定,对航空器建立相应保护区,或称为安全缓冲区。若一架航空器进入其他航空器保护区,则认为航空器间存在飞行冲突。航空器保护区主要存在立方体保护区、椭球保护区和圆柱保护区三种。

(1)立方体保护区。将每架航空器假设成立方体,立方体模型以航空器为中心,以2倍的横向间隔、2倍纵向间隔和2倍的垂直间隔建立飞行保护区,如图6.24所示。立方体保护区是按照航空器的安全间隔标准划设的,由于保护区边界函数需要分为前后、左右表面和上下表面三类函数表示,而各个表面的连接处不可导,致使后续计算比较烦琐。为方便计算,根据航空器的安全间隔规定,后来发展了椭球保护区模型和圆柱保护区模型。

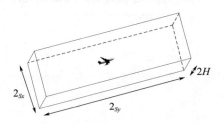

图6.24 立方体保护区示意

(2)椭球保护区。椭球保护区是以航空器为中心,以水平间隔 $s$ 为长半轴,垂直间隔 $H$ 为短半轴建立的椭球体。以航空器的飞行方向为 $y$ 轴,垂直于航空器的飞行方向向上为 $z$ 轴正方向,建立图6.25所示的三维坐标系 $o-xyz$,椭球保护区在水平面($xoy$)上的投影为半径为 $s$ 的圆形,在 $xoz$ 以及 $yoz$ 面上的投影为以 $s$ 为长半轴,以 $d$ 为短半轴的椭圆。

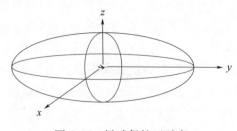

图6.25 椭球保护区示意

对航空器建立椭球保护区,任何进入其保护区的其他航空器都视为有飞行冲突,需要冲突解脱。航空器的椭球保护区范围可以表示为

$$G = \left\{\frac{x^2+y^2}{s^2} + \frac{z^2}{H^2} < 1 \mid x,y,z \in R^3 \right\} \tag{6.12}$$

(3)圆柱保护区。以航空器质点为中心,2倍的垂直间隔 $H$ 为高,最小水平间隔 $s$ 为半径划设的圆柱体,沿航空器的飞行方向为 $y$ 轴,垂直于飞行方向向上为 $z$ 轴正方向,如图6.26所示。

对航空器建立圆柱保护区,任何进入其保护区的其他航空器都视为有飞行冲突,需要冲突解脱。航空器的圆柱保护区范围可以表示为

$$G = \{x^2+y^2 \leqslant s^2, -H \leqslant z \leqslant H \mid x,y,z \in R^3\} \tag{6.13}$$

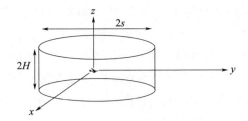

图6.26　圆柱形保护区示意

**2. 航迹冲突检测方法**

冲突探测是基于航空器预测航迹,判断航空器间是否会发生飞行冲突,即航空器间隔是否小于间隔标准,若有则冲突告警。冲突探测能够探测到未来潜在的飞行冲突,提供给管制员充足的提前时间对航空器进行冲突解脱,减少航空器的安全事故发生率。根据冲突探测的研究方法不同,冲突探测算法可分为几何确定型冲突探测算法和概率型冲突探测算法两种。几何确定型冲突探测算法是认为航空器的航迹是确定性的,通过判断航空器之间的相对位置与安全间隔比较以判定冲突。概率型冲突探测算法是考虑航空器航迹的不确定性,通过计算航空器间发生潜在冲突的概率以判定冲突。概率型冲突探测算法是考虑导航误差、风等不确定性因素对航迹的影响,基于概率性的航迹,计算航空器对的冲突概率。概率性航迹实现方法有两种:一是用航空器动力学随机模型来传播航空器状态,可用随机线性差分方程来描述航空器的运动,从而得到概率型的航迹;二是在航空器飞行意图或飞行计划的基础上计算得到确定性的航迹,然后在确定型航迹上加上未知的不确定性(误差协方差)得到概率型的航迹。考虑导航误差、风等不确定性因素对航空器航迹的扰动,本节提出了解析型的冲突探测方法并建立4个假设条件:①航迹预估误差服从正态分布,中心极限定理认为,由大量影响微小而且相互独立的随机因素影响的叠加,可看作服从正态分布。由

于气象因素风的不确定性、导航误差等的存在,航空器的位置存在不确定性。航迹误差是许多因素综合影响的结果,可以认为航迹误差基本服从正态分布。②误差椭圆假设,航空器在飞行阶段,沿垂直飞行方向上,飞行管理系统对航空器位置进行闭环反馈控制。这样航空器的实际位置与其预估位置之间存在一个偏差。对于正态分布,偏差的期望和方差是恒定的。在沿飞行方向上,飞行管理系统是对航空器的空速进行闭环反馈控制,而不能直接控制其位置,使得沿飞行方向的位置误差不断累积,可以认为误差是随时间线性增长的。沿飞行方向和垂直飞行方向的误差是相互独立随机变量。这样航空器位置误差就为椭圆形,椭圆的长半轴沿飞行方向,短半轴垂直于飞行方向。③假设航空器误差之间是相互独立的,在实际中当航空器相遇时,预测误差还是有一定的相关性。④相遇航空器对的速度在相遇期间不会发生突变,也就是说当任何一架航空器的速度在相遇期间发生突变,此算法的解析解就不再适用。下面讨论具体算法。

首先,将两架航空器位置偏差合并为随机航空器相对参考航空器的位置误差协方差;其次,由于线性变换对冲突概率积分没有影响,可以选取适合的坐标转换矩阵转换坐标,将航空器的联合椭圆协方差转换为单位圆,便于计算;再次,通过坐标旋转使得航空器的相对运动速度与其中一条坐标轴方向平行;最后,对于转换后的坐标,通过分析得到冲突概率的解析解。在航空器机体坐标系中,航空器的位置预测误差为对角矩阵。假设 $q$ 是航空器在此坐标系中的位置,$\bar{q}$ 是对应的预测位置,预测误差 $\tilde{q}=q-\bar{q}$。航迹预测误差近似符合正态分布,其协方差矩阵 $S$ 为对角阵,即

$$S = \text{cov}(\tilde{q}) = \begin{pmatrix} \delta_x^2 & 0 & 0 \\ 0 & \delta_y^2 & 0 \\ 0 & 0 & \delta_z^2 \end{pmatrix} \quad (6.14)$$

式中,$\delta_x$ 为沿航向方向的误差,为 1km 左右;$\delta_y$ 为沿垂直航向的误差,同样大约为 1km 左右;$\delta_z$ 为沿垂直航向方向的误差,一般在 30m 左右。随机变量 $\tilde{q}$ 的三个分量为相互独立的正态分布,所以其联合概率密度函数为各自概率密度函数之积:

$$p(x,y,z) = p(x)p(y)p(z) \quad (6.15)$$

其中,为 $p(x)$ 标准正态分布函数:

$$p(x) = \exp(-x^2/2)/\sqrt{2\pi} \quad (6.16)$$

从上式中可以看出,$\tilde{q}$ 的概率密度函数的等值面为椭球面。这样可以用椭球来表示航空器位置的误差分布。由于风速对航空器位置的影响较大,随着预

估时间的增长，$\delta_x$ 将以 0.5km/(″) 的速度递增，另外，航空器在下降爬升过程中对垂直速度的控制精度比较低，一般假设 $\delta_z$ 的增长率为 90m/(″)。假设两架航空器交叉航线飞行，航空器水平航迹预估误差分布如图 6.27 所示。

1）合并协方差

由于航空器的协方差矩阵所在的机体坐标系与我们常用的地面坐标系不一样，所以在分析之前首先需要将两架航空器的协方差矩阵通过坐标旋转转换到地面坐标系中，如图 6.28 所示。

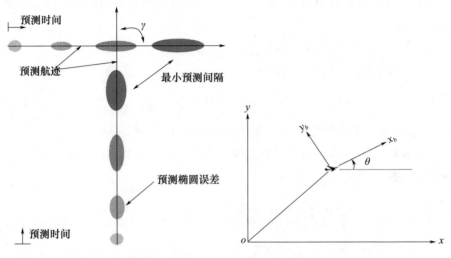

图 6.27　航空器水平航迹预估误差分布　　图 6.28　机体和地面坐标系

建立图 6.28 所示的地面坐标系：$x$ 轴指向正东方向，$y$ 轴指向正北方向，$z$ 轴垂直于 $xoy$ 平面向上。设 $\theta$ 为航空器航向与正东方向的夹角，对机体坐标系沿其原点进行旋转变换就可以将其转换为地面坐标系，此坐标旋转矩阵 $\boldsymbol{R}_1$ 定义如下：

$$\boldsymbol{R}_1 = \begin{pmatrix} \cos\theta & -\sin\theta & 0 \\ \sin\theta & \cos\theta & 0 \\ 0 & 0 & 1 \end{pmatrix} \tag{6.17}$$

根据线性变换的性质，可以得到在地面坐标系 $xoy$（$P$ 坐标系）中航空器的预测位置、位置预测误差和对应的误差协方差矩阵分别为

$$\begin{cases} \bar{p} = \boldsymbol{R}_1 \bar{q} \\ \tilde{p} = \boldsymbol{R}_1 \tilde{q} \\ \boldsymbol{Q} = \mathrm{cov}(\tilde{p}) = \boldsymbol{R}_1 \boldsymbol{S} \boldsymbol{R}_1^{\mathrm{T}} \end{cases} \tag{6.18}$$

这样,两架航空器的冲突概率分析问题就转换为在 $P$ 坐标系中两个正态分布随机变量之间距离小于安全间隔的概率问题。由正态分布性质可知,两个正态分布随机变量差仍为正态分布。因此,可以进一步简化为对这两个随机变量之间相对位置的计算。为方便叙述,将其中一架航空器作为参考航空器 $R$,另一架航空器为随机航空器 $S$,航空器对的误差协方差可以合并为航空器 $S$ 相对于航空器 $R$ 的位置的协方差。$P$ 坐标系中航空器 $R$ 以相对速度运行,没有位置偏差,而航空器 $S$ 存在位置偏差,其概率分布为两个随机变量之间相对位置的分布。航空器相对位置 $\Delta p = p_S - p_R$,相对位置的预测值为 $\Delta \bar{p} = \bar{p}_S - \bar{p}_R$,预测误差为

$$\Delta \tilde{p} = \Delta p - \Delta \bar{p} = \tilde{p}_S - \tilde{p}_R \tag{6.19}$$

合并后的相对位置协方差为

$$M \equiv \operatorname{cov}(\Delta \tilde{p}) = \boldsymbol{Q}_S + \boldsymbol{Q}_R - \boldsymbol{Q}_{SR} \tag{6.20}$$

式中,$\boldsymbol{Q}_S$、$\boldsymbol{Q}_R$ 分别为航空器 $S$、$R$ 的误差协方差,$\boldsymbol{Q}_{SR} \equiv E(\tilde{p}_S \tilde{p}_R^T + \tilde{p}_R \tilde{p}_S^T)$。

合并后的误差椭圆以随机航空器 $S$ 为中心,以参考航空器为中心划设圆柱形保护区。航空器的冲突情景平面,如图 6.29 所示。

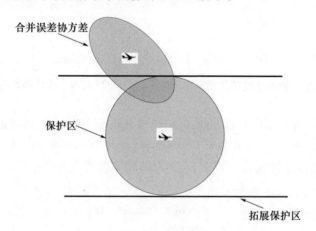

图 6.29　航空器的冲突情景平面

联合误差椭圆对应的概率密度函数,可以用误差椭球的表面来表示,总的概率为 1。沿平行于相对速度的方向做圆柱形冲突区域的投影,形成图 6.29 所示的拓展保护区,总的冲突概率就等于联合误差椭圆对应的概率密度函数在冲突保护区内的积分值。

2) 坐标变换

对于航空器间的冲突概率,可以利用积分的方法求出,但是难以满足实时性

## 第6章 空域建模优化方法

的要求,因此需要通过分析得到冲突概率的解析解。假设经过线性变换 $U$ 后的坐标系为 $\Theta_T$,$p$ 和 $\rho$ 分别代表位置的 $P$ 坐标系与转换后 $\Theta_T$ 坐标系的转换坐标,线性转换方程为

$$\begin{cases} \rho = Up \\ p = W\rho \end{cases} \tag{6.21}$$

式中,$W = U^{-1}$,坐标转换后的位置误差 $\Delta\tilde{\rho}$ 与此类似:

$$\Delta\tilde{\rho} = U\Delta\tilde{p} \tag{6.22}$$

坐标转换后的位置误差的均值仍为 0,坐标转换后的合并误差协方差为

$$\mathrm{cov}(\Delta\tilde{\rho}) = UMU^{\mathrm{T}} \tag{6.23}$$

式中,$M$ 为原始坐标的协方差矩阵,对称正定矩阵 $M$ 可以分解为

$$M = LL^{\mathrm{T}} \tag{6.24}$$

式中,$L$ 为下三角矩阵,可以取线性变换矩阵 $T = L^{-1}$,使得 $UMU^{\mathrm{T}} = I$,这样位置误差 $\Delta\tilde{\rho}$ 的概率分布为

$$\begin{aligned} E(\Delta\tilde{\rho}) &= UE(\Delta\tilde{\rho}) = 0 \\ \mathrm{cov}(\Delta\tilde{\rho}) &= UMU^{\mathrm{T}} = I \end{aligned} \tag{6.25}$$

3)坐标旋转

经过联合误差和线性变换 $U$,将随机航空器 $S$ 的联合误差由椭球转换为单位球体,冲突保护区经过线性变换 $U$ 后的情形,如图 6.30 所示。

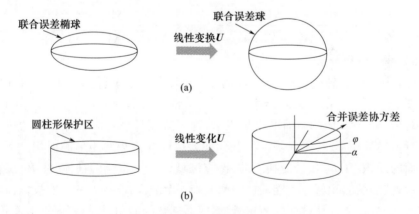

图 6.30 线性变换

线性变换 $U$ 对三维联合误差椭球和圆柱形保护区的作用可以分为水平方向和垂直方向两部分来考虑:垂直方向上相当于进行一个拉伸变换;水平方向上相当于综合了拉伸变换和旋转变换。经过线性变换 $U$,冲突保护区由圆饼变为

一个界面为椭圆的直柱体,并且仍与 $z$ 轴平行。相对速度方向一般不与任一坐标轴平行,对冲突拓展区域积分比较困难,可进一步进行旋转变换,将相对速度方向旋转到沿 $x$ 轴的方向上,由椭圆球的对称性,其概率分布不变。

进行两次旋转变换:第一次变换沿 $z$ 轴旋转,将相对速度落在 $xoz$ 平面内;第二次变换沿 $y$ 轴旋转,使相对速度与 $x$ 轴平行。设相对运动速度 $\Delta v = [\Delta V_{x1}\ \Delta V_{y1}\ \Delta V_{z1}]^T$ 与 $xoz$ 平面的夹角为 $\alpha$,则旋转矩阵 $\boldsymbol{R}_z$ 使得旋转后的相对运动速度 $\Delta V_{R1}$ 沿 $y$ 轴方向的分量为0,即

$$\Delta V_{R1} = [\Delta V_{x1}\ 0\ \Delta V_{z1}]^T \tag{6.26}$$

旋转矩阵 $\boldsymbol{R}_z$ 为

$$\boldsymbol{R}_z = \begin{pmatrix} \cos\alpha & \sin\alpha & 0 \\ -\sin\alpha & \cos\alpha & 0 \\ 0 & 0 & 1 \end{pmatrix} \tag{6.27}$$

相对运动速度 $\Delta V_{R1}$ 方向沿 $xoz$ 平面,与 $x$ 轴夹角为 $\varphi$,则旋转矩阵 $\boldsymbol{R}_y$ 使得旋转后的相对运动速度 $\Delta V_{R2}$ 沿 $z$ 轴方向的分量为0,旋转矩阵 $\boldsymbol{R}_y$ 为

$$R_y = \begin{pmatrix} \cos\varphi & 0 & \sin\varphi \\ 0 & 1 & 0 \\ -\sin\varphi & 0 & \cos\varphi \end{pmatrix} \tag{6.28}$$

其中

$$\cos\alpha = \frac{\Delta V_{x1}}{\sqrt{\Delta V_{x1}^2 + \Delta V_{y1}^2}},\ \sin\alpha = \frac{\Delta V_{y1}}{\sqrt{\Delta V_{x1}^2 + \Delta V_{y1}^2}}$$
$$\cos\chi = \frac{\Delta V_{x2}}{\sqrt{\Delta V_{x1}^2 + \Delta V_{y1}^2 + \Delta V_{z1}^2}},\ \sin\chi = \frac{\Delta V_{z1}}{\sqrt{\Delta V_{x1}^2 + \Delta V_{y1}^2 + \Delta V_{z1}^2}} \tag{6.29}$$

4) 冲突概率分析

经过 $\boldsymbol{R}_z$、$\boldsymbol{R}_y$ 旋转变换后,航空器的相对速度与 $x$ 轴平行,参考航空器 $R$ 保护区如图6.31所示,拓展保护区将是一个与 $x$ 轴方向平行的柱体。但是由于绕 $y$ 轴旋转后,沿 $y-z$ 面的截面不再为矩形,为了方便计算可以沿保护区的投影截面做近似边界矩形,投影保护区的截面面积可以等价为此矩形的面积。下面确定截面的面积:在 $\boldsymbol{R}_y$ 旋转变换之前,冲突区域是一个直椭圆柱体,在 $\boldsymbol{R}_y$ 旋转变换之后,截面的面积就等于椭圆柱的侧面和一个底面在 $y-z$ 平面的投影面积之和。因此,分三步计算截面的面积:计算底面椭圆的面积;计算侧面矩形面积;计算在 $y-z$ 面的投影之和。

为方便叙述,定义线性变换 $T_1$:

$$T_1 = \boldsymbol{R}_z U \tag{6.30}$$

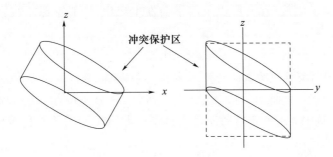

图 6.31　旋转变换冲突保护区

因为线性变换 $\boldsymbol{U}$、$\boldsymbol{R}_z$ 都是绕 $z$ 轴进行的,所以矩阵 $\boldsymbol{T}_1$ 为一对角块矩阵:

$$\boldsymbol{T}_1 = \begin{pmatrix} \boldsymbol{T}_{1h} & 0 \\ 0 & T_{33} \end{pmatrix} \tag{6.31}$$

$P$ 坐标系经过线性变换 $\boldsymbol{U}$、$\boldsymbol{R}_z$ 变为 $\Theta_{R_z}$ 坐标系,在 $\Theta_{R_z}$ 坐标系中航空器的冲突保护区形状为平行于 $z$ 轴的柱体,底面与 $xoy$ 平面平行,形状为椭圆,椭圆方程为

$$\|\boldsymbol{T}_{1h}^{-1}\boldsymbol{\rho}_h\| = \boldsymbol{\rho}_h^{\mathrm{T}}(\boldsymbol{T}_{1h}^{-1})^{\mathrm{T}}\boldsymbol{T}_{1h}^{-1}\boldsymbol{\rho}_h = s^2 \tag{6.32}$$

式中,$\boldsymbol{\rho}_h$ 为坐标系 $\Theta_{R_z}$ 中水平位置矢量,可以记为

$$\boldsymbol{W} = (\boldsymbol{T}_{1h}^{-1})^{\mathrm{T}}\boldsymbol{T}_{1h}^{-1} \tag{6.33}$$

则式(6.32)可以写成

$$\boldsymbol{\rho}_h^{\mathrm{T}}\boldsymbol{W}\boldsymbol{\rho}_h = [x\ y] \begin{bmatrix} W_{11} & W_{12} \\ W_{21} & W_{22} \end{bmatrix} \begin{bmatrix} x \\ y \end{bmatrix} = s^2 \tag{6.34}$$

近似矩阵的底面椭圆面积为

$$A_e = \pi s / \sqrt{\det \boldsymbol{W}} \tag{6.35}$$

下面求侧面矩形面积为椭圆柱的高和椭圆在 $y$ 轴上的投影的乘积,先求椭圆在 $y$ 轴上投影,等于椭圆在 $y$ 轴方向上两个极值之差。对式(6.34)求导,令 $\mathrm{d}y/\mathrm{d}x = 0$,可以求出 $y$ 的极值:

$$\begin{aligned} y_{\max} &= \sqrt{W_{11}\det \boldsymbol{W}} \\ y_{\min} &= -\sqrt{W_{11}\det \boldsymbol{W}} \end{aligned} \tag{6.36}$$

由于线性变换 $\boldsymbol{U}$ 对 $z$ 轴分量乘了一个倍乘因子,$t_{33} = L_{33}^{-1}$,其中 $L_{33}$ 为矩阵 $\boldsymbol{L}$ 右下角元素。所以侧面矩形的面积为

$$A_p = 4Hy_{\max}/L_{33} \tag{6.37}$$

保护区绕 $y$ 轴旋转角度 $\varphi$ 后,截面的面积为

$$A = A_p\cos\varphi + A_e\sin\varphi \tag{6.38}$$

因为是绕 $y$ 轴旋转的,所以 $y$ 值不会发生变化,近似矩形的宽为 $w = 2y_{\max}$,高为

$$h = A/w \tag{6.39}$$

利用概率密度分布函数在冲突区域积分求冲突概率,在 $z$ 轴积分限为 $(-\Delta z + h/2, \Delta z - h/2)$,在 $y$ 轴积分限为 $(-\Delta y - h/2, -\Delta y + h/2)$,沿 $x$ 轴积分限为 $(-\infty, +\infty)$,其中 $x$、$y$、$z$ 分别是在 $P$ 坐标系中两航空器的相对位置经过 $\boldsymbol{U}$、$\boldsymbol{R}_x$、$\boldsymbol{R}_y$ 变换后的位置。冲突概率为

$$\begin{aligned}
P_c &= \int_{-\Delta z - h/2}^{-\Delta z + h/2} \int_{-\Delta y - y_{\max}}^{-\Delta y + y_{\max}} \int_{-\infty}^{\infty} p(x, y, z) \mathrm{d}x \mathrm{d}y \\
&= \int_{-\Delta z - h/2}^{-\Delta z + h/2} p(z) \mathrm{d}z \int_{-\Delta y - y_{\max}}^{-\Delta y + y_{\max}} p(y) \mathrm{d}y \int_{-\infty}^{\infty} p(x) \mathrm{d}x \\
&= \int_{-\Delta z - h/2}^{-\Delta z + h/2} p(z) \mathrm{d}z \int_{-\Delta y - y_{\max}}^{-\Delta y + y_{\max}} p(y) \mathrm{d}y \\
&= \left[ \Phi(-\Delta y + y_{\max}) - \Phi(-\Delta y - y_{\max}) \right] \left[ \Phi(-\Delta z + h/2) - \Phi(-\Delta z - h/2) \right]
\end{aligned} \tag{6.40}$$

### 6.3.2 航迹侵入概率

炮兵部队正在进行间瞄射击,射击以弧形穿过航空器正在飞行过的高度范围。很明显这种场景给航空器带来风险,如果飞行员担心被友方火炮射击击中,可能使得飞行员分心。由此,我们需对炮兵分队间瞄火力射击形成轨迹进行建模分析,问题场景描述如图 6.32 所示。

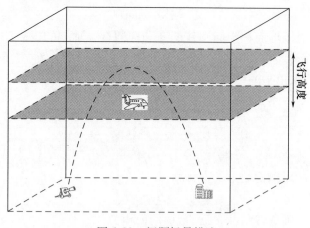

图 6.32 问题场景描述

碰撞问题在许多不同研究领域中都开展了研究,通常方法可以从类似场景中获取历史碰撞数据,并使用这些数据估计未来碰撞概率。这是一种十分灵活、同时又十分简单的方法,缺点是查找数据或开发并验证实际模拟,以产生数据。对此,提出图6.33所示的建模流程。

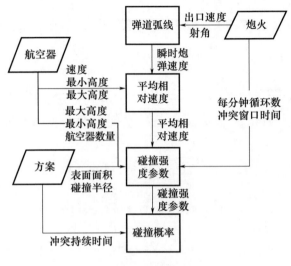

图 6.33　建模流程

(1) 相对速度计算。如图 6.34 所示,利用航空器 $v_a$ 和炮弹 $v_b$ 之间的相对速度说明炮弹运动。在数学上通过余弦定理进行计算:$V_{相对} = \sqrt{a^2 + b^2 - 2ab\cos\theta} = \sqrt{v_a^2 + v_b^2 - 2v_a v_b \cos\vartheta}$。其中,$a$ 和 $b$ 是速度 $v_a$ 和 $v_b$ 的矢量值;$\theta$ 是两个运动矢量之间的入射角。对下列所有可能的 $\theta$ 角进行积分运算以得到期望的相对速度,假设航空器沿给定方向航行且炮弹可从任何方向进行攻击。

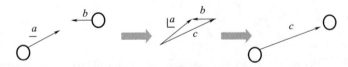

图 6.34　相对速度几何结构

因此,在不失一般性的情况下,将航空器的运动方向定为纵轴 $\vartheta_a = \hat{Z}$。然后假设炮弹的运动矢量为三维形式。若想要检验接近角 $\zeta$ 是否处于某个角度 $\vartheta$ 和 $\vartheta + \mathrm{d}\vartheta$ 之间,则必须算出图 6.35 所示的"地带"表面面积和球体表面面积之间的比率。

那么这一"地带"将接近半径为 $\sin\vartheta$ 高度为 $\mathrm{d}\vartheta$ 的圆柱侧面。因此,将比例计算如下:

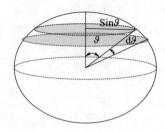

图 6.35 相对速度几何结构

$$f(\vartheta) = P(\vartheta < \zeta < \vartheta + \mathrm{d}\vartheta) = \frac{2\pi\sin\vartheta\mathrm{d}\vartheta}{4\pi} = \frac{1}{2}\sin\vartheta\mathrm{d}\vartheta \qquad (6.41)$$

然后,通过入射角 $\vartheta$ 概率得出三维空间中两个主体之间的期望相对速度,即

$$\begin{aligned}
E(v_{\text{相对}}) &= \int_{\vartheta=0}^{\pi} v_{\text{rel}}(v_a, v_s, \vartheta) P(\vartheta < \zeta < \vartheta + \mathrm{d}\vartheta) \\
&= \int_{\vartheta=0}^{\pi} \sqrt{v_a^2 + v_s^2 - 2v_a v_s \cos\vartheta} \left(\frac{1}{2}\sin\vartheta\mathrm{d}\vartheta\right) \\
&= \frac{1}{6v_a v_s} \left[ (v_a^2 + v_s^2 - 2v_a v_s \cos\vartheta)^{2/3} \right]_{\vartheta=0}^{\pi} \\
&= \frac{1}{6v_a v_s} \left[ -(v_a^2 + v_s^2 - 2v_a v_s)^{3/2} + (v_a^2 + v_s^2 + 2v_a v_s)^{3/2} \right] \\
&= \frac{1}{6v_a v_s} \left[ -((v_a - v_s)^2)^{3/2} + ((v_a + v_s)^2)^{3/2} \right] \\
&= \frac{1}{6v_a v_s} \left[ -|v_a - v_s|^3 + (v_a + v_s)^3 \right] \\
&= \begin{cases} v_s + \dfrac{v_a^2}{3v_s}, & v_s > v_a \\ v_s + \dfrac{v_s^2}{3v_a}, & v_s \leq v_a \end{cases}
\end{aligned} \qquad (6.42)$$

注意,在方程(6.42)中将速度视为恒定速度。但由于冲击运动的物理现象,炮弹速度 $v_s$ 在整个炮弹弧线内并不恒定。更确切地说,炮弹速度随上升下降并在降落时再次增加。通常,$v_s$ 是发射角 $\theta$、枪口速度 $v_m$、垂直位置 $y$ 和重力加速度 $g$ 的一个函数。作为初始模型,我们采用理想弹道弧线,其中炮弹在任何给定高度的瞬时速度遵循下列方程:

$$v_s(\theta, y, v_m) = \sqrt{[v_m\cos\theta]^2 + [v_m\sin\theta]^2 - 2yg} \qquad (6.43)$$

式中,$\theta$ 为发射仰角;$v_m$ 为发射时的枪口速度;$g$ 为万有引力常数;$y$ 为高度。

最后,我们将 $W$ 设为航空器在冲突时间内的扫掠窗口体积。若不考虑相对

## 第6章 空域建模优化方法

速度,则可以得出 $W = \pi r^2 t v_a$。但是,在使用方程(6.42)时,需将相对速度考虑在内。此外,还应考虑航空器在特定高度时的速度。在给出发射角 $\theta$ 和枪口速度 $v_m$ 时,可以综合式(6.41)~式(6.43)得出新的碰撞窗口公式:

$$w_{相对} = \int_{t_0}^{t_n} \pi r^2 E[v_{\rm rel}(v_a, v_s(y(t))), \vartheta] {\rm d}t \quad (6.44)$$

式中,$[t_0, t_n]$ 为炮弹在冲突空间内花费的时间。

(2) 炮弹密度计算。给定体积 $w_{相对}$,计算窗口中实际炮弹数量。假设泊松过程可以合理估计进入空域的炮弹。这相当于炮台呈指数分布的相互开火时间。指数分布这一假设可能显得有些随意,但是根据采用的大部分随机规律,这一假设又合乎情理,并且对风险进行了保守约束。但是,还必须考虑到返回炮弹飞离空域这一事实。这需要利用一个空间的增消点过程。因为我们从弹道弧线中确切知道了炮弹在高度窗中的停留时间,于是使用一个确定性公式。如果航空器在 $y_{\min}$ 和 $y_{\max}$ 之间飞行,那么炮弹在 $[y_{\min}, y_{\max}]$ 范围内的持续时间为

$$t = \frac{2}{g} \left( \sqrt{v_v^2 - 2g \min(a_{\min}, h)} - \sqrt{v_v^2 - 2g \min(a_{\max}, h)} \right) \quad (6.45)$$

式中,$v_v$ 为枪口速度($v_v = v_m \sin\theta$)的垂直分量,$h = v_v^2/2g$ 为弹道弧线的顶点(再次假设一个理想的弹道弧线),并构建了 $a_{\min/\max} = \min\{y_{\min/\max}, h\}$ 来处理炮弹未达到航空器最大或最小高度的情况。总之,假设炮弹以指数分布的时间间隔和平均速率 $\lambda$ 射入空间,以及每个炮弹在方程(6.44)中 $t$ 给定的碰撞窗口内花费同样的时间。那么冲突空域内任何一个时间点的炮弹数量为 $L$ ~ Poisson$[\lambda_t]$ ( ~ 是指"分布形式为")。这样,通过计算最后 $ts$ 内发射的炮弹数量,可以得出任何给定时间上整个碰撞高度内的炮弹数量。因为 $L$ 是整个空间内的炮弹数量——假设炮弹均匀分布在整个空间内,则可以用 $L$ 除以冲突空域的总体积 $W_T$ 得出单位空气体积内的炮弹密度 $\sigma_X$:

$$\sigma_X = \frac{L}{W_T} \sim {\rm Poisson}\left[\frac{\lambda_t}{W_T}\right] \quad (6.46)$$

显然,这对于估算轨道航空器的自相摧毁风险提出了一个难题。但是,通过空间增消法,仅要求航空器不得在 $t$ 秒内重复自己的轨道。根据航空器飞入的高度窗,$t$ 通常不会超过几秒——恰好在任何航空器完成轨道一周所需的时间范围内。

(3) 概率估计。用方程(6.44)替换 $\pi r^2 d$,用方程(6.46)替换 $\sigma$,可以得

$$自相摧毁数量 = N_X = \sigma_X \times W_{\rm rel} \sim {}_{\rm Poisson}\left[\frac{W_{\rm rel}}{W_T}\lambda_t\right] \quad (6.47)$$

从方程(6.44)中可以发现 $w_{相对}$ 取决于高度 $y$。同样,方程(6.45)中的 $t$ 取决于枪口速度 $v_m$、射角 $\theta$ 及航空器的最小/最大高度 $y_{\min}/y_{\max}$。此外,$\sigma$ 取决于方程

(6.46)中的$W_T$。但是很难知道输入参数的确定性。因此,$v_A(y)$仅停留在函数形式上,因为很少有航空器在某一个特定高度上飞行。同样,也可以预计其他参数的不确定性。预计$W_T$、$y_{\min}$和$y_{\max}$不会随着给定高度改变,但是完全可以合理预计$v_m$、$\theta$和$y$的某些变化。

考虑到这一点,将方程(6.46)中的泊松分布用参数表示为

$$\lambda^* = \frac{W_{\text{rel}}}{W_T}\lambda_t \tag{6.48}$$

然后,将$\lambda^*$作为$v_m$、$\theta$和$y$的一个函数。这样,方程(6.47)就变成

$$\text{自相摧毁数量} = N_X = \sigma_X \times w_{\text{相对}} \times \text{Poisson}[\lambda(y,\theta,v_m)] \tag{6.49}$$

接着,将任一概率分布$f(v_m)$、$f(\theta)$和$f(y)$各自的变量考虑在内。例如,这里采用发射角$\theta \sim$均匀$(\theta_{\min},\theta_{\max})$、枪口速度$v_m \sim$均匀$([v_m]_{\min},[v_m]_{\max})$和碰撞高度$y \sim$均匀$(y_{\min},y_{\max})$的均匀分布。这使我们可以通过条件讨论计算特定自相摧毁数量的概率。

$$\begin{aligned} P(N_X = n) &= \int_{(y,\theta,v_m)} P(N_X = n | y,\theta,v_m) P(y,\theta,v_m) \mathrm{d}(y,\theta,v_m) \\ &= \iiint_{(y_{\min},\theta,(v_m)_{\min})}^{(y_{\max},\theta,(v_m)_{\max})} P(N_X = n | y,\theta,v_m) f(y) f(\theta) f(v_m) \mathrm{d}y \mathrm{d}\theta \mathrm{d}v_m \end{aligned} \tag{6.50}$$

其中,从$N_X$的泊松分布得

$$P(N_X = n | y,\theta,v_m) = \frac{\mathrm{e}^{-\lambda^*(y,\theta,v_m)}(\lambda^*(y,\theta,v_m))^n}{n!} \tag{6.51}$$

因为这种情况下的积分计算比较复杂(考虑到大量计算都需要得到$\lambda^*$),用数学上的三点高斯求积法进行解决。高阶求积法给出了更好的估计值,但需要多次积分,所以函数求值以指数方式增长。因此,为简单起见,该概念验证中选择了低阶求积法。

求积方法需要构建从1到-1可变域的变换函数$t$。因此,针对一般变量函数构建函数$\int_a^b f(x)\mathrm{d}x = \int_{-1}^1 f\left(\phi_x(t_x)\frac{x_{\max}-x_{\min}}{2}\right)\mathrm{d}t_x$,其中$t \in [-1,1]$。证明在一般情况下:

$$\int_a^b f(x)\mathrm{d}x = \int_{-1}^1 f\left(\phi_x(t_x)\frac{x_{\max}-x_{\min}}{2}\right)\mathrm{d}t_x \tag{6.52}$$

注意到$x_{\max} - x_{\min}$项可被方程(6.51)抵消。移动这些变量后,方程(6.51)变成

$$P(N_X = n) = \frac{1}{8} \iiint_{(t_y,t_\theta,t_{v_m}) = (-1,-1,-1)}^{(t_y,t_\theta,t_{v_m}) = (1,1,1)} P(N = n | \phi_y(t_y),\phi_\theta(t_\theta),\phi_{v_m}(t_{v_m})) \mathrm{d}t_{v_m} \mathrm{d}t_\theta \mathrm{d}t_y$$

$$\tag{6.53}$$

高斯求积公式如下：

$$P(N_X = n) \approx \frac{1}{8} \sum_{(t_y,t_\theta,t_{v_m}) \in \{-1,0,1\}^3} \begin{pmatrix} c_y(t_y) c_\theta(t_\theta) c_{v_m}(t_{v_m}) \\ P(N = n \mid \phi_y(t_y), \phi_\theta(t_\theta), \phi_{v_m}(t_{v_m})) \end{pmatrix} \quad (6.54)$$

其中，$c_x(t_x) = \begin{cases} 5/9, t_x \in \{-1,1\} \\ 8/9, t_x = 0 \end{cases}$。

### 6.3.3 网格探测方法

**1. 基于传统方法的空域与空域冲突检测**

传统的空域冲突检测流程如图6.36所示，我们可以为每个空域建立在地面和垂直面的切面投影，根据投影估算在地面和垂直面的最小包围盒，并将当前所有空域的包围盒，构建为一个平衡二叉树。对要检测的空域冲突情况，可以基于其包围盒在地面投影的二叉树和垂直面投影的二叉树进行检索，地面和垂直面都与同一个空域存在重叠，则认为估算中二者在空间上冲突。

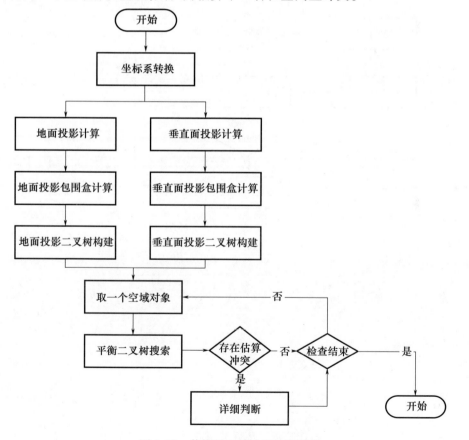

图6.36 传统的空域冲突检测流程

传统的空域冲突检测方法如图 6.37 所示。首先,对估算冲突的两个空域进行时间判断,若时间上不冲突,则认为两空域不冲突;若时间上冲突,则进一步判断是否有特殊空域(垂直方向投影的角度会影响检测结果),对特殊空域按照特殊空域的走向计算它的一个切面,其次将两个空域的垂直投影投在切面上;对冲突的两个空域进行垂直投影检测和地面投影检测,垂直投影和地面投影皆冲突则认为两个空域间冲突。空域水平和垂直投影示意,如图 6.38 所示。

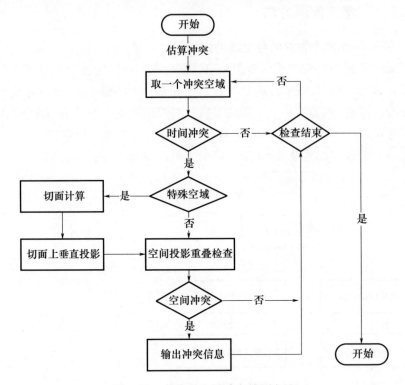

图 6.37 传统的空域冲突检测方法

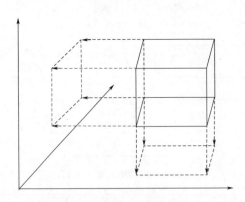

图 6.38 空域水平和垂直投影示意

## 第6章 空域建模优化方法

**2. 基于空域空间网格参考系统的空域与空域冲突检测**

当采用空域空间参考系统表征空域后,空域的空间冲突检测,则可由三维空间的交叉计算简化为检测两个空域所包含的网格块是否有重叠。在进行空域冲突检测时,先进行时间冲突判断,若时间上不冲突则认为不冲突,否则进行进一步空间冲突判断。空间冲突判断时,两个空域关联的所有三维网格分别构成集合,命名为集合 $A$ 和 $B$,则两空域空间冲突时满足

$$A \cap B \neq \phi \tag{6.55}$$

冲突的部分 $C$,即为两个集合的交集:

$$C = A \cap B \tag{6.56}$$

**3. 基于传统方法的航迹与空域冲突检测**

根据目标航迹的前行速度、航向、位置和高度等雷达信息,来判断在未来的一段时间内,目标是否存在进入受限或禁止飞行的空域。航迹与空域的冲突包括进入受限空域和离开规定空域两种类型。设航空器当前位置为 $(x_0, y_0, z_0)$,水平航向为 $\beta$,速度为 $v$,加速度为 $a$,高度变化速率为 $h$,则前推时间 $t$ 后航空器的位置为

$$s = vt + \frac{1}{2}at^2, x = x_0 + s\cos\beta, y = y_0 + s\sin\beta, z = z_0 + ht \tag{6.57}$$

连接点 $(x_0, y_0, z_0)$ 和点 $(x, y, z)$ 可形成直线,若直线在水平和高度方向上都进入某空域,则航空器有进入该空域的风险,若直线在水平和高度方向上都离开当前空域,则航空器有离开当前空域的风险,如图 6.39 所示。

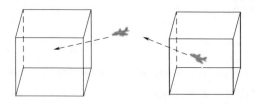

图 6.39 航迹进出空域示意

**4. 基于空域空间网格参考系统的航迹与空域冲突检测**

根据目标航迹的前行速度、航向、位置和高度等雷达信息,可以估算未来一段时间内航空器可能进入的网格,通过检查对应网格所属空域是否为禁止进入空域,可以检测航空器与空域是否冲突。在通过位置预测公式计算前推时间 $t$ 后航空器的位置后,连接点 $(x_0, y_0, z_0)$ 和点 $(x, y, z)$ 形成直线,将直线所经过的网格构成集合 $A$;组成空域的网格构成集合 $B$,同样通过集合交运行,可以得到航空器与空域是否冲突,如图 6.40 所示。

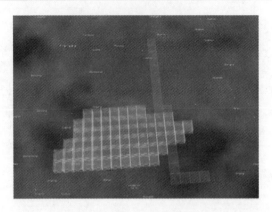

图 6.40　航迹与空域冲突检测

**5. 不同方法的空域冲突检测性能**

以使用在冲突检测中最常用的位置与空域关系判断方法为基础,对基于网格的判断和传统基于区域的判断进行对比。基于网格的判断包括直接网格判断和模拟 4 组分布式判断两种;采用目标位置数量为 1000、1500、2000 三组;单个空域包含的网格数为 1000、5000、10000 三组。单空域网格数量在 1000 个和 5000 个左右时,目标位置数量为 1000、1500、2000 三种情况下,网格及网格分布式计算相对于传统位置关系判断具有明显的优势,如图 6.41 所示。

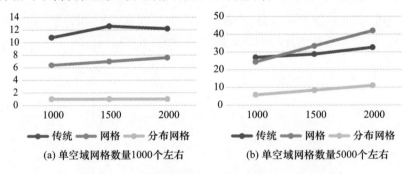

图 6.41　不同网格规模数下的检测效率(见彩插)

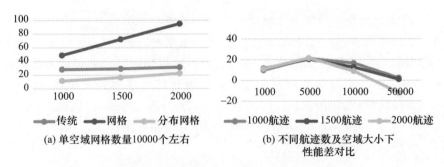

图 6.42　检测性能与效率对比(见彩插)

如图 6.42 所示,当单空域网格数量在 10000 个左右时,目标位置数量为 1000、1500、2000 三种情况下,网格计算明显比传统位置关系判断性能差,网格分布式计算性能稍优于传统的计算判断方法。从单空域网格数量增长与目标位置数量为 1000、1500、2000 三种情况下,分布式网格计算相对于传统判断方法的优势看:在单空域网格数量较少时,网格分布式计算性能优势随着空域扩大而增大;超过一定阈值后,网格分布式计算性能优势随着空域扩大而减小;在单个空域网格数超过 50000 后,分布式计算性能已低于传统判断方法。综上所述,在网格粒度一定的情况下,基于网格化的空域进行分布式计算性能与单个空域的大小有关。在战术级单个空域较小的情况下,基于网格化的空域分布式计算性能明显优于传统方法,适合采用网格化计算;在战略级单个空域较大的情况下,基于网格化的空域分布式计算性能优势不明显或低于传统方法,适合沿用传统方法。

## 6.4 空域配置优化

### 6.4.1 作战空域优化

**1. 问题描述与建模**

作战空域规划问题核心是在一定的时间内分配有限的空域资源,以获取完成作战任务的最佳效益。任务、资源和效益,在不同领域和不同的具体问题上可能呈现众多不同的表现形式。典型的作战空域规划问题可以这样描述:给定一个任务图和可获得的空域集合,任务图确定了需要处理的所有作战任务,任务之间的执行顺序(任务串行、并行以及交叉关系)、信息和数据流向,同时明确了任务处理的时间需求、空域需求等基本特征;空域和任务之间通过任务的能力需求和空域的功能能力关联,以此进行空域-任务分配。空域到任务的分配通常以整个任务流程完成的时间最短,或者以空域的充分利用为目标。分配过程的约束问题包括同一空域能同时处理的任务数量、任务需求的满足程度和整个任务流程的时限等。

作战空域规划本质通常是一个最优化问题,目前快速启发式方法被认为是解决这一问题的有效途径。解决这一问题的大多方法可以归为:PCT(Partial Completion Time Static Priority)、BIL(Best Imaginary Level)、HEFT(Heterogeneous Earliest Finish Time)、DLS(Dynamic Level Scheduling)及 MDLS(Multidimensional Dynamic List Scheduling)等。所有这些启发式方法的重点,都可以划分为两个部

分:一是确定任务的优先权函数;二是确定目标函数。其求解算法都分两步进行搜索求解:第一步是对每一个任务搜索最优分配方案,即分配执行这一任务的成员组最小化任务的执行时间;第二步是对已经分配的任务确定任务执行的进度表,在这一过程中最小化整个任务过程的完成时间,最小化整个任务流程的完成时间的典型方法是关键路径最小化方法。

通常,某一作战任务的处理需要具备处理这一任务的所有条件,由此假设某一作战行动使用某空域进行处理需要具备的条件和约束有:在这一任务之前的所有任务都已经处理完毕;分配到这一任务的所有作战平台都已到达指定地点;当前空域资源不小于任务的资源需求;一个作战平台每次只能处理一个任务。作战空域规划的目标是缩短完成总任务的时间,提高完成所有任务的有效性,其有效性需要分配合适的平台或平台组到正确的区域去执行合理的任务,具体地说,就是在满足任务需求的情况下提高平台空域利用率、缩短完成任务过程的时间。同时减少作战平台在任务执行上不必要的协作以降低组织协作网和决策结构设计的复杂性。因此,对这一过程可以描述如下。

(1) 定义分配过程变量。平台-任务分配变量 $w_{im}$:平台 $p_m$ 分配给任务 $t_i$ 时 $w_{im}=1$,否则 $w_{im}=0$;平台在任务间的转移变量 $x_{ijm}$:平台 $p_m$ 处理任务 $t_i$ 后分配给任务 $t_j$ 则 $x_{ijm}=1$,不分配给任务则 $x_{ijm}=0$;任务顺序变量 $a_{ji}$:若任务 $t_j$ 的处理必须在任务 $t_i$ 处理完后才能开始则 $a_{ji}=1$,否则 $a_{ji}=0$;时间变量 $s_i$:$s_i$ 任务的 $t_i$ 处理开始时间。

(2) 分配过程的约束分析。对任意平台 $p_m(1 \leq m \leq K)$ 和任务 $t_i(1 \leq i \leq N)$ 之间若存在分配关系 ($w_{im}=1$),则平台 $p_m$ 有且仅有两种情况被分配去执行任务 $t_i$:一种是平台 $p_m$ 在处理完任务 $t_j$ 后被分配处理任务 $t_i$,即转移变量 $x_{jim}=1$;另一种是平台 $p_m$ 被首次使用,直接分配处理任务 $t_i$,在这种情况下不存在转移变量,即转移变量 $x_{jim}=0$。由此假设存在虚拟任务 $t_0$,$t_0$ 是所有任务的起点,在分配初始,所有平台任务都在虚拟任务 $t_0$ 上,记 $x_{iim}=x_{jjm}=0$,则平台-任务分配变量 $w_{im}$ 和平台在任务间的转移变量 $x_{ijm}$ 存在约束关系为

$$\sum_{j=0}^{N} x_{jim} - w_{im} = 0 (i=1,2,\cdots,N; m=1,2,\cdots,K) \quad (6.58)$$

同时,被分配处理任务 $t_i$ 的平台 $p_m$,由于每次只能处理一个任务,在处理完任务 $t_i$ 后只能被分配到某一个任务,而不能同时被分配处理多个任务,即

$$\sum_{j=1}^{N} x_{ijm} \leq 1 (i=1,2,\cdots,N; m=1,2,\cdots,K) \quad (6.59)$$

由于任务间的顺序关系,任务 $t_i$ 的开始必须在其所有前导($p_r(t_i)$)任务处理完毕之后。顺序关系的任务在处理时间上存在约束为

$$\begin{cases} s_j - s_i \geq D(t_i) \\ a_{ij} = 1 \\ i,j = 1,2,\cdots,N \end{cases} \quad (6.60)$$

平台 $p_m(1 \leq m \leq K)$ 在处理完任务 $t_i$ 后被分配处理任务 $t_j$ 时,由于任务的处理需要处理这一任务的所有平台都到达任务区域。显然,执行这一任务的所有平台不可能同时到达,先到达的平台需要等待。因此,平台 $p_m$ 开始处理任务 $t_j$ 的开始时间 $s_j$ 不小于平台 $p_m$ 到任务 $t_j$ 区域的时间,即

$$s_j \geq s_i + x_{ijm}\frac{d_{ij}}{v_m} + D(t_i) \quad (i,j=1,2,\cdots,K) \quad (6.61)$$

式中,$D(t_i)$ 为任务 $t_i$ 的处理时间;$d_{ij}$ 为任务 $t_i$ 与任务 $t_j$ 间的空间距离:

$$d_{ij} = \sqrt{(x_j - x_i)^2 + (y_j - y_i)^2} \quad (i,j=1,2,\cdots,N) \quad (6.62)$$

式中,$(x_i,y_i)$、$(x_j,y_j)$ 分别为任务 $t_i$ 与任务 $t_j$ 的地理位置。

综合式(6.61)和式(6.62),记 $Y'$ 为所有任务完成时间的上界(一般设置为较大的值),则作战平台在任务的分配以及任务间的顺序关系约束可描述为

$$s_j \geq s_i + D(t_i) + x_{ijm}\left(\frac{d_{ij}}{v_m} + a_{ij}Y'\right) - a_{ij}Y' \quad (6.63)$$
$$(i,j=1,2,\cdots,N;m=1,2,\cdots,K)$$

当任务 $t_i$ 与任务 $t_j$ 之间存在顺序关系 $a_{ij}=1$,且 $x_{ijm}=1$ 时,式(6.63)就描述了平台在分配过程中的等待行为,即式(6.61);当 $a_{ij}=1$,且 $x_{ijm}=0$ 时,式(6.63)可进一步表示为

$$s_j \geq s_i + D(t_i) - a_{ij}Y' \quad (i,j=1,2,\cdots,N;m=1,2,\cdots,K) \quad (6.64)$$

如果设置任务完成的初始值 $Y'$ 较大,式(6.64)显然是成立的。

任务 $t_i$ 成功处理的条件是被分配处理这一任务的空域资源不小于任务 $t_i$ 的需求 $R_i$,即

$$\sum_{m=1}^{K} pc_{ml} \cdot w_{im} \geq r_{il} \quad (i=1,2,\cdots,N;l=1,2,\cdots,n) \quad (6.65)$$

式中,$n$ 为空域资源类型。令所有任务全部完成的时间为 $Y$,则对任意任务的处理时间约束下式总能成立:

$$Y \geq s_i + D(t_i) \quad (6.66)$$

综上所述,任务计划过程可描述为

$$\min Y \begin{cases} \sum_{j=0}^{N} x_{jim} - w_{im} = 0, \sum_{j=1}^{N} x_{ijm} \leq w_{im} \\ s_j \geq s_i + D(t_i) + x_{ijm} \cdot \left( \dfrac{d_{ij}}{v_m} + a_{ij} \cdot Y' \right) - a_{ij} \cdot Y' \\ d_{ij} = \sqrt{(x_j - x_i)^2 + (y_j - y_i)^2} \\ \sum_{m=1}^{K} pc_{ml} \cdot w_{im} \geq r_{il} \\ Y \geq s_i + D(t_i) \\ 0 \leq Y \leq Y', s_i \geq 0 \\ x_{ijk}, w_{ik} \in \{0,1\} \\ i,j = 1,2,\cdots,N; m,k = 1,2,\cdots,K; 1 \leq l \leq 8 \end{cases} \quad (6.67)$$

在式(6.67)中 $N,K,l$ 分别为任务总数、可获取的作战平台数量和空域资源类型。式(6.67)中的数学描述是混元线性规划问题,式中包含了多个连续的二元变量。这一问题的求解已被证明为 NP 难问题,涉及一个众所周知的问题集:当可获取的平台资源只有一个时,式(6.67)的求解是一个"货郎担"问题(Traveling Salesman Problem,TSP)和"货郎担"问题的扩展(如时序依赖 TSP、优先关系 TSP 等);当所有的平台能处理所有的任务时,这一问题的求解又简化为一个伴随优先关系的多 TSP 问题;如果问题的处理可在不同的平台之间适时分解,这一问题就是车辆路径规划问题和这一问题的扩展;如果平台在不同任务地点之间的行进时间远小于对该任务的处理时间(可以忽略不计的话),此问题就是一个伴随优先次序约束的多处理器调度问题。

**2. 作战空域规划问题求解算法**

1) 任务计划问题求解的状态空间描述

对式(6.67)的求解可以转换为状态空间的搜索求解。

定义状态空间 $\phi$:

$$\phi = (M, \mathrm{Lt}_1, \mathrm{Lt}_2, \cdots, \mathrm{Lt}_k, f_1, f_2, \cdots, f_k) \quad (6.68)$$

式中,$M$ 为所选任务集,$M \subset \{t_1, t_2, \cdots, t_N\}$,$\mathrm{Lt}_j$ 是平台 $p_j$ 最后处理的任务,$\mathrm{Lt}_j \in \{0\} \cup M$,$f_i$ 是平台 $p_j$ 处理完最后的任务到达的时间。每个 $\phi$ 状态的含义:一是任务集 $M$;二是任务集 $M$ 中被各平台最后处理的任务集 $\mathrm{Lt}_1, \mathrm{Lt}_2, \cdots, \mathrm{Lt}_K$;三是与 $\mathrm{Lt}_1, \mathrm{Lt}_2, \cdots, \mathrm{Lt}_K$ 对应的平台处理最后任务所到达的时间 $f_1, f_2, \cdots, f_K$。

基于状态空间 $\phi$ 的定义,一次完整的任务计划的状态空间 $\Phi$ 可表示为($N$ 为任务数量)

$$\Phi = \Phi_1 \cup \Phi_2 \cup \cdots \cup \Phi_N, \Phi_m = \{(M, \mathrm{Lt}_1, \mathrm{Lt}_2, \cdots, \mathrm{Lt}_K, f_1, f_2, \cdots, f_K) \in \phi, |M| = m\} \quad (6.69)$$

由式(6.67)对任务计划问题的数学描述可简化为

$$Y = \min_{(M, \text{Lt}_1, \text{Lt}_2, \cdots, \text{Lt}_K, f_1, f_2, \cdots, f_K)} \max\{f_1, f_2, \cdots, f_K\} \quad (6.70)$$

状态 $\Phi_m$ 到 $\Phi_{m+1} = \{(M', \text{Lt}'_1, \text{Lt}'_2, \cdots, \text{Lt}'_K, f'_1, f'_2, \cdots, f'_K) \in \Phi, |M'| = m+1\}$ 的转换通过在任务集中选择 $M$ 中没有的任务分配到 $M'$,该任务的所有前导任务都必须已在 $M$ 中,否则不能被选入分配。如果选入分配的任务为 $t_j$,且被分配平台组 $G_p(t_j)$ 来处理,记 $t_j$ 的前导任务集为 $P_r(t_j)$,则新的状态可表示为

$$M' = M \cup \{t_j\}$$

$$\text{Lt}'_i = \begin{cases} \text{Lt}_i, p_i \notin G_p(t_j) \\ t_j, p_i \in G_p(t_j) \end{cases} \quad (6.71)$$

$$f'_i = \begin{cases} f_i, p_i \notin G_p(t_j) \\ D(t_j) + \max(\max_{t \in P_r(t_j)} a(t), \max_{p_z \in G_p(t_j)} (f_i + d_{\text{Lt}_i,j}/v_z)), p_i \in G_p(t_j) \end{cases}$$

式中,$v_z$ 为处理任务 $t_j$ 的平台 $p_z$ 从任务 $\text{Lt}_i$ 转到任务 $t_j$ 的速度;$a(t)$ 表示任务 $t$ 处理完到达的时间;$D(t)$ 为任务 $t$ 的处理持续时间。$\max_{p_z \in G_p(t_j)}(f_i + d_{\text{Lt}_i,j}/v_z)$ 表示任务 $t_j$ 的处理必须等到所有处理该任务的平台到达任务 $t_j$ 的处理地点时才能开始进行任务的处理。由此求解式(6.71)的问题转换为对式(6.67)状态空间的搜索,缩小状态空间,寻找最优解。

2) 多优先级列表动态规划算法

(1) 三种优先权定义。在平台-任务分配过程需要选择当前用于的任务、任务对平台的选择以确立执行该任务的平台组、任务对空域资源的选择。由此定义平台-任务分配的三种优先权,即任务优先权系数 $p_r$,任务选择平台的优先权 $t_p$ 和空域资源选择任务的优先权 $p_t$。空域资源规划的三种优先权系数关系如图 6.43 所示。

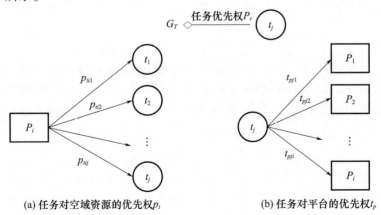

(a) 任务对空域资源的优先权 $p_t$      (b) 任务对平台的优先权 $t_p$

图 6.43 空域资源规划的三种优先权系数

任务优先权系数 $p_r$。当某一任务的前导任务(即在该任务处理前必须完成的所有任务)都已处理完时,该任务便进入可分配的任务集 Ready 中,在 Ready 中选择任务优先权系数高的任务首先进行平台分配,任务的优先权系数是对任务图 $G_T$ 中的任务序列依据算法来确定,这些算法包括关键路径算法 CP、层次分配算法 LA 和加权长度算法 WL。记 $L$ 为任务图 $G_T$ 边的数量,则三种算法的复杂性都为 $O(L)$。这里采用加权长度算法 WL 计算任务的优先权系数 $p_r$:

$$p_r(i) = D(t_i) + \max_{j \in \text{OUT}(i)} p_r(j) + \frac{\sum_{j \in \text{OUT}(i)} p_r(j)}{\max_{j \in \text{OUT}(i)} p_r(j)} \qquad (6.72)$$

式中,$\text{OUT}(i)$ 为任务 $t_i$ 的后续任务集;$D(t_i)$ 为任务 $t_i$ 的处理时间。

任务选择平台的优先权 $t_p$。任务选择平台一方面要求最小化任务的完成时间,另一方面聚集的平台资源充分利用。最小化任务的完成时间需要选择能在较短时间内到达任务区域进行任务处理的平台,即聚集的平台资源正好满足任务的资源需求是最佳的平台聚集。由此,定义任务选择平台的时间优先系数 $t_{p1}$ 和平台资源矢量距离优先系数 $t_{p2}$。

$$t_{p1}(m) = s_{l(m)} + D(t_{l(m)}) + d_{l(m),i}/v_m \qquad (6.73)$$

$$t_{p2}(m) = \| \text{PC}_m - R_i \| = \sqrt{\sum_{l=1}^{\delta} (pc_{ml} - r_{il})^2} \qquad (6.74)$$

式(6.73)和式(6.74)中,$t_{l(m)}$ 为平台 $p_m$ 最后处理的任务;$\text{PC}_m$ 为平台 $p_m$ 的功能资源矢量;$l$ 为功能资源类型,假设共 $\delta$ 类。时间优先系数是平台在处理完最后的任务后运行到当前需要处理的任务区域的到达时间,平台资源矢量距离优先系数是平台资源能力与任务需求的满足程度。在平台的分配过程中存在两种平台:一种是已经被分配处理过任务的平台;另一种是还没参与分配的平台。

记第一类平台为 $P_a$,第二类平台为 $P_b$,已经执行的任务为 $T_a$,未执行的任务为 $T_b$,则

$$\text{if } p_i \in P_b \text{ then } p_i \notin Gp(t_k) \ (t_k \in T_a) \qquad (6.75)$$

在分配过程中,第一类平台需要在不同的任务区域转换,而第二类平台是可以随时调用的,不需要从一个区域运动到另一个区域。因此,对 $P_b$ 中的平台可任务时间优先系数 $t_{p1} = 0$,优先权只需要计算其平台资源矢量距离优先系数 $t_{p2}$,即

$$p_{t1}(m) = 0, \text{if } p_m \in P_b \qquad (6.76)$$

时间优先系数 $t_{p1}$ 和平台资源矢量距离优先系数 $t_{p2}$ 属于两个不同的概念,不能简单地将它们进行加权运算。由此,按照 $t_{p1}$ 和 $t_{p2}$ 升序建立任务选择平台的优先级表,即平台到达任务区域时间越早越靠前,平台资源能力矢量与任务

资源需求矢量距离越近越靠前。令 $i,j$ 分别为平台时间优先系数 $t_{p1}$ 和平台资源矢量距离优先系数 $t_{p2}$ 在各自序列中的位置,则任务选择平台的优先权 $t_p$ 计算公式为

$$t_p = (i+j-1)(i+j-2) + i \tag{6.77}$$

$t_p$ 越小则平台的优先级越高。

任务对空域资源的优先权 $p_t$。在空域资源规划过程中定义作战任务的三种状态:已经处理的任务、正在处理的任务和还没有处理的任务,令处于三种状态的任务集合分别为 $ST_1, ST_2, ST_3$,则任务对空域资源的优先权 $p_t$ 是对 $ST_3$ 任务集中的任务进行优先级的排序。

同样,定义任务对空域资源的优先系数 $p_{t1}$ 和任务资源需求矢量距离优先系数 $p_{t2}$。对某一个具体的平台 $p_m$,其对任务选择的时间优先系数只需要考虑平台当前处理任务的区域到达等待处理的各任务间的距离,由此两种优先系数可定义为

$$p_{t1}(m) = d_{l(m),i}/v_m \quad (t_i \in ST_3) \tag{6.78}$$

$$p_{t2}(m) = \| PC_m - R_i \| = \sqrt{\sum_{l=1}^{8}(pc_{ml} - r_{il})^2} \quad (t_i \in ST_3) \tag{6.79}$$

令 $h,k$ 分别为优先系数 $p_{t1}$ 和 $p_{t2}$ 在各自序列中的位置,则任务对空域资源的优先权 $p_t$ 可以计算为

$$p_t = (h+k-1)(h+k-2) + h \tag{6.80}$$

(2)消除优先选择冲突。对所选任务 $t_i$ 在上一节中确定了对平台选择的优先权系数,由优先权定义式(6.80)可知其时间优先系数 $p_{t1}$ 在任务确定后的排序是不变的;任务的资源需求在平台的选择过程中不断地变化,直到选择出最佳平台组使得任务需求矢量为零。因此,矢量距离优先系数 $t_{p1}$ 是随着任务对平台的选择而变化的。也就是说,任务对平台选择的优先级列表是动态的。

平台 $p_m$ 对任务选择的优先级列表是静态的,在确定了平台和等待处理的任务集 $ST_3$ 后就确定了平台 $p_m$ 对 $ST_3$ 中任务选择的优先级列表。任务对平台的选择是短视的、局部的,只考虑任务自身的需求,而平台对任务的选择是全局的,是对所有未处理任务的优先,因此,任务对平台的选择与平台对任务的选择经常是冲突的,也就是说 $t_p$ 与 $p_t$ 是不一致的,解决二者之间的冲突是平台-任务最佳分配的关键问题。二者之间存在以下几种情况:

任务-平台的最佳选择:仅当平台 $p_m$ 被任务 $t_i$ 选择的优先权系数 $t_{pim}$ 与任务 $t_i$ 被平台 $p_m$ 选择的优先权系数 $p_{tmi}$ 同时最小时;任务-平台的互补选择:$t_{pim}$ 有较高的优先等级(从 1 到 $|P_a|$),而 $p_{tmi}$ 的优先级较低(从 1 到 $|ST_3|$)或者反之;任务-平台的最坏选择:$t_{pim}$ 和 $p_{tmi}$ 的优先级较低。

确定第二种情况下的任务选择优先级就解决了两种选择冲突问题。在任务-平台的选择过程中,期望选择 $t_{pim}$ 优先级高而 $p_{tmi}$ 优先级也尽可能高。记任务对平台选择的动态优先级列表为 DL,平台对任务选择的静态优先级列表为 SL,Stp 与 Spt 分别为 $t_{pim}$ 和 $p_{tmi}$ 在 DL、SL 中的排序,由此采用加权方法解决任务-平台优先选择的冲突。记 $\text{PR}(t_p,p_t)$ 两种选择优先权的协调,则加权方法可定义为

$$\text{PR}(t_p,p_t) = (\lambda(\text{Stp}-1-\beta)+2\text{Spt}-2)(\text{Stp}+\beta)/2+\text{Stp} \quad (6.81)$$

式中,$\lambda$ 为权系数;$\beta = (\text{Spt}-2)/\lambda$。

(3) 算法 MPLDS 流程。算法 MPLDS 流程主要工作包括三个部分:分配可行性检查;从任务图 $G_T$ 中根据优先权选择要处理的任务;选择处理任务的最佳空域资源。

分配可行性检查是对从当前的平台-任务处理状态中选择的任务进行可分配性检查。其中,第三步最佳空域使用方案的选择包括任务对平台的选择、平台对空域资源的选择以及两种选择冲突的消除。算法 MPLDS 流程如图 6.44 所示。算法过程的变量定义如下:Ready 为在当前时间可以处理的任务的集合;FREE 为在当前时间处理任务可获取的平台集,$\text{FREE} \subset Ps$;$\text{OUT}(i)$ 为任务 $i$ 的直接后续任务集合,$\text{OUT}(i) \subset Ts$;$n\text{Out}(i)$ 为任务 $i$ 的直接后续任务数量,

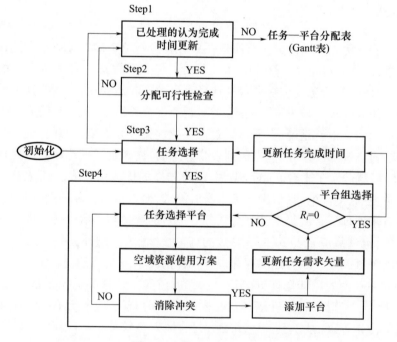

图 6.44 算法 MPLDS 流程

$nOut(i) = |OUT(i)|$；$IN(i)$ 为任务 $i$ 的直接前导任务集合，$IN(i) \subset Ts$；$nIn(i)$ 为任务 $i$ 的直接前导任务数量，$nIn(i) = |IN(i)|$；$M$ 为当前已经处理的任务集合；$L$ 为组织功能资源类型；$l(m)$ 表示平台 $p_m$ 上最后处理的任务（如果平台还没有处理任何任务者 $l(m) = 0$；$Gp(i)$ 表示分配处理任务 $i$ 的空域使用方案；$FT = <f_1, f_2, \cdots, f_M>$，表示当前要处理的各个任务的完成时间；$F_G(f)$ 表示截止时间为 $f$ 的任务组，$G(F_G)$ 为处理任务组的所有平台）。

算法的详细过程如下：

初始化 Ready = $\{i | nIn(i) = 0\}$，FREE = $Ps$，$|M| = 0$。

第一步：更新 $M$ 中任务的完成时间（在初始阶段跳过这一步）。

$$\text{Set } f = \min_{f_t \in FT}(f_t); FT \leftarrow FT \setminus \{f\}; FREE \leftarrow FREE \cup G(F_G(f));$$
$$\begin{array}{l} \text{for each } i \in F_G; \\ \quad \text{for each } j \in OUT(I); \\ \quad\quad nIn(j) \leftarrow nIn(j) - 1; \\ \quad\quad \text{if } nIn(j) = 0; \\ \quad\quad\quad Ready \leftarrow Ready \cup \{j\}; \\ \quad\quad \text{end if}; \\ \quad \text{end for}; \\ \text{end for}; \end{array} \quad (6.82)$$

第二步：分配可行性检查。

$$\begin{array}{l} \text{if } \forall i \in Ready \, \exists s: \sum_{m \in Free} pc_{ml} \leq r_{il} (l = 1, 2, \cdots, L) \\ \text{then GO TO Step1}; \\ \text{else GO TO Step3}; \\ \text{end if}; \end{array} \quad (6.83)$$

第三步：任务选择。

$$\begin{array}{l} \text{if } READY = \varnothing; \\ \quad \text{GO TO Step1}; \\ \text{end if}; \\ \text{Set } Ready' = \{i \in Ready \, | \, \sum_{m \in Free} pc_{ml} \geq r_{il}, l = 1, 2, \cdots, L\}; \\ \text{Select } i = \underset{j \in Ready'}{\text{argmin}} \{p_r(i)\}; \\ Ready \leftarrow Ready \setminus \{i\}; \end{array} \quad (6.84)$$

第四步：平台组选择。

$$G_p(i) = \varnothing;$$
do until $Ri = 0$;
$\quad n = \underset{m \in \text{Free}}{\arg\max}\{PR(t_{pim}, p_{tim})\};$
$\quad \text{Free} \leftarrow \text{Free} \setminus \{m\};$
$\quad \text{for } l = 1 \text{ to } L;$
$\quad \text{if } r_{il} \geqslant pc_{nl};$
$\quad\quad \text{then } r_{il} = r_{il} - \text{pc}_{nl};$ \hfill (6.85)
$\quad\quad \text{else } r_{il} = 0;$
$\quad \text{end if};$
$\quad \text{end for};$
$\quad Gp(i) \leftarrow Gp(i) \cup \{n\};$
end do;

第五步：空域使用方案规划（任务时间更新）

$$s_i = \max(f, \max_{m \in Gp(i)}\{s_{l(m)} + D(t_{l(m)}) + d_{l(m),i}/v_m\});$$
$f = s_i + D(t_i);$
if $f \notin FT;$
$\quad FT \leftarrow FT \cup \{f\};$ \hfill (6.86)
end if;
GO TO Step3。

## 6.4.2　使用时间配置

空域使用方案只给出了在满足作战任务时序约束下各类空域使用的开始时间和结束时间。但由于一些关键作战行动往往需要大量的准备工作或较长的准备时间，使得各种作战平台的占空时间存在很大的不确定性。为此，本节将考虑占空时间不确定性的空域资源使用方案规划模型，在此基础上基于鲁棒性资源配置策略提出了一种基于优先规则的空域资源分配方案快速生成算法；基于时间缓冲策略提出了一种在方案中合理配置时间缓冲区的正向逆向调度算法。

**1. 时间不确定空域使用方案问题模型**

1）时间不确定性

任务占空时间是空域资源规划中一类常见而且典型的不确定因素。为了能够科学有效地生成空域使用方案，在方案制定阶段定量描述各个任务的处理时间是十分必要的。但是军事任务计划中很多因素都可能影响任务的处理时间，而导致了任务占空时间的不确定性。时间不确定因素总体上可分为内在时间不确定性和外在时间不确定性两类。内在时间不确定性主要是由于任务执行时间对资源的依赖关系而导致的不确定性,应对内在时间不确定性的最常用,也是最有效的方法是为每个任务定义多种资源需求模式,每种模式对应不同的任务处理时间。外在时间不确定因素包括能够导致任务执行延迟、中断等事件发生的各类不确定因素。概率分布是用来描述此类不确定性的有效工具,也是现有研究文献中被广泛采用的方法,本书采用贝塔($\beta$)分布来对任务处理时间进行描述和建模。

**定义1** 贝塔分布。如果随机变量 $x$ 的概率密度函数为

$$f(x) = \begin{cases} \dfrac{1}{B(\alpha,\beta)} x^{\alpha-1}(1-x)^{\beta-1}, & 0 < x < 1 \\ 0, & \text{其它} \end{cases} \quad (6.87)$$

那么称 $x$ 服从参数为 $\alpha,\beta$ 的贝塔分布。其中,$\alpha,\beta$ 是两个非负参数,贝塔函数 $B(\alpha,\beta)$ 定义为

$$B(\alpha,\beta) = \int_0^1 x^{\alpha-1}(1-x)^{\beta-1} dx \text{ 或 } B(\alpha,\beta) = \dfrac{\Gamma(\alpha)\Gamma(\beta)}{\Gamma(\alpha+\beta)} \quad (6.88)$$

用贝塔分布来描述任务处理时间不确定性的最大的优点在于,能够非常灵活地对取值介于有限区间 $[c,d]$ 的随机变量进行描述。通常,令 $c$ 为原点,$d-c$ 为度量单位,可将取值区间转化为 $[0,1]$。不同参数的贝塔分布函数图形,如图6.45所示。

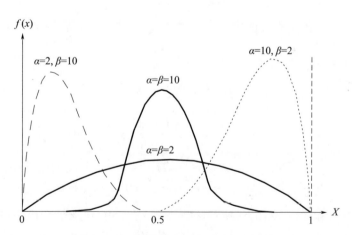

图6.45 不同参数的贝塔分布函数图形

当 $\alpha = \beta = 1$ 时,贝塔分布恰好就是均匀分布。但是,同均匀分布相比,贝塔分布具有更大的灵活性,如果 $\alpha > 1, \beta > 1$,密度函数的形状是上凸的。当 $\alpha = \beta$

时,概率密度函数关于 $x=1/2$ 对称,并且随着 $\alpha,\beta$ 取值的增大,$f_x(x)$ 取值于 $1/2$ 附近的权重会越来越大。当 $\alpha>\beta$ 时,密度函数的形状向右偏斜,取大值的可能性更大;当 $\alpha<\beta$ 时,密度函数的形状向左偏斜,取小值的可能性更大。

2) 定义有关参数符号

占空时间不确定条件下空域资源使用方案规划问题建模过程中应用到的符号定义如下。

$T$:任务集合,$T=\{0,1,\cdots,J\}$。

$S=\{\mathrm{st}_0,\cdots,\mathrm{st}_J\}$:任务规划方案确定的任务开始时间,其中 $\mathrm{st}_j$ 表示任务 $j$ 的计划开始时间。

$\mathrm{st}'_j$:任务 $j$ 的实际开始时间。

$\omega_j$:任务 $j$ 的执行偏差成本。

$\mathrm{dur}_j$:任务 $j$ 的计划执行时间。

$\mathrm{dur}'_j$:任务 $j$ 的实际执行时间。

$\delta_j$:任务 $j$ 的最迟完成时限。

$\boldsymbol{CT}_j$:任务 $j$ 的能力需求向量,$\boldsymbol{CT}_j=\{\mathrm{Ct}_{j1},\mathrm{Ct}_{j2},\cdots,\mathrm{Ct}_{jB}\}$。

$\boldsymbol{CR}_k^r$:$k$ 类空域资源向量,$\boldsymbol{CR}_k^r=\{\mathrm{Cr}_{k1}^r,\mathrm{Cr}_{k2}^r,\cdots,\mathrm{Cr}_{kB}^r\}$。

$v_k$:$k$ 类资源的最大运动速度。

$E_j=\{r_{j1},r_{j2},\cdots,r_{jK}\}$:给定的任务规划方案确定的任务 $j$ 的执行资源组合。

$f_{ijk}$:从任务 $i$ 传递到任务 $j$ 的第 $k$ 类可更新资源;

$x_{ij}$:若任务 $i$ 与任务 $j$ 存在时序约束,则 $x_{ij}=1$,否则 $x_{ij}=0$。

$\tau_{jb}$:若任务 $j$ 的第 $b$ 类能力冗余数量 $\Delta_{jb}>0$,则 $\tau_{jb}=1$,否则 $\tau_{jb}=0$。

3) 问题建模

占空时间不确定条件下空域资源使用方案规划问题可描述为

$$f_1=\max P(\mathrm{st}_J\leqslant\delta_J) \tag{6.89}$$

$$f_2=\min\sum_{j=1}^{J}\omega_j\cdot E\mid \mathrm{st}'_j-\mathrm{st}_j\mid \tag{6.90}$$

$$\mathrm{s.t.}\ \sum_{i\in T}f_{oik}=\sum_{i\in T}f_{iJk}=a_k \tag{6.91}$$

$$\sum_{i\in N}f_{ijk}=\sum_{i\in N}f_{jik}\geqslant r_{jk},\forall j\in N\setminus\{0,n\},\forall k\in K \tag{6.92}$$

式(6.89)和式(6.90)为问题目标函数,式(6.89)要求最大化任务计划在期限内的完成概率;式(6.90)要求最小化任务实际开始时间与计划开始时间的加权和,其中 $E\mid\cdot\mid$ 表示期望值;式(6.91)要求,对于任何一类空域资源 $k\in K$,流出开始任务的空域资源总量与流入结束任务的空域资源总量相等,都等于该类空域资源的可用总量;式(6.92)要求,每个任务对于所有可更新空域资源类型,流入空域资源总量与流出空域资源总量相等,不小于任务对该类可更新空域资源的需求量 $r_{jk}$。考虑到目标函数式(6.89)和式(6.90)不容易求解,下面定义4种计算替代目标函数。

$$g_1 = \min \sum_{i \in T} \sum_{j \in T} x_{ij} \qquad (6.93)$$

式中,$x_{ij}$是辅助变量,当任务$i$与任务$j$存在时序约束时$x_{ij}=1$,否则$x_{ij}=0$。

$$g_2 = \max \left( \sum_{j=1}^{J-1} \omega_j \cdot \sum_{t=1}^{\Delta_j} e^{-t} \right) \text{RSM}_2 = \sum_{j=2}^{J-1} \omega_j \cdot \sum_{k=1}^{K} \tau_{jk} \cdot \sum_{x=1}^{Rb_{jk}} e^{-x} \qquad (6.94)$$

式中,$\omega_j$为任务$j$的权重;$\Delta_j$为任务的时间缓冲区数量。

$$g_3 = \max \left( \sum_{j=1}^{J-1} \text{DIS}_j \cdot \sum_{t=1}^{\Delta_j} e^{-t} \right) \text{RSM}_2 = \sum_{j=2}^{J-1} \omega_j \cdot \sum_{k=1}^{K} \tau_{jk} \cdot \sum_{x=1}^{Rb_{jk}} e^{-x} \qquad (6.95)$$

式中,$\text{DIS}_j = \omega_j + \sum_{i \in \text{Succ}_j} \omega_i$ 表示任务$j$的直接紧后任务的权重和;$\Delta_j$表示任务的时间缓冲区数量。

$$g_4 = \max \left( \sum_{j=1}^{J-1} \text{IS}_j \cdot \sum_{t=1}^{\Delta_j} e^{-t} \right) \text{RSM}_2 = \sum_{j=2}^{J-1} \omega_j \cdot \sum_{k=1}^{K} \tau_{jk} \cdot \sum_{x=1}^{Rb_{jk}} e^{-x} \qquad (6.96)$$

式中,$\text{IS}_j = \omega_j + \sum_{i \in \text{Suc\_all}_j} \omega_i$ 表示任务$j$的所有紧后任务的权重和,$\Delta_j$表示任务的时间缓冲区数量。

**2. 时间不确定空域资源使用方案求解**

1)基于资源流网络的鲁棒性求解策略

**定义2** 空域资源流。设分配执行任务$i$的第$k$类空域资源的数量为$r_{ik} > 0$,当任务$i$完成后,其占用的资源若部分或全部分配执行任务$j$,则称任务$i$与任务$j$之间存在一条空域资源流$f_{ijk}$,$f_{ijk}$的值等于从任务$i$流向任务$j$的第$k$类空域资源的数量。

**定义3** 空域资源流网络。空域资源流网络$G(N,R)$是对传统的节点式有向网络$G(N,A)$的扩展。在$G(N,A)$中,$N$表示所有任务节点的集合,$A$表示所有有向弧的集合,若存在从任务$i$到任务$j$的有向弧$(i,j)$,则表示任务$j$必须在任务$i$完成后才能开始。空域资源流网络$G(N,R)$在$G(N,A)$基础上增加了一类空域资源弧$A_R$,即$R = A \cup A_R$。若任务$i$与任务$j$之间存在任意空域资源流$f_{ijk} > 0 (k \in K)$,则在$G(N,R)$中存在一条从节点$i$到节点$j$的空域资源弧。

为方便问题理解,下面首先以一个简单算例对空域资源流和空域资源流网络的概念进行描述。

设一个给定的作战行动序列$T = \{0,1,2,3,4,5\}$,任务之间的时序关系如图6.46所示。为描述方便,假设每个任务只需要一种空域资源,每个任务$j \in T$的处理时间$\text{dur}_j$和执行资源数量$r_j$在任务节点的上方标出,已知空域资源的可

用数量为 $a=3$。求得的一个空域资源使用方案 $S=\{0,1,0,2,0,3\}$，如图 6.47 所示。

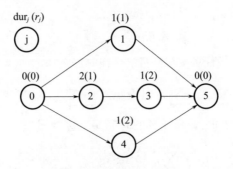

图 6.46　任务之间的时序关系

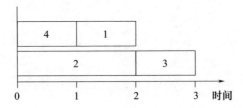

图 6.47　空域资源使用方案

对于图 6.47 中空域资源使用方案的资源流动情况，可以用图 6.48 所示的空域资源流网络来描述。同理，任务需要多种空域资源的情况也可以类似地表示。

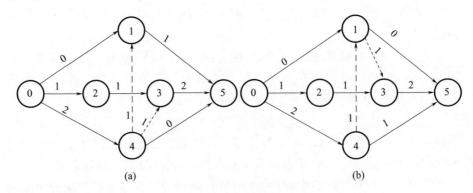

图 6.48　空域资源流网络

与传统的有向网络图 $G(N,A)$ 相比，空域资源流网络 $G(N,R)$ 通过引入空域资源弧 $A_R$ 表达任务之间的空域资源约束。因此，空域资源流网络是一种同时考虑任务之间的时序关系和资源约束关系后所形成的网络结构。空域资源流网络

## 第6章 空域建模优化方法

的优点之一是在方案开始之前就可以避免一部分资源冲突,二是在任务执行延迟时不会打破资源的传递关系,只要保持资源传递关系不变,则不论任务执行时间如何改变,都不会影响任务的时序关系和资源可行性,只要在中断发生时对方案中未执行的任务进行简单的右移操作即可。

空域资源流网络对于空域鲁棒调度方案的生成和执行具有重要影响。首先空域资源流网络会影响时间缓冲区的设置;其次在方案执行过程中,当需要进行反应调度时会对反应调度的策略和结果产生一定的影响。为便于问题研究,在空域资源流网络 $G(N,R)$ 基础上定义如下时序关系。

定义4 紧后任务和紧前任务。在空域资源流网络 $G(N,R)$ 中,若 $\exists i,j \in N, \exists k \in K$,且 $f_{ijk} > 0$,则定义 $i$ 是 $j$ 的(直接)紧前任务,$j$ 是 $i$ 的(直接)紧后任务。任务 $j$ 的所有紧前任务的集合通常记作 $Rpre_j$,任务 $i$ 的所有紧后任务的集合通常记作 $Rsuc_i$。

定义5 间接紧后任务和间接紧前任务。在空域资源流网络 $G(N,R)$ 中,若任务 $i$ 是任务 $j$ 的紧前任务,任务 $m$ 是任务 $i$ 的紧前任务,则定义:$m$ 是 $j$ 的间接紧前任务,$j$ 是 $m$ 的间接紧后任务,以此类推。任务 $j$ 的所有(直接和间接)紧前任务的集合通常记作 $TRpre_j$,它的所有(直接和间接)紧后任务的集合通常记作 $TRsuc_j$。

2) 基于时间缓冲的鲁棒性求解策略

基于时间缓冲的鲁棒性求解策略,通过在空域资源流网络中插入时间缓冲区,来应对空域使用方案执行过程中各种不可控因素导致的任务占空时间延迟。时间缓冲区是分配给各任务的空闲时间,目的是为部分任务的时间不确定干扰提供预留空间,吸收一部分干扰的影响,使干扰不至于过度蔓延,从而使调度方案在执行过程中不必频繁地引起重调度,增强了空域使用方案的鲁棒性。时间缓冲区是对其后续任务开始时间的一种保护,时间缓冲区越大,其后续任务受到该任务延迟干扰的可能性就越小。显然,插入时间缓冲区后的鲁棒调度方案,其所有任务的完成时间大于未加入时间缓冲区的调度方案,但由于考虑了任务执行时间的不确定性,前者的鲁棒性优于后者。对图6.47所示的空域使用方案插入时间缓冲区后,如图6.49所示。

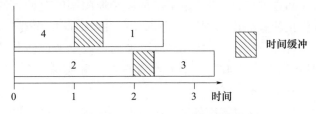

图6.49 插入时间缓冲区的空域使用方案

采用加入时间缓冲区的方法来吸收不确定环境下部分干扰对空域使用方案执行进度的影响，给空域资源使用方案的进度控制带来了极大的可操作性，保证了调度方案在不确定环境下能够顺利执行。如何将有限的松弛时间在各任务间进行分配，以使调度方案的鲁棒性最大化，成为空域资源分配鲁棒调度算法研究的内容。

在空域使用方案中插入时间缓冲区的方法有两种：首先基于任务的平均执行时间生成调度方案，其次选择合适的时间缓冲区插入方法，为各任务分配合理的时间缓冲区；将任务的执行时间延展，将一部分时间缓冲区"揉进"各任务执行时间中，然后基于延展后任务执行时间生成空域调度方案。第二种方法的不足在于加入每个任务工期中的时间缓冲区大小无法直接推理出来，而且通常会在不可能发生干扰的任务上增加不必要的松弛时间。

3）时间不确定空域资源使用方案求解算法

首先介绍在基准调度方案中插入时间缓冲区的 4 种启发式算法：ADFF（Adapted Float Factor）算法是一种基于适应性浮动因子（Adapted Float Factor）在调度方案中插入时间缓冲区的启发式算法。RFDFF（Resource Flow Depedent Float Factor）算法是一种在 ADFF 算法基础上结合资源流网络，来向调度方案中插入时间缓冲区的启发式算法。RFDFF 算法求解过程分为两个阶段：①采用任意方法建立基准调度方案的一种可行资源流网络；②在求解的资源流网络基础上，安排任务的开始时间，为每个任务分配时间缓冲区。VADE（Virtual Activity Duration Extension）算法是一种通过对任务执行时间不断扩大向调度方案中插入时间缓冲区的启发式算法。假设任务实际执行时间的标准偏差 $\sigma_j$ 已知，$\sigma_j$ 被用来不断延长任务的实际执行时间，延长的任务实际执行时间又被用来更新调度方案中任务的开始时间，如此迭代，不断地在调度方案中插入时间缓冲区。STCH（Start Time Criticality Heuristic）算法的基本思想是从一个未加时间缓冲的调度方案开始，按照任务开始时间重要性（Start Time Criticality，STC）依次选择一个任务，为其增加一个时间单位的缓冲区，并调整原有调度方案形成中间计划。我们在现有研究成果的基础上，提出了一种新的时间缓冲区配置算法：正向逆向调度（Forward – Backward Inserting，FBI）算法。FBI 算法综合考虑任务开始时间重要性和结束时间重要性，交替使用正向调度和逆向调度对插入调度方案的时间缓冲区进行优化配置。正向调度是考虑任务开始时间的重要性，通过对调度方案的右移操作合理分配任务时间缓冲区；逆向调度是考虑任务结束时间的重要性，通过对调度方案的左移操作合理分配任务时间缓冲区。FBI 算法流程总体上可分为以下三个步骤：

Step1：正向调度。将前序任务集合 $TPred_j$ 的执行时间可变性与任务自身权重的加权和作为任务时间缓冲区的分配依据,依次选择任务通过右移(right-shift)操作插入时间缓冲区,生成可行的中间方案。

Step2:逆向调度。在前面正向调度阶段生成的中间方案基础上,将任务执行时间可变性对后续任务集合 $TSucc_j$ 影响的加权和作为任务时间缓冲区的分配依据,依次选择任务通过左移(left-shift)操作插入时间缓冲区,生成可行的中间方案。

Step3:反复使用正向调度和逆向调度来合理配置插入调度方案中的时间缓冲区。

(1)正向调度。正向调度的基本思想是:基于前序任务的执行时间可变性对每个任务开始时间的重要性进行评估,进而确定任务的调度顺序,然后通过对调度方案的右移操作合理分配时间缓冲区。正向调度包括任务排序和右移操作两个步骤。

① 任务排序。正向调度过程中对任务进行排序,需要同时考虑该前序任务执行时间的可变性以及任务自身权重。本书按照 STC 算法中提出的任务开始时间重要性度量指标 $stc_j$,$\forall j \in T$ 对调度任务进行降序排列。

$$stc_j = \omega_j \times \sum_{i \in TRpre_j} P(k(i,j)), \forall j \in T \tag{6.97}$$

式中,$\omega_j$ 表示任务 $j$ 的权重;$P(k(i,j)) = P(dur'_i > st_j - st_i - LPL(i,j))$ 表示因任务 $i \in TRpre_j$ 延迟而导致任务 $j$ 延迟事件 $k(i,j)$ 发生的概率,$dur'$ 表示任务 $i$ 的实际处理时间,$st_j$,$st_i$ 表示任务 $j$ 和任务 $i$ 的计划开始时间,$LPL(i,j)$ 表示任务 $i$ 到任务 $j$ 之间最长链路的长度。

② 右移操作。每次迭代过程中右移操作的步骤可描述如下:选择 $stc_j$ 最大的任务 $j'$,通过将 $j'$ 的开始时间推迟为其分配 1 个单位的时间缓冲区,然后检查其每个紧后任务 $i \in TRsuc_j$ 开始时间的可行性,若不可行,则将其开始时间推迟 1 个单位,以此类推,直到生成一个可行的中间方案。若中间方案超过完成期限而不可行,则放弃该次操作,迭代过程结束。相反,若中间调度方案可行,则检查其稳定性是否改进,即评价指标 $\sum_j st_j$ 是否变小,若方案的稳定性增强,则保留该中间方案并进入下一次迭代。与 STC 算法的不同在于,即使中间调度方案的稳定性指标 $\sum_j st_j$ 没有变小,其仍然能够以一定的概率进入下一轮迭代过程,本书定义其进入下一轮迭代的概率为 $1/N_{fail}$,其中 $N_{fail}$ 表示连续没有改进的迭代次数。为了防止该迭代过程中最优解的丢失,采用精英保留策略,每次迭代保留当前最优解。

(2)逆向调度。逆向思维的基本思想是:基于每个任务执行时间可变性对其后序任务的影响,对任务结束时间的重要性进行评估,进而确定安排时间缓冲区的任务顺序,然后通过对调度方案的左移操作合理分配时间缓冲区。与正向调度类似,逆向调度包括任务排序和左移操作两个步骤。

① 任务排序。基于任务结束时间的重要性进行排序,需要综合考虑任务权重和执行时间可变性,本书提出了任务结束时间重要性(Finish Time Criticality, FTC)度量指标 $\text{ftc}_j, \forall j \in T$。

$$\text{ftc}_j = \sum_{i \in \text{TRsuc}_j} \omega_i \cdot P(k(j,i)) \tag{6.98}$$

式中,$\omega_i$ 表示任务 $i$ 的权重;$P(k(j,i)) = P(\text{dur}'_j > \text{st}_i - \text{st}_j - \text{LPL}(j,i))$ 表示因任务 $j$ 延迟而导致其后序任务 $i \in \text{TRsuc}_j$ 延迟事件 $k(j,i)$ 发生的概率;$\text{dur}'_j$ 表示任务 $j$ 的实际处理时间;$\text{st}_j, \text{st}_i$ 表示任务 $j$ 和任务 $i$ 的计划开始时间;$\text{LPL}(j,i)$ 表示任务 $j$ 到任务 $i$ 之间最长链路的长度。

② 左移操作。与右移操作步骤类似,左移操作步骤可具体描述如下:首先选择 $\text{ftc}_j$ 最大的任务 $j'$,通过将 $j'$ 的开始时间提前插入 1 个单位的时间缓冲区,然后检查 $j'$ 的每个紧前任务 $i \in \text{TRpre}_{j'}$ 结束时间的可行性,若不可行,则将其开始时间提前 1 个单位,依次类推,直到生成一个可行的中间调度方案。若左移操作导致中间方案的开始时间 $\text{st}_0 < 0$ 而不可行,则放弃该次操作,迭代过程结束。相反,若中间调度方案可行,则检查其稳定性是否改进,即评价指标 $\sum_j \text{ft}_j$ 是否变小,若方案的稳定性增强,则保留该中间方案并进入下一次迭代。如果中间调度方案的稳定性指标 $\sum_j \text{ft}_j$ 没有变小,定义该中间方案以一定的概率 $1/N_{\text{fail}}$ 进入下一轮迭代,其中 $N_{\text{fail}}$ 表示连续没有改进的迭代次数。同样采用精英保留策略,每次迭代保留当前最优解,以防止最优解丢失。

## 参考文献

[1] 胡丹露. 地理信息网格及其军事应用[J]. 测绘科学,2005(1):15-17,108.

[2] 仲廷虎,曹雪峰. 军事网格带来作战指挥的新发展[J]. 国防科技,2007(4):64-65.

[3] 程承旗,吴飞龙,王嵘,等. 地球空间参考网格系统建设初探[J]. 北京大学学报(自然科学版),2016,52(6):1041-1049.

[4] 吕晓华,万刚,宗传孟. 美国军事网格参考系统及其启示[J]. 测绘科学与工程,2008,28(4):69-73.

[5] 叶昆平. 基于基准站网的区域参考框架维持及精度分析[J]. 测绘与空间地理信息,2019,42(8):148-150,154.

[6] 张西光,吕志平. 论地球参考框架的维持[J]. 测绘通报,2009(5):1-4.

[7] 朱永文. 空域空间有限元建模研究报告[R]. 空军研究院,2019.

[8] 兀伟,邓国庆,张静,等. 球面地理网格剖分方案分析[J]. 地理空间信息,2019,17(11):100-103,12.

- [9] 兀伟,邓国庆,张静,等.地理网格剖分模型的探讨[J].测绘标准化,2019,35(1):4-9.
- [10] 胡璐锦,蔡俊,李海生.基于时空地理格网的空间数据融合方法[J].测绘与空间地理信息,2018,41(8):4-7.
- [11] 万路军,戴江斌,周磊,等,全球空间网格参考系统框架及其在空域管控上的应用设想[C]//第一届空中交通管理系统技术学术年会论文集,南京,2018:30-36.
- [12] 谢树龙,申卯兴,包战,等.一种地理网格新概念下的目标数据融合方法[J].系统工程与电子技术,2006(12):1820-1822.
- [13] 胡雪莲,孙永军,程承旗,等.基于地理空间概念的地理元数据组织管理研究[J].地理与地理信息科学,2003(2):11-14.
- [14] 宋树华,程承旗,关丽,等.全球空间数据剖分模型分析[J].地理与地理信息科学,2008(4):11-15.
- [15] 程承旗,关丽.基于地图分幅拓展的全球剖分模型及其地址编码研究[J].测绘学报,2010,39(3):295-302.
- [16] 童晓冲,贲进.空间信息剖分组织的全球离散格网理论与方法[M].北京:测绘出版社,2016.
- [17] 关静,张精卫.基于分组的飞行器短期冲突对快速检测算法[J].中国民航大学学报,2019,37(5):46-50.
- [18] 毛亿.战术空域管理技术研究[D].南京:南京航空航天大学,2018.
- [19] 符笑娴.基于动态Delaunay三角剖分的潜在冲突筛选技术研究[D].天津:中国民航大学,2014.
- [20] KROZEL J,PETERS M E,HUNTER G. Conflict detection and resolution for future air transportation management[R]. Seagull Technology,Incorporated,1997.

# 缩略语表

| 缩略语 | 英文全称 | 中文解释 |
|---|---|---|
| AADC | Area Air Defense Commander | 区域防空指挥员 |
| AADP | Area Air Defense Plan | 区域防空计划 |
| ABCCC | Air Battlefield Command and Control Center | 机载战场指挥与控制中心 |
| AC | Airspace Control | 空域管制 |
| A2C2 | Army Airspace Command and Control | 陆军空域指挥与控制 |
| ACA | Airspace Control Authority | 空域管制官 |
| ACAs | Airspace Coordination Areas | 空域协调区 |
| ACCE | Air Component Coordination Element | 空中部队协调单元 |
| ACM | Airspace Coordinating Measures | 空域协调措施 |
| ACO | Airspace Control Order | 空域管制指令 |
| ACP | Airspace Control Plan | 空域管制计划 |
| ACU | Airspace Control Unit | 空域管制单元 |
| ADAM/BAE | Air Defense Airspace Management/Brigade Aviation Element | 防空空域管理/旅航空单元 |
| ADS–B | Automatic Dependent Surveillance–Broadcast | 广播式自动相关监视 |
| AIC | Air Interdiction Coordinator | 空中遮断协调员 |
| AE | Airspace Element | 空域管制部门 |
| AFAC | Airborne Forward Air Control | 机载前沿空中控制员 |
| AFATDS | Advanced Field Artillery Tactical Data System | 高级野战炮兵战术数据系统 |
| AOC | Air Operations Center | 空中作战中心 |
| AOR | Area of Responsibility | 空域管制责任区 |
| AOD | Air Operations Directive | 空中作战指示 |
| AP | Assignment Problem | 分派问题 |
| ATACMS | Army Tactical Missile Systems | 常规战术导弹系统 |
| ATC | Air Traffic Control | 空中交通管制 |
| ATO | Air Tasking Order | 空中任务分配命令 |
| ASM | Airspace Management | 空域管理 |
| ASL | Air Support List | 空袭列表 |

## 缩略语表

续表

| 缩略语 | 英文全称 | 中文解释 |
|---|---|---|
| ASOC | Air Support Operation Center | 空中作战支援中心 |
| ANG | Air National Guard | 空军国民警卫队 |
| ASOG/C | Air Support Operation Group/Center | 空中作战支援组/中心 |
| AWACS | Airborne Warning and Control System | 机载预警和控制系统 |
| AO | Area of Operations | 作战地域 |
| AMD | Air and Missile Defense | 防空和导弹防御 |
| AMSO | Aviation Mission Survivability Officer | 航空任务生存能力官 |
| BCD | Battlefield Coordination Detachment | 战场协调分遣队 |
| BCT | Brigade Combat Team | 旅作战小组 |
| BKB | Blue Kill Box | 蓝色杀伤盒 |
| CA | Coordinating Altitude | 协调高度 |
| CAS | Close Air Support | 近距空中支援 |
| COA | Couse of Action | 作战方案 |
| CGRS | Common Geographic Reference System | 通用地理位置参考系统 |
| CDE | Collateral Damage Estimate | 附带损伤评估 |
| CDI | Cumulative Danger Index | 累积威胁系数 |
| COP | Common Operational Picture | 通用作战态势图 |
| CSR | Central Surveillance Radar | 中央远程警戒雷达 |
| CTP | Common Tactical Picture | 通用战术态势图 |
| $C^2$ | Command and Control | 指挥与控制 |
| CRC | Control and Reporting Center | 控制与报告中心 |
| CNS/ATM | Communications, Navigation, Surveillance and Air Traffic Management | 通信导航监视和空中交通管理 |
| DCA | Defensive Counter Air | 防御性制空 |
| DMZ | Demilitarized Zone | 非武装地带 |
| DI | Danger Index | 威胁系数 |
| DZ | Danger Zone | 威胁区 |
| ESJ | Escort Jammers | 掩护干扰 |
| EZ | Exposure Zone | 暴露区 |
| EZB | Exposure Zone Boundary | 暴露边界区 |

续表

| 缩略语 | 英文全称 | 中文解释 |
|---|---|---|
| FAA | Federal Aviation Administration | 联邦航空局 |
| FBI | Forward – Backward Inserting | 正向逆向调度 |
| FFA | Free Fire Area | 自由火力区域 |
| FSCC | Fire Support Coordination Center | 火力支援协调中心 |
| FSCM | Fire Support Coordination Measure | 火力支援协调措施 |
| FSCL | Fire Support Coordination Line | 火力支援协调线 |
| FSO | Fire Support Officer | 火力支援军官 |
| FTC | Finish Time Criticality | 结束时间重要性 |
| GLD | Ground Liaison Detachment | 地面联络分遣队 |
| GARS | Global Area Reference System | 全球区域参考系统 |
| GZD | Grid Zone Designator | 网格区域标识 |
| GCCS | Global Command and Control System | 全球指挥与控制系统 |
| GCCS – J | Global Command and Control System – Joint | 联合全球指挥与控制系统 |
| GCCS – A | Global Command and Control System – Amy | 陆军全球指挥与控制系统 |
| GCCS – M | Global Command and Control System – Maritime | 海军陆战队全球指挥与控制系统 |
| GCCS – AF | Global Command and Control System – Air Force | 空军全球指挥与控制系统 |
| GMCDI | Global Minimum Cumulative Danger Index | 局部最小累积威胁系数 |
| HMMWV | High Mobility Multi – purpose Wheeled Vehicle | 高机动性轮式载具 |
| IFF | Identification Friend or Foe | 敌我识别 |
| JAOP | Joint Air Operation Plan | 联合空中作战计划 |
| JASMAD | Joint Airspace Management and Deconflication | 联合空域管理与冲突消解 |
| JACCE | Joint Air Component Coordination Element | 联合空中部队协调单元 |
| JIPTL | Joint Integrated Prioritized Target List | 联合统一排序目标清单 |
| JADOCS | Joint Automated Deep Operations Coordination System | 联合自动化纵深作战协同系统 |
| JAGIC | Joint Air – Ground Integration Center | 联合空地一体化中心 |
| JARN | Joint Air Request Net | 联合空中请求网 |
| JARNO | Joint Air Request Operator | 联合空中请求网操作员 |
| JSTARS | Joint Surveillance Target Attack Radar System | 联合监视目标攻击雷达系统 |
| JFA | Joint Force Area | 联合火力区 |
| JFC | Joint Force Commander | 联合部队指挥员 |

## 缩略语表

续表

| 缩略语 | 英文全称 | 中文解释 |
|---|---|---|
| JFACC | Joint Force Air Component Commander | 联合部队空中指挥员 |
| JFLCC | Joint Force Land Component Commander | 联合部队陆上指挥员 |
| KB | Kill Box | 杀伤盒 |
| KBC | Kill Box Coordinator | 杀伤盒协调员 |
| KZ | Kill Zone | 杀伤区 |
| KZB | Kill Zone Boundary | 杀伤边界区 |
| LMCDI | Local Minimum Cumulative Danger Index | 局部最小累积威胁系数 |
| MPAR | Mobile Precision Approach Radar | 机动精密进近雷达 |
| MOTS | Mobile Tower System | 机动式塔台系统 |
| MAAP | Master Air Attack Plan | 空中打击主计划 |
| MOE | Measure of Effectiveness | 效能标准 |
| MGRS | Military Grid Reference System | 军事网格参考系统 |
| MAVL | Minimum Altitude Visibility Level | 最小高度可见平面 |
| NFA | No-Fire Area | 禁止火力区 |
| NCW | Network Centric Warfare | 网络中心战 |
| NATO | North Atlantic Treaty Organization | 北约组织 |
| NOTAM | Notice to Airmen | 航行通告 |
| OCA | Offensive Counter Air | 进攻性制空 |
| OODA | Obseration, Orientation, Decision, Action | 观察-判断-决策-行动 |
| OPORD | Operation Order | 作战命令 |
| OAR | Operational Assessment Report | 作战评估报告 |
| PC | Procedural Controller | 程序控制员 |
| PKB | Purple Kill Box | 紫色杀伤盒 |
| PID | Positive Identification | 主动识别 |
| PAH | Position Area Hazard | 危险区 |
| QFE | Atmospheric Pressure at Aerodrome Elevation | 场面气压高 |
| QNH | Atmospheric Pressure at Nautical Height | 修正海平面气压高度 |
| QNE | Standard Pressure Setting | 标准气压高 |
| ROE | Rules of Engagement | 与敌交战规则 |
| ROA | Restricted Operations Area | 限制作战带 |

续表

| 缩略语 | 英文全称 | 中文解释 |
|---|---|---|
| SC | Strategy Commander | 战略指挥员 |
| SCM | Strategic Cruise Missile | 战略巡航导弹 |
| SPINS | Special Instructions | 特殊指令 |
| SCAR | Strike Coordination and Reconaissance | 打击协同与侦察 |
| SOJ | Stand off Jammers | 远距离干扰 |
| SSKP | Single Shot Kill Probabilities | 目标单发杀伤概率 |
| STC | Start Time Criticality | 开始时间重要性 |
| TAH | Target Area Hazard | 目标危险区 |
| TACP | Tatical Air Control Party | 战术空中控制组 |
| TACS | Theater Air Control System | 战区空中控制系统 |
| TACT | Tactical Aviation Control Team | 战术航空管制小组 |
| TAIS | Tactical Airspace Integration System | 战术空域一体化集成系统 |
| TAOC | Tactical Air Operations Center | 战术空中作战中心 |
| TBM | Theater Ballistic Missile | 战术弹道导弹 |
| TBMCS | Theater Battle Management Core System | 战区战斗管理核心系统 |
| TCM | Tactical Cruise Missile | 战术巡航导弹 |
| TP | Transportation Problems | 运输问题 |
| TSP | Traveling Salesman Problem | "货郎担"问题 |
| TTCS | Tactical Terminal Control System | 战术终端控制系统 |
| UAV | Unmanned Aerial Vehicle | 无人驾驶航空器 |
| UTM | Universal Transverse Mercator Projection | 通用横墨卡托投影 |
| UPS | Universal Polar Stereographic Projection | 通用极球面投影 |
| USNG | United States National Grid | 美国国家网格 |
| UHF/VHF | Ultra High Frequency/Very High Frequency | 甚高频/高频 |
| VZ | Vulnerable Zone | 易攻击区 |
| VZB | Vulnerable Zone Boundary | 易攻击区边界 |
| WARP | Web Air Request Processor | 空中请求互联网络 |
| WWMCCS | Worldwide Military Command and Control System | 全球军事指挥与控制系统 |
| WOC | Wing Operations Center | 航空兵联队作战中心 |
| WTAP | Weapon Target Assignment Problem | 武器目标分配问题 |

# 后　　记

　　研究讨论空域管制问题,并建立对该问题的全面认知,是一件十分困难的事情。因为学术界和军事理论研究界,尚未给出关于空域管制的内涵定论,我们试图去定义和描述它,实在是形势迫不得已。当前,我国空域管理体制改革正深入推进,军改重构了联合作战指挥体系,两大改革叠加实施,使得该问题变得更为复杂,亟须对这个问题形成国内的独立见解,并为下一步深入研究和业务体系建设提供支撑。为此,我们从联合作战视角对空中交通管制和作战用空域管制进行了概念和业务边界的初步界定,对空战场空域管理理论与方法和业务体系进行了重新构建,并在具体研究中得到了军民航有关部门的认可和资助。尤其是国家空域技术重点实验室的陈志杰院士帮助我们梳理了研究纲目,给出了具体建议并对本书成稿提供了巨大帮助,在此我们敬上最真挚的感谢!

　　万事开头难,我们的研究和观点的形成,历经了三个阶段:一是研究外军和剖析他们的作战条令、作战案例和装备系统。从2009年开始,我们就逐步编译美军和北约军队的联合作战与军兵种作战条令,研究世界主要军事强国的作战指挥与控制系统,剖析其为什么将空域管制作为一大类指挥与控制要素单独进行业务体系发展,并在空中交通管制层面实现以军为主的体系建设。原因是空战场规划与作战空域管控,存在平时、准战时、战时三种状态,存在平战转换及在不同状态下,需实施不同强度的管控,存在空域平时是一种航空资源、战时就是空战场实情。二是参加国家空域管理体制改革论证。从2007年开始,我们就一直参与国家空管委办公室和空军参谋部航空管制局的空管体制改革论证,在梳理西方国家空管体制过程中发现,他们的军队都在强调空管军民航协同管理问题,他们在民航航路管制中心都设有军事代表或军航管制员,他们的航空装备尤其机载航空电子系统兼容民机,空管二次雷达及自动相关监视系统兼容机载敌我识别装置,军航管制员培训逐级递进直至到作战指挥与控制中心任职等。究其原因,空中部队作战中交通管制是先导,只有控制好战区空中交通,实现其有序高效流动,防止自扰互扰及误击误伤,才能真正将空中作战容量提升上去,由此从空中交通管制拓展实施空域管制是必然途径、顺理成章。三是对问题本质的把握和理解。不管是空战场空域问题,还是平时空域管理问题,其本质都是为了提升空域使用效率、降低使用限制、化解使用冲突,其在优化理论与方法层面是同一类问题,决定了解决战时和平时空域管理问题的技术体系是一致的,业务是相通的,人员能力要求是类似的,从而坚定了我们从空中交通管制的视角研究空战场空域管理问题的信心。通过这三个阶段,作者先一步提出了空域管制理论观点,借用外军作战案例和装备系统阐释了空域管制流程、信息关系及控制方法等,虽已尽了力,但离真正将问题说清楚、将理论体系确立起来还是有很大差距的,我们心里清楚,还是恳请广大读者和研究者继续围绕我们提出的命题深入下去,为构建中国特色的空战场管制理论体系添砖加瓦。后续我们还将本书提出的空域网格、空域单元研究成果,整理形成理论专著。

  最后列出空域管制理论研究项目组成员,他们是陈志杰(工程院院士)、敬东(博士)、唐治理(博士后)、王长春(博士)、董相均(博士)、蒲钒(博士)、陆岩(硕士)、李亚楠(硕士)和柴保华(学士)等,向他们的努力拼搏、忘我的工作和强军梦想致敬!

作者

2023 年 1 月

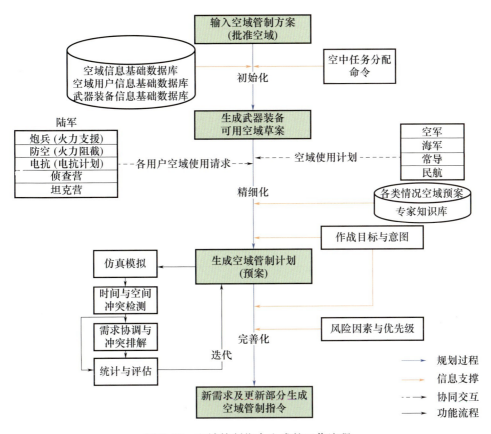

图 3.23 空域管制指令生成的工作流程

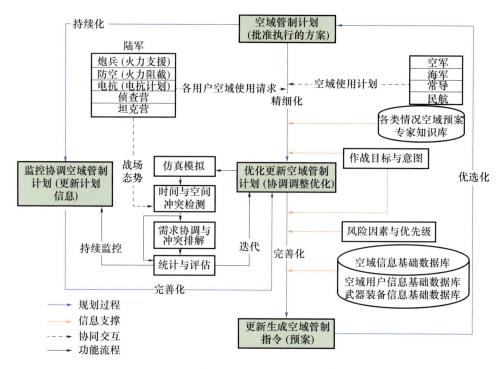

图 3.24 优化调整空域管制计划

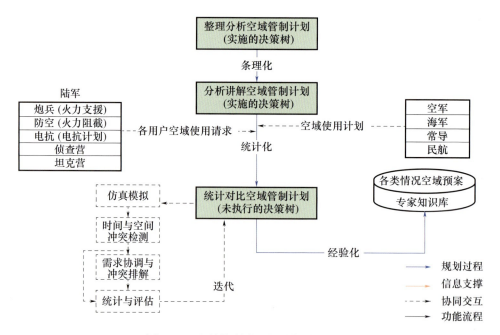

图 3.25 空域管制阶段性总结分析流程

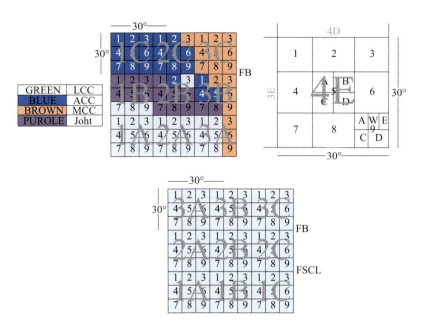

图 4.21 驻韩陆军(左)、欧洲参谋部(中)、中央参谋部(右)杀伤盒

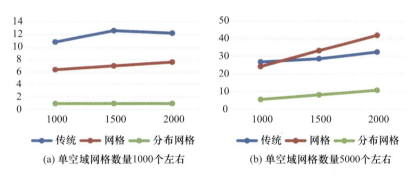

图 6.41 不同网格规模数下的检测效率

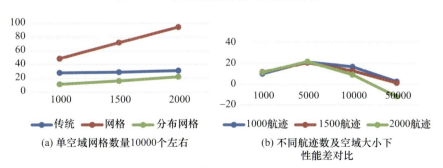

图 6.42 检测性能与效率对比